宝玉石特色品种

宝石卷

何明跃　王春利　编著

中国科学技术出版社
·北　京·

图书在版编目（CIP）数据

宝玉石特色品种．宝石卷 / 何明跃，王春利编著
．—北京：中国科学技术出版社，2021.7
ISBN 978-7-5046-9045-6

Ⅰ. ①宝… Ⅱ. ①何… ②王… Ⅲ. ①宝石—介绍
Ⅳ. ① TS933

中国版本图书馆 CIP 数据核字（2021）第 087677 号

策划编辑　赵　晖　张　楠　赵　佳
责任编辑　赵　佳　高立波
装帧设计　中文天地
责任校对　吕传新
责任印制　李晓霖

出　　版　中国科学技术出版社
发　　行　中国科学技术出版社有限公司发行部
地　　址　北京市海淀区中关村南大街 16 号
邮　　编　100081
发行电话　010-62173865
传　　真　010-62173081
网　　址　http://www.cspbooks.com.cn

开　　本　889mm × 1194mm　1/16
字　　数　405 千字
印　　张　21.75
版　　次　2021 年 7 月第 1 版
印　　次　2021 年 7 月第 1 次印刷
印　　刷　北京华联印刷有限公司
书　　号　ISBN 978-7-5046-9045-6 / TS · 99
定　　价　258.00 元

内容提要
Synopsis

本书对26种宝石特色品种的专业知识进行了全面系统的介绍，重点论述了每种宝石特色品种的历史与文化、宝石学特征、主要品种、产地与成因、质量评价、优化处理、合成和相似品的鉴别以及销售市场与选佩等方面的知识。全书概念清晰，层次分明，语言流畅，通俗易懂。

为了便于读者阅读理解，本书在讲授宝石学经典理论的同时，还配有丰富精美的宝石晶体原石、包裹体、裸石及其镶嵌首饰等典型照片，读者通过对实物的观察和对照，可以在赏心悦目中系统地掌握金绿宝石、碧玺、尖晶石、石榴石、橄榄石等26种宝石特色品种的相关知识以及实用技能。

本书既可作为珠宝鉴定、销售、拍卖、评估等相关专业人员的参考书以及高等院校宝石专业、首饰设计专业的配套教材，又可作为宝石爱好者和收藏者的指导用书。

序言
Foreword

在人类文明发展的悠久历史上，珠宝玉石的发现和使用无疑是璀璨耀眼的那一抹彩光。随着人类前进的脚步，一些珍贵的品种不断涌现，这些美好的珠宝玉石首饰，很多作为个性十足的载体，独特、深刻地记录了人类物质文明和精神文明的进程。特别是那些精美的珠宝玉石艺术品，不但释放了自然之美，魅力天成，而且凝聚着人类的智慧之光，是人与自然、智慧与美的结晶。在这些作品面前，岁月失语，唯石、唯金、唯工能言。

如今，我们在习近平新时代中国特色社会主义思想指引下，人民对美好生活的追求就是我们的奋斗目标。而作为拥有强烈的社会责任感和文化使命感的北京菜市口百货股份有限公司（以下简称“菜百股份”），积极与国际国内众多珠宝首饰权威机构和名优企业合作，致力于自主创新，创立了自主珠宝品牌，设计并推出丰富的产品种类，这些产品因其深厚的文化内涵和历史底蕴而引领大众追逐时尚的脚步。菜百股份积极和中国地质大学等高校及科研机构在技术研究和产品创新方面开展合作，实现产学研相结合，不断为品牌注入新的生机与活力，从而将优秀的人类文明传承，将专业的珠宝知识传播，将独特的品牌文化传递。新时代、新机遇、开新局，菜百股份因珠宝广交四海，以服务走遍五湖。面向世界我们信心满怀，面向未来我们充满期待。

通过本丛书的丰富内容和诸多作品的释义，旨在记录我们这个时代独特的艺术文化和社会进程，为中国珠宝玉石文化的传承有序做出应有的贡献。感谢本丛书所有参编人员的倾情付出，因为有你们，这套丛书得以如期出版。

中国是一个古老而伟大的国度，几千年来的历史文化是厚重的，当代的我们将勇于担当，肩负起中华优秀珠宝文化传承和创新的重任。

北京菜市口百货股份有限公司董事长

作者简介
Author profile

何明跃，理学博士，教授，博士生导师。中国地质大学（北京）珠宝学院党委书记，原院长。国家珠宝玉石质量检验师，教育部万名全国优秀创新创业导师。主要从事宝石学等教学和科研工作，已培养研究生百余名。曾荣获北京市高等学校优秀青年骨干教师、北京市优秀教师、北京市德育教育先进工作者、北京市建功立业标兵、北京市高等教育教学成果奖一等奖（排名第一）等。现兼任全国珠宝玉石标准化技术委员会副主任委员、全国珠宝玉石质量检验师考试专家委员会副秘书长、中国资产评估协会珠宝首饰艺术品评估专业委员会委员、中国黄金协会科学技术奖评审委员等职务，在我国珠宝行业中很有影响力。

主持数十项国家级科研项目，发表五十余篇学术论文和十余部专著，所著《翡翠鉴赏与评价》《钻石》《红宝石 蓝宝石》《祖母绿 海蓝宝石 绿柱石族其他宝石》《翡翠》等在珠宝玉石收藏和珠宝教学等方面有重要的指导作用，其中《翡翠》获自然资源部自然资源优秀科普图书奖，对宝石学领域科学研究、人才培养、公众科学普及提供有效服务。

作者简介
Author profile

王春利，研究生学历，现任北京菜市口百货股份有限公司董事、总经理，中共党员，长江商学院EMBA，高级黄金投资分析师，比利时钻石高层议会钻石分级师，中国珠宝首饰行业协会副会长、中国珠宝首饰行业协会首饰设计专业委员会主任、彩宝专业委员会名誉主席、全国珠宝玉石标准化技术委员会委员、全国首饰标准化技术委员会委员、上海黄金交易所交割委员会委员。

创新、拼搏、奉献、永争第一是菜百精神的浓缩，王春利用自己的努力把这种精神进一步诠释，“老老实实做人，踏踏实实做事”，带领菜百股份全体员工，确立了“做每个人的黄金珠宝顾问”的公司使命；以不断创新、勇于改革为目标，树立了“打造集团化运营的黄金珠宝饰品供应和服务商”这一宏伟愿景。

主要参编人员

谢华萍　张紫云　杨娜　高嘉依　汪江华

邓怡　孙丽瑶　张兆辉　贾冉　孙成阳

宁振华　李阳　高薇　杨池玉　李琳

王雨薇　颜奇　吴旭旭　郑冰雨

前言
Preface

在我们的地球家园里，目前已发现5600余种矿物，常见的矿物有100余种，而具备美丽、耐久、稀少等特性的天然宝石、天然玉石和天然有机宝石只有近百种，因此，天然珠宝玉石在自然资源中具有特殊的珍贵性。随着人们对珠宝玉石的物质性和文化性价值认识的不断深入，其在当今经济生活中已成为一种特殊的资产，具有保值性、艺术性、投资性和文物性。从佩戴和收藏钻石、红宝石、蓝宝石和祖母绿等名贵宝石首饰开始，近年来市场出现多元化的趋势，有特色的天然珠宝玉石品种占据各自的市场地位，人们兴起了对特色宝石的佩戴、投资和收藏的热潮。

宝石深受人们的喜爱，一是其具有丰富迷人的色彩，涵盖了自然界几乎所有的颜色，透过纷繁的宝石可以映射出自然界万物的色彩之美；二是在当今崇尚科学的国际环境下，人类通过挖掘宝石形态、包裹体及其物理化学特征等中所隐含的地球科学信息，从而探索科学奥秘，有重要的科学价值；三是宝石具有悠久且美好的文化寓意，在国际上流行的婚庆纪念宝石、诞生石、星象护佑宝石的文化寓意根深蒂固，宝石已成为人们寄托美好愿望的载体；四是有越来越多的年轻人开始打破常规，在全球时尚化当道的现今，宝石已成为个性化灵动和美丽的重要选择。总之，特色宝石充分展示出自然之美、科学之美、文化之美和工艺之美的属性，而且在未来这种属性将会持续地发挥。

金绿宝石因其独特的黄绿至金绿色与特殊的变色和猫眼效应而闻名，金绿宝石、猫眼、变石和变石猫眼品种都是宝石家族中的贵族。金绿宝石具有美丽的颜色和高硬度，西方人认可其为珍贵的宝石之一。猫眼锐利的眼线随光源变化而摆动、张合，整颗宝石犹如猫的眼睛般神秘灵动；亚历山大变石具神奇的变色效应，被誉为“白昼里的祖母绿，黑夜里的红宝石”。在我国传统文化中，金绿宝石是具有灵性的宝物，可以为人们带来祥瑞，抵消灾祸，同时也是高贵身份的象征。

碧玺是一种非常有代表性的特色宝石，具有极强的多色性和独特的晶体形态，被誉为“落入人间的彩虹”，自古以来就受到人们的喜爱。碧玺作为十月的生辰石，象征着希望、平安、祥和，相传它能免除厄运并为人们带来好运。

作为特色宝石中的一个大家族，石榴石拥有石榴般的晶体形态和明亮的光泽，以及红色、紫红色、粉红色、棕色、黄色、橙色、绿色等繁多颜色，包含多种名贵品种，为博物馆和爱好者收藏新贵。在西方传统文化中，石榴石是一月的生辰石，象征着忠实、友爱和淳朴。

尖晶石有着与红宝石一样华贵的颜色，自古以来就是权力与美丽的象征。橄榄石高贵的黄色与代表着希望的绿色自然融合，形成其独有的橄榄绿色，艳丽悦目，给人心情舒畅愉悦的感觉，被誉为“幸福之石”。在西方传统文化中，橄榄石是八月的生辰石，象征着温和、聪敏、美满……在特色宝石品种中，还有人们热衷的长石、坦桑石、托帕石、辉石、锆石、闪锌矿、金红石、锡石、塔菲石、红柱石、榍石、蓝晶石、赛黄晶、绿帘石、堇青石、蓝锥矿、矽线石、鱼眼石、方柱石、蓝方石、磷灰石等20余种特色宝石品种，它们各自有其不可替代的特色，成为当下的热门话题，推动宝石行业的繁荣发展，为众多的珠宝爱好者提供收藏的深度和广度。同时，也为各大博物馆增加了矿物晶体观赏石收藏和展示的实物和信息。

为适应我国珠宝市场的快速发展，撰写本书以满足广大宝玉石从业人员以及爱好者学习和掌握实用专业知识的需要。在撰写过程中，作者多次考察宝玉石产地和市场，并对国内外的各大珠宝展进行实地调研，掌握了这些宝石从开采、设计、加工到销售的系统过程和一手资料。在调研的基础上，与众多同行专家、研究机构、商家进行了深入的交流和探讨，查阅了发表和出版的有关论文及专著等研究成果。同时，还全面收集整理了北京菜市口百货股份有限公司（以下简称“菜百股份”）多年珍藏品的实物、图片和资料，归纳总结了珠宝业务与营销人员的实际鉴定、质量分级、挑选和销售的知识与经验。菜百股份董事长赵志良勇于开拓、锐意进取的精神，长期积极倡导与高校及科研机构在技术研究和产品开发方面的合作。菜百股份总经理王春利亲自带领员工到国内外宝玉石产地、加工镶嵌制作和批发销售的国家和地区进行调研，使菜百股份在技术开发和人才培养方面取得了很大进展。

本书对宝玉石特色品种中26种宝石的历史文化和专业知识进行了系统精准论述。每种特色宝石品种的主要内容包括历史与文化、宝石学特征、主要品种、产地与成因、质量评价、优化处理、合成和相似品的鉴别、销售市场与选佩等方面的知识；体现了校企在宝石研究领域的合作研究取得的丰硕成果，这些内容将对珠宝行业从业人员和收藏爱好者有很大的指导作用。

本书由何明跃、王春利负责撰写，其他参与人员有谢华萍、张紫云、杨娜、高嘉依、汪江华、邓怡、孙丽瑶、张兆辉、贾冉、孙成阳、宁振华、李阳、高薇、杨池玉、李琳、王雨薇、颜奇、吴旭旭、郑冰雨等。在本书的前期研究以及撰写过程中，我们得到了国内外学者、机构、学校和企业的鼎力支持，国家科技资源共享服务平台（国家平台）"国家岩矿化石标本资源共享平台"（http://www.nimrf.net.cn）提供了丰富的照片和资料，北京大学地球科学与空间学院秦善教授提供了全书的晶体结构示意图，国际有色宝石协会（ICA）、奥米·普莱奥（Omi Privé，omiprive.com）等众多国内外网站、机构和个人为本书提供了典型的晶体原石、裸石及镶嵌首饰的图片，在此深表衷心的感谢。

目录 Contents

第一章　金绿宝石 …… 1

第一节　金绿宝石的历史与文化 …… 3

第二节　金绿宝石的宝石学特征 …… 4

第三节　金绿宝石的合成与相似品 …… 10

第四节　金绿宝石的品种与质量评价 …… 12

第五节　金绿宝石的产地与成因 …… 18

第二章　碧玺 …… 21

第一节　碧玺的历史与文化 …… 23

第二节　碧玺的宝石学特征 …… 27

第三节　碧玺的主要品种 …… 35

第四节　碧玺的优化处理、合成与相似品 …… 53

第五节　碧玺的质量评价 …… 56

第六节　碧玺的主要产地及成因 …… 72

第七节　碧玺首饰的兴起与选佩 …… 80

第三章　石榴石 …… 89
第一节　石榴石的历史与文化 …… 91
第二节　石榴石的宝石学特征 …… 95
第三节　石榴石的主要宝石品种 …… 99
第四节　石榴石的优化处理、相似品与仿制品 …… 112
第五节　石榴石的质量评价 …… 114

第四章　尖晶石 …… 117
第一节　尖晶石的历史与文化 …… 119
第二节　尖晶石的宝石学特征 …… 120
第三节　尖晶石的优化处理、合成与相似品 …… 127
第四节　尖晶石的质量评价 …… 129
第五节　尖晶石的产地与成因 …… 132

第五章　橄榄石 …… 135
第一节　橄榄石的历史与文化 …… 137
第二节　橄榄石的宝石学特征 …… 139
第三节　橄榄石的合成与相似品 …… 145
第四节　橄榄石的质量评价 …… 146
第五节　橄榄石的产地与成因 …… 149

第六章　长石 …… 155
第一节　长石族宝石的历史与文化 …… 157
第二节　长石的宝石学特征 …… 160
第三节　长石族的主要宝石品种 …… 165
第四节　长石的优化处理与相似品 …… 177

第七章　坦桑石……………………………………………………………… 179
第一节　坦桑石的历史与文化 ……………………………………………181
第二节　坦桑石的宝石学特征 ……………………………………………182
第三节　坦桑石的优化处理与相似品 ……………………………………187
第四节　坦桑石的质量评价……………………………………………188
第五节　坦桑石的产地与成因 ……………………………………………189

第八章　托帕石……………………………………………………………… 191
第一节　托帕石的历史与文化 ……………………………………………193
第二节　托帕石的宝石学特征 ……………………………………………194
第三节　托帕石的优化处理与相似品 ……………………………………199
第四节　托帕石的品种与质量评价 ………………………………………201
第五节　托帕石的产地与成因 ……………………………………………204

第九章　辉石………………………………………………………………… 207
第一节　辉石族宝石的基本性质 …………………………………………209
第二节　锂辉石……………………………………………………………210
第三节　透辉石……………………………………………………………215
第四节　顽火辉石…………………………………………………………220
第五节　普通辉石…………………………………………………………223

第十章　锆石………………………………………………………………… 227
第一节　锆石的历史与文化………………………………………………229
第二节　锆石的宝石学特征………………………………………………230
第三节　锆石的优化处理、合成与相似品 ………………………………235
第四节　锆石的品种与质量评价 …………………………………………237
第五节　锆石的产地与成因………………………………………………239

第十一章　稀少宝石……241
第一节　闪锌矿……243
第二节　金红石……246
第三节　锡石……250
第四节　塔菲石……255
第五节　红柱石……258
第六节　榍石……261
第七节　蓝晶石……267
第八节　赛黄晶……271
第九节　绿帘石……274
第十节　堇青石……279
第十一节　蓝锥矿……285
第十二节　矽线石……288
第十三节　鱼眼石……291
第十四节　方柱石……295
第十五节　蓝方石……299
第十六节　磷灰石……303

参考文献……311
附　表……320

第一章

Chapter 1

金绿宝石

金绿宝石因其独特的黄绿至金绿色外观而得名，以其特殊的光学效应而闻名。根据其特殊光学效应的有无和特征，可分为金绿宝石、猫眼、变石和变石猫眼等品种。金绿宝石具有美丽的颜色及较高的硬度，在西方的认知度较高，是一种很珍贵的宝石。猫眼锐利的眼线随光源变化而摆动、张合，整颗宝石犹如猫的眼睛般神秘灵动，深受人们喜爱。亚历山大变石具神奇的变色效应，被誉为“白昼里的祖母绿，黑夜里的红宝石”。现今质量上乘的金绿宝石资源非常稀缺，价值很高。

第一节

金绿宝石的历史与文化

一、金绿宝石的名称由来

金绿宝石得名于其金黄色和绿色色调，其英文名称为Chrysoberyl，源于希腊语，其中chrysos意为“金黄色的”，beryllos意为“绿宝石”，两者合成意为“金色绿宝石”。

我国对金绿宝石的命名经历了从音译到直译的变化。金绿宝石最早由穆斯林商人从斯里兰卡、印度等地带入中原。章鸿钊（1877—1951年，中国近代著名地质学家）在《石雅》中记载：“猫睛之中有金绿宝石，其色与绿宝石相若，古人命名，为色气重”“《明史·食货志》作绿撒孛尼石，今泰西①称金绿宝石，曰克理索培梨尔（Chrysoberyl）”。可见古人早先认为金绿宝石是猫眼石的一种，并按照发音将其命名为“绿撒孛尼石”，之后又根据英文单词Chrysoberyl的意思将其命名为金绿宝石。

二、金绿宝石的历史与文化

在我国传统文化中，金绿宝石是具有灵性的宝物，可以为人带来祥瑞，抵消灾祸，同时也是高贵身份的象征。金绿宝石中有两个名贵的品种：猫眼和变石。

猫眼因其内部丝状包体形成锐利的眼线如同猫的细长瞳孔而得名，元末伊世珍的《琅嬛记》有这样的记载，“南蕃白胡山出猫睛，极多且佳，他处不及也。古传此山有胡

① 泰西，早先指罗马，后泛指西方国家。

人，遍身俱白，素无生业，惟畜一猫，猫死埋于山中，久之猫忽现梦焉”“猫身已化，惟得二睛坚滑如珠，中间一道白，横搭转侧分明”“即有一猫如狮子负之，腾空而去，至今此山最多猫睛。猫睛一名狮负”。文中记载了一则老人葬猫后得猫精成仙的传说，这里所提及的“猫睛”和“狮负”即指猫眼，文中的“南蕃”指现在的斯里兰卡。这是我国历史上最早关于猫眼的记载。因此传说，猫眼被当作好运气的象征，人们相信它会保佑主人健康，免于灾祸。

除了猫眼以外，变石也是重要的金绿宝石品种。变石因其独特的变色效应而得名，又名亚历山大变石。据说 1830 年，变石在俄罗斯乌拉尔山脉被发现的那天正好是俄国沙皇亚历山大二世（Александр Ⅱ，1818—1881 年）的生日，因此人们将此种宝石以他的名字命名为“亚历山大石”（Александрит）。变石的英文名称为 Alexandrite，中文将其音译为“亚历山大石”。

第二节
金绿宝石的宝石学特征

一、金绿宝石的基本性质

（一）矿物名称

金绿宝石的矿物名称为金绿宝石（Chrysoberyl），属金绿宝石族矿物。

（二）化学成分

金绿宝石的化学成分为 $BeAl_2O_4$，其主要微量元素有铁（Fe）、镓（Ga）、钛（Ti）、钙（Ca）；变石的主要微量元素有铁、铬（Cr）、钛、镓。有学者研究认为：铬是金绿宝石呈现翠绿色的致色元素，Cr^{3+} 和 Fe^{3+} 是变石产生变色效应的关键元素。

（三）晶族晶系

金绿宝石属低级晶族，斜方晶系。

（四）晶体形态

图 1-1　产自巴西的金绿宝石晶体
（图片来源：Rock Currier，www.mindat.org）

金绿宝石属于斜方双锥晶类，晶体常呈板状、短柱状（图 1-1）。其单形主要包括：平行双面 *c*{001}、*b*{010}，斜方柱 *x*{101}、{013}、{012}，斜方双锥 *o*{111}、*n*{121}、{116}。金绿宝石常见假六方三连晶（轮式双晶）、膝状双晶和盾形双晶（图 1-2）。其中最具特征的是假六方三连晶，外观上似六方晶系，但实际上其内部是由三个金绿宝石单晶体依（103）穿插生长形成，三个单晶的 *a* 轴在同一平面内互成 60 度夹角。膝状双晶和盾形双晶属于接触双晶，由组成的两个单晶体以 *a* 轴互成一定夹角的方式生长形成。

金绿宝石（010）晶面可见平行 *a* 轴的晶面条纹。由于金绿宝石假六方三连晶较为常见，其表面可以看到互成 60 度的三组晶面纹理。

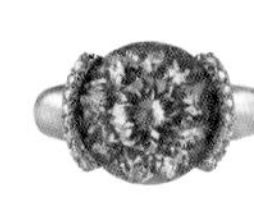

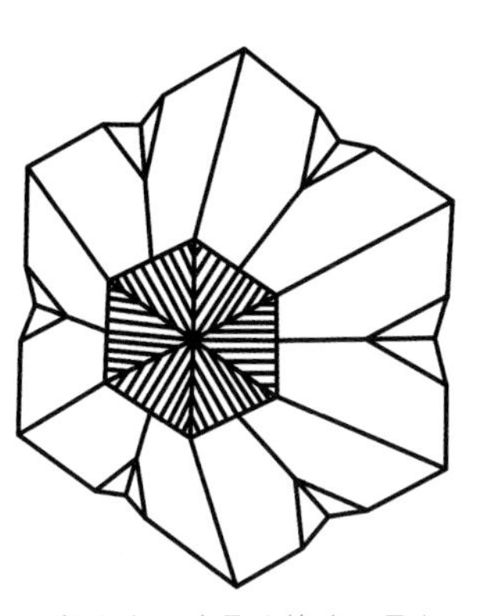

a 假六方三连晶（轮式双晶）

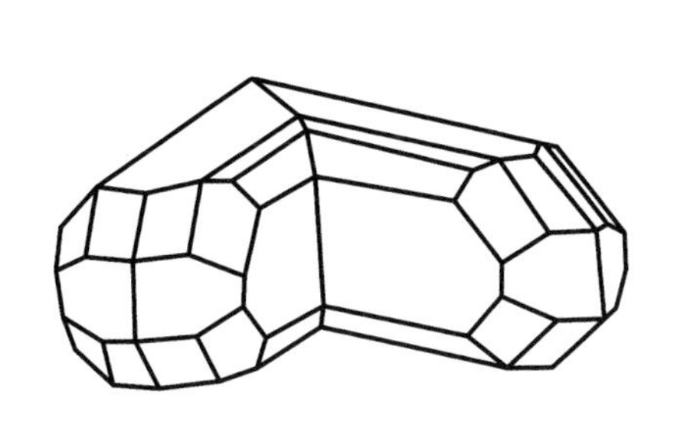

b 膝状双晶

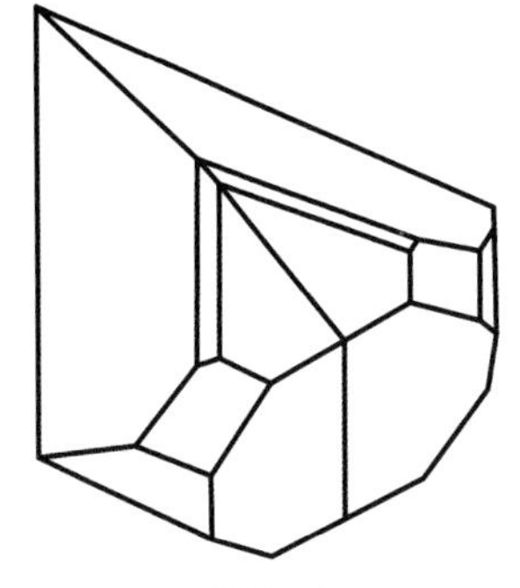

c 盾形双晶

图 1-2　金绿宝石常见的双晶形态

（五）晶体结构

金绿宝石属于配位型结构，其中氧离子作六方紧密堆积，铍（Be）充填四面体空隙，铝（Al）充填八面体空隙。金绿宝石也可以看作与橄榄石等结构，铍占据硅（Si）的位置，铝占据铁和镁的位置（见本书第五章）。

二、金绿宝石的物理性质

（一）光学性质

1. 颜色

金绿宝石的颜色有浅至中等的黄绿、灰绿、黄、褐—黄褐、浅蓝色（稀少）。变石在日光或日光灯下呈现以绿色色调为主的颜色，而在白炽灯光或烛光下则呈现以红色色调为主的颜色。

2. 光泽

金绿宝石具有强玻璃光泽至亚金刚光泽，断口为玻璃光泽。

3. 透明度

金绿宝石呈透明至半透明。

4. 折射率与双折射率

金绿宝石的折射率为 1.746 ~ 1.755（+0.004，−0.006）；双折射率为 0.008 ~ 0.010。

5. 色散

金绿宝石的色散值较低，为 0.015。

6. 光性

金绿宝石为二轴晶，正光性。

7. 多色性

金绿宝石具弱至中等的三色性，呈黄绿色、绿色和褐色；猫眼的多色性较弱，呈黄色、黄绿色和橙色；变石具强三色性，呈绿色、橙黄色和紫红色，其中 N_g= 绿色，N_m= 橙黄色，N_p= 紫红色。

8. 吸收光谱

金绿宝石的黄色和黄绿色由矿物中所含有的微量 Fe^{3+} 所致，吸收光谱以铁谱为主，可见以 445 纳米为中心的强吸收带（图 1-3），猫眼的吸收光谱与其相似。

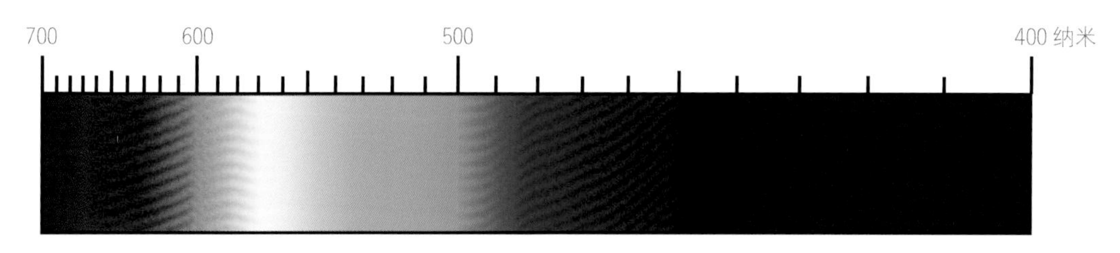

图 1-3　金绿宝石的吸收光谱

变石的颜色及其变色效应与其所含有的数量相当的铁和铬元素有关，Cr^{3+} 与 Fe^{3+} 的吸收共同导致了它的变色效应，在可见光吸收光谱上表现为：680.5 纳米和 678.5 纳米两条强吸收线，665 纳米、655 纳米和 645 纳米三条弱吸收线，580 ~ 630 纳米的部分吸收带，476.5 纳米、473 纳米及 468 纳米的三条弱吸收线，紫区通常完全吸收。

变石表现出较强的三色性，因而随方向不同，可见光吸收光谱也不同，绿色方向在 680.5 纳米、678.5 纳米处可见弱吸收线，555 ~ 640 纳米可见宽吸收带，在低于 470 纳米的蓝、紫区产生吸收（图 1-4）。

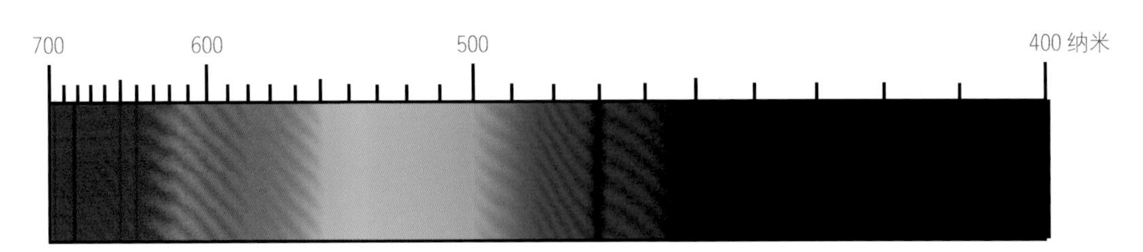

图 1-4　变石的吸收光谱（绿色方向）

红色或紫红色方向显示弱双线，其中 678.5 纳米线略强，在红光区仅见 655 纳米和 645 纳米两条线。宽吸收带位于 540 ~ 605 纳米之间，在合适的条件下可见蓝区 472 纳米有一条细线。紫区 460 纳米以下全吸收（图 1-5）。

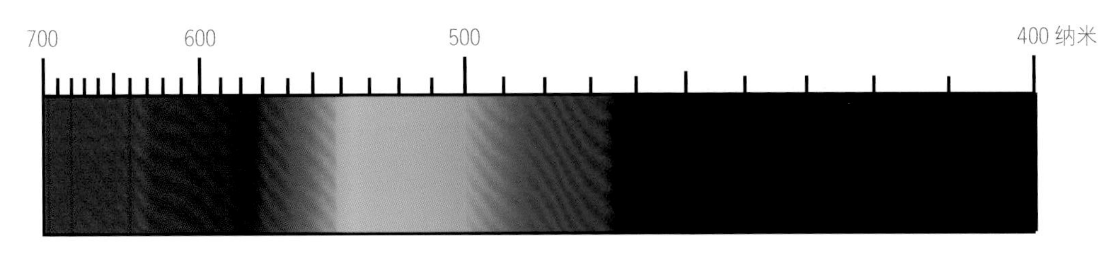

图 1-5　变石的吸收光谱（红色方向）

在日常测试时，如果不采用偏光加以区分的话，看到的仅是混合光谱，与不同方向看到的光谱略有区别。

9. 紫外荧光

金绿宝石在长波紫外灯下呈惰性；多数黄色和绿黄色金绿宝石在短波紫外灯下可见无至黄绿色荧光。

猫眼在长、短波紫外灯下一般呈惰性。

变石在长、短波紫外灯下可见无至中等强度的紫红色荧光。

变石猫眼在长、短波紫外灯下可见弱至中等强度的红色荧光。

10. 特殊光学效应

金绿宝石可具有猫眼效应（图 1-6）和变色效应（图 1-7），少数具有星光效应，极其稀少的金绿宝石可同时具有猫眼和变色两种特殊光学效应。

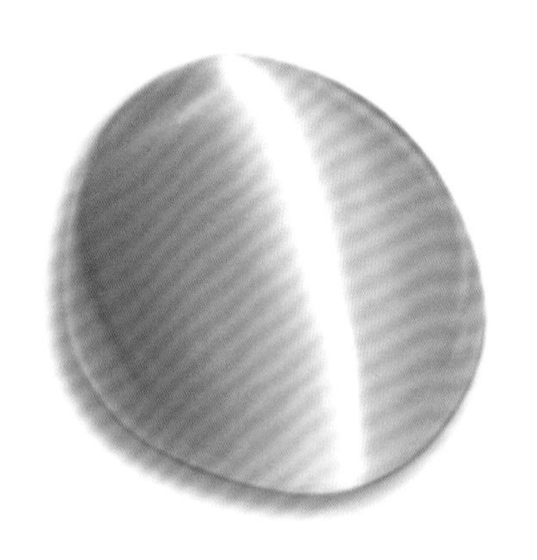

图 1-6　猫眼效应
（图片来源：邱彩珍提供）

a 日光灯下呈蓝绿色

b 白炽灯下呈紫红色

图 1-7　变色效应
（图片来源：Omi Privé，omiprive.com）

（二）力学性质

1. 摩氏硬度

金绿宝石的摩氏硬度为 8 ～ 8.5。

2. 密度

金绿宝石的密度为 3.73（±0.02）克 / 厘米 ^{3}。

3. 解理及断口

金绿宝石具 {101} 方向中等解理和 {010}、{001} 方向不完全解理，猫眼和变石通常无解理。金绿宝石常出现贝壳状断口。

三、包裹体特征

金绿宝石内部常见指纹状（图 1-8a）、栅栏状、丝状包体，此外，还可见负晶、平直色带、可能含水和二氧化碳的原生和次生两相或三相包体。透明的宝石可见阶梯状滑移面或双晶纹（图 1-8b），这两种结构特征都指示金绿宝石双晶的存在。黄色和褐色品种可见两相包体、平直的充液空穴和长管。金绿宝石中常见的矿物包体有云母、阳起石、石英（图 1-8c）、针铁矿（图 1-8d）、磷灰石等。

a 指纹状愈合裂隙

b 阶梯状滑移面和双晶纹

c 石英矿物包裹体

d 针铁矿矿物包裹体

图 1-8　金绿宝石中的包裹体

（图片来源：Eduard J. Gübelin et al., 1995）

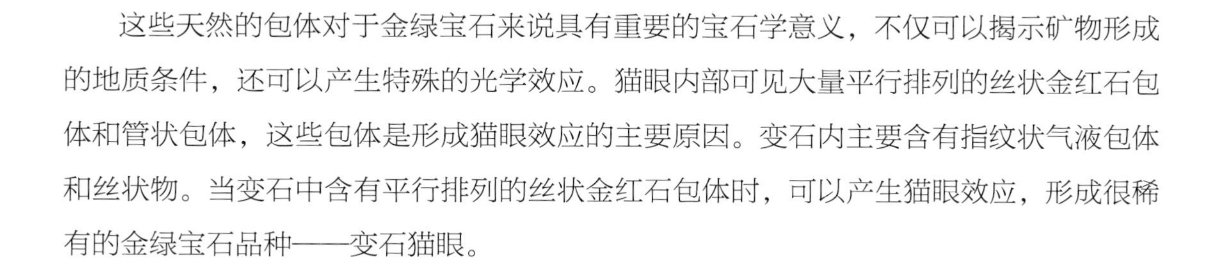

这些天然的包体对于金绿宝石来说具有重要的宝石学意义，不仅可以揭示矿物形成的地质条件，还可以产生特殊的光学效应。猫眼内部可见大量平行排列的丝状金红石包体和管状包体，这些包体是形成猫眼效应的主要原因。变石内主要含有指纹状气液包体和丝状物。当变石中含有平行排列的丝状金红石包体时，可以产生猫眼效应，形成很稀有的金绿宝石品种——变石猫眼。

四、其他

金绿宝石的化学性质稳定，对一般的热和光均不发生反应。在酸碱溶剂中不溶解，仅在硫酸中部分溶解。

第三节

金绿宝石的合成与相似品

一、合成金绿宝石及其鉴别

目前，市场上可见的金绿宝石合成品主要有合成金绿宝石、合成变石和合成变石猫眼三个品种，其中以合成变石最为常见。

（一）合成金绿宝石

目前已知的合成金绿宝石由日本京瓷公司研发生产，其化学成分及各项宝石学性质均与天然金绿宝石相同。合成金绿宝石的颜色表现为鲜艳的翠绿色，净度极高，不可见天然包体或天然的生长纹理，偶尔可见的金属薄片包体是由合成过程中坩埚内壁的金属脱落所致。合成金绿宝石的吸收光谱与天然品存在一定差异，这与其中所含的 V^{3+} 相关，V^{3+} 的存在改变了 Fe^{3+} 的吸收强度，因此其表现为铁的吸收带相对狭窄。

（二）合成变石

常见的变石合成方法有助熔剂法、晶体提拉法和区域熔融法。合成变石的物理化学性质与天然变石基本相同（图 1-9），可以通过观察二者的内部包体特征来鉴别，且经不同方法生产的合成变石的内部包体还具有不同的特征。

1. 助熔剂法合成变石

助熔剂法采用在溶液中生长晶体的方法将原料在助熔装置中溶解再结晶。因晶体在溶液中生长，与其他方法相比，其合成所需要的温度相对较低。

在合成变石中经常可见助熔剂包体、铂金属片、平直的生长线及平行于种晶面的成层的包体。助熔剂包体可呈云雾状外观或是呈粗粒的小滴，小滴成群沿大致相同方向呈拉长状。在反射光下可观察到淡橙色的粒状物，为微小的六边形或三角形铂金属片，这是助熔剂法合成变石中另一常见的特征包体。铂金属片不透明，具有强金属光泽，系从

a 白炽灯下呈紫红色

b 日光灯下呈绿色

图 1-9　合成变石
（图片来源：www.gia.edu）

铂坩埚表面脱落而进入生长的晶体内。合成变石内部的生长线平行于晶面呈直线状，并以一定角度交汇。

2. 晶体提拉法合成变石

晶体提拉法属于高温方法，将籽晶置于熔融的原料内，缓慢转动提拉形成晶体。

该方法合成的变石具有针状包体及弧形生长纹。合成变石猫眼具有极其细小的白色粒状包体及波浪状纤维包体。短波紫外灯下，合成宝石表面可呈现弱的白至黄色荧光，而内部呈弱的红橙色荧光，与天然变石在紫外灯下的荧光存在很大区别。

3. 区域熔融法合成变石

区域熔融法是在无水环境下通过局部熔融再结晶形成变石晶体。内部几乎看不到包体，偶尔可见未熔融的原料粉末细粒。

此外，由于助熔剂法、晶体提拉法和区域熔融法均属于高温熔融法，在合成变石的过程中没有水分子的加入，因此，在合成变石的内部晶体结构中不含水分子；而天然变石的形成条件比较复杂，内部总含有微量水分子。应用红外光谱仪检测变石是否具有水的特征吸收峰，可帮助区分合成品与天然品。

（三）合成变石猫眼

合成变石猫眼出现于 20 世纪 80 年代末，由日本京瓷公司研发生产（图 1-10）。与天然

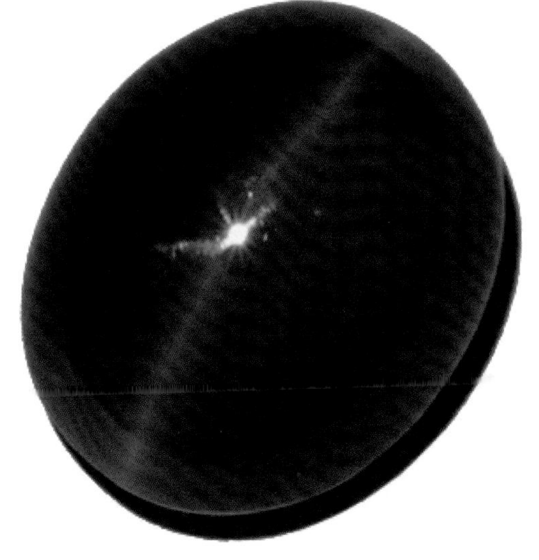

图 1-10　合成变石猫眼
（图片来源：Jennifer Stone-Sundberg，2013）

金绿宝石相比，合成变石猫眼的化学成分中微量元素 Ti^{3+} 和 V^{3+} 含量异常高。此外，该合成品具有在天然品中几乎不可见的强烈的紫红色到绿色的变色效应。合成变石猫眼内部具有大量平行的管状包体，不可见其他天然品种中常见的包体及生长特征，如指纹状、栅栏状包体和双晶纹等。在短波紫外灯下，合成变石猫眼具有天然品中不可见的浅绿色荧光。

二、金绿宝石的相似品及其鉴别

与金绿宝石相似的宝石品种主要有橄榄石、钙铝榴石、尖晶石、蓝宝石等，可以从光性、折射率、吸收光谱、显微特征等方面进行鉴别（见本书附表），金绿宝石最典型的鉴定特征为以 445 纳米为中心的强吸收带的吸收光谱，弱至中等的黄、绿和褐色三色性，以及较高的折射率（1.746 ~ 1.755）和较高的比重（3.73），放大观察可见阶梯状滑动面或双晶纹。

与猫眼相似的宝石品种主要有石英猫眼、碧玺猫眼、方柱石猫眼和玻璃猫眼等，可以从光性、折射率、吸收光谱、紫外荧光、显微特征等方面进行鉴别。猫眼最典型的鉴定特征为吸收光谱 445 纳米为中心的强吸收带，较高的折射率（1.746 ~ 1.755），在紫外灯下呈惰性，以及放大观察可见大量平行排列的丝状金红石包体或管状包体。

与变石相似的宝石品种主要有变色蓝宝石、变色尖晶石和变色萤石等，可以从光性、折射率、吸收光谱、紫外荧光等方面进行鉴别。变石最典型的鉴定特征为其特征的吸收光谱；强的绿色、橙黄色、紫红色三色性；在长、短波紫外灯下呈现无一中等强度的紫红色荧光。

第四节
金绿宝石的品种与质量评价

金绿宝石根据其特殊光学效应的有无可分为金绿宝石、猫眼、变石、变石猫眼和星光金绿宝石，其中价值最高的是具有特殊光学效应的品种。因此，金绿宝石的质量评价主要从特殊光学效应、颜色、净度、切工、质量（大小）五个方面进行。

一、金绿宝石

金绿宝石指不具有特殊光学效应的金绿宝石品种，因其特征的颜色、高硬度、强光泽而受到青睐，颜色、净度极佳者常被制成刻面宝石以作饰用。

颜色是金绿宝石最为重要的评价因素（图 1-11），带黄色色调的绿色金绿宝石价值最高（图 1-12），其次是绿色、黄绿色，带褐色色调者价值较低。此外，净度越高、切工越优、重量越重的金绿宝石，价值越高。

a 带褐色色调的绿黄色

b 黄绿色

c 带黄色色调的绿色

d 翠绿色

图 1-11　不同颜色的金绿宝石

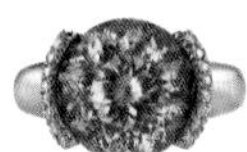

金绿宝石的晶体颗粒较其特殊品种的晶体颗粒要大很多，通常“大宝石”界限超过 10 克拉（1 克拉 = 200 毫克）。中上品质的天然金绿宝石，目前国际市场一级经销商价通常为 400 ~ 800 美元 / 克拉。

图 1-12　带黄色色调的绿色金绿宝石配钻石戒指
（图片来源：Omi Privé，omiprive.com）

二、猫眼

猫眼指具有猫眼效应的金绿宝石[①]，

① 金绿宝石猫眼因具有优于其他宝石品种的猫眼效应而被誉为“猫眼之王”，也是所有具猫眼效应的宝石中价值最高的品种。只有具猫眼效应的金绿宝石可以直接命名为猫眼，其他品种需要前缀宝石材料的名称，如碧玺猫眼。

图 1-13 猫眼在平行光线照射下呈现光带

其内部存在一组密集排列的平行丝状或管状包体，在平行光线的照射下，其表面呈现一条明亮的光带，光带随宝石或光线的转动而移动（图 1-13）。

猫眼以“蜜黄色”为最佳（图 1-14），是一种带有褐色调的金黄色，棕黄色、绿黄色、黄绿色次之，褐色和灰绿色等颜色不纯正的猫眼价值相对较低。

顶级品质的猫眼具有明亮、锐利、狭窄、平直、完整且位置居中的眼线，不可有断裂或波折纹（图 1-15）。眼线弯曲、过粗、不居中、不连续、不明亮都是猫眼质量欠佳的表现。眼线本身的颜色常见为白色或银色，以金色最为稀有。眼线与本体之间的反差越大越好，猫眼

图 1-14 纯正蜜黄色高品质猫眼
（图片来源：陈瑕提供）

图 1-15 猫眼配钻石戒指
（图片来源：陈瑕提供）

现象应在一臂的距离之内能够被轻易地看到。当顶部光源照射时，转动宝石或让宝石上下移动，可见眼线灵活地开合，侧面照射时可见独特的“乳白－蜜黄”效果，即靠近光源的一边为体色，另一边呈现牛奶一样的乳白色。“乳白－蜜黄”效果是优质猫眼的必要条件，但却常常被忽略。

猫眼效果的好坏还受内部平行包体排列的紧密程度和切工的影响。猫眼的切磨要沿弧面长轴方向并与包体方向垂直，弧面琢型要美观。为了使猫眼效果更明显，底部通常不抛光。但应注意其底部额外的克拉重量，评估这一部分的价值应考虑减扣比例。

在能保证猫眼效果的前提下，猫眼的净度越高越好，一般在半透明—微透明之间；猫眼质量越大越好，优质猫眼“大宝石”概念在国内市场为 5 克拉左右，国际市场为 10 克拉左右。小于 2 克拉的猫眼往往不足以充分展现猫眼的魅力，因而价值相对较低。

三、变石

变石的颜色由 Cr^{3+} 替换 Al^{3+} 畸变六次配位的位置所致。由于其组成为 $BeAl_2O_4$，介于红宝石（Al_2O_3）和祖母绿（$Be_3Al_2Si_6O_{18}$）之间，影响铝氧八面体的金属离子只有 Be^{2+} 一种，使 Cr^{3+} 周围配位体电场强度低于红宝石而高于祖母绿，因此变石的吸收带也介于红宝石和祖母绿之间，使红光和绿光的透射概率大致相等。宝石呈现哪一种颜色取决于入射光能量分布和颜色范围，因此，变石在不同的光源下会分别呈现绿色和红色。

变石的变色效应以两种光源下所呈现的红色调与绿色调的反差强度和鲜艳程度来评价优劣。两种色调的反差对比越强烈越好，两种颜色的明度和彩度越高越好。变石以鲜艳纯正的绿色－红色为理想色，但非常稀有。多数变石在日光或日光灯下呈现蓝绿—黄绿色，在白炽灯光或烛光下呈紫—紫红色（图 1–16）。此外，切工越佳（能充分展现变

a 日光灯下呈蓝绿色

b 白炽灯下呈紫红色

图 1–16　变石配钻石戒指

图 1-17　高品质变石配钻石戒指
（图片来源：Omi Privé，omiprive.com）

色效应且外形美观）、净度越高、质量越大的变石，其价值越高。

变石的世界总体产量非常少，优质变石则更为稀有（图 1-17）。优质变石的“大宝石”为 5 克拉左右，超过 5 克拉的罕见。国内市场上 2 克拉以下的优质变石时常可见，但 3 克拉以上者很难见到。2007 年，香港佳士得曾拍卖过一件变石首饰，中心椭圆形的亚历山大石重达 16.80 克拉，周围的花瓣由梨形、玫瑰形切割钻石和水滴形粉红色碧玺组成，边缘密镶钻石，估价为 361561 ~ 451952 美元。

四、变石猫眼

变石猫眼指同时具有变色效应和猫眼效应的金绿宝石（图 1-18）。这一品种的金绿宝石不仅内部富含平行排列的丝状包体，同时还因所含的 Cr^{3+} 和 Fe^{3+} 对光进行选择性吸收而产生了变色效应。变石猫眼产出的数量极其稀少，十分名贵。

a 日光灯下呈绿蓝色

b 白炽灯下呈紫红色

图 1-18　变石猫眼
（图片来源：Pala International，www.palagems.com）

变石猫眼的质量评价要结合变石和猫眼各自的评价属性，以具有好的变色效应和猫眼效应为最佳，粒度较大，宝石饱满者价值更高（图 1-19）。市场上 2 克拉以上的变石猫眼就已经很稀有，5 克拉以上者往往可遇而不可求，价格高昂，多以协商定价。

图 1-19　变石猫眼配变石配钻石戒指
（图片来源：Omi Privé，omiprive.com）

五、星光金绿宝石

星光金绿宝石指具有星光效应的金绿宝石。星光金绿宝石通常为四射星光，星光由其内部存在的两组近于垂直排列的包体产生，其中一组为金红石丝状包体，另一组为细密的气液管状包体，两组包体同时出现可产生星光效应。这种星光金绿宝石的存在，证明了金绿宝石的猫眼效应可由金红石包体或气液包体形成。

星光金绿宝石十分少见，价值也高。星线锐利、明亮、灵动，颜色鲜艳，粒度饱满，重量较大等因素都能提升星光金绿宝石的价值。

目前，金绿宝石在欧美等西方国家认知度较高。变石的最大消费国是俄罗斯，其次为美国，亚洲范围内日本需求较大。而随着中国彩色宝石市场的崛起，以及在专业经销商及珠宝收藏者、爱好者的推广下，中国消费者对金绿宝石的认知度正在不断提高，作为西方公认的“五大珍贵宝石”之一，金绿宝石在国内也将具有很大的市场潜力。

第五节

金绿宝石的产地与成因

金绿宝石的主要产地有俄罗斯、斯里兰卡、巴西、缅甸、津巴布韦、中国等。中国新疆、内蒙古和四川丹巴等地也产出金绿宝石，但粒度一般较小，不具规模。

金绿宝石主要产在老变质岩地区的花岗伟晶岩中，与绿柱石、独居石、电气石、铌钽铁矿、白云母等共生，在蚀变细晶岩以及超基性岩的蚀变岩—云母岩中也有产出。宝石级金绿宝石多产于砂矿中。

一、俄罗斯乌拉尔地区

乌拉尔地区是世界上首次发现亚历山大变石的地方，也是亚历山大变石最重要的产地，其矿区主要沿乌拉尔山脉一带分布，产出变色效应明显、质量较好的变石（图 1–20）。

图 1–20　产自俄罗斯的变石晶体（左：日光灯下呈蓝绿色；右：白炽灯下呈紫色）
（图片来源：Martin Slama，www.mindat.org）

1833 年，在塔科维亚（Takovaya）河流域的云母片岩中，人们发现了第一颗金绿宝石。之后，在该地又开采出迄今为止最大的金绿宝石晶簇。俄罗斯乌拉尔山脉地区与塔科维亚河的金绿宝石矿区开采历史悠久，目前产出量已近匮乏。该矿床位于东乌拉尔北部构造带中，在超基性岩和酸性岩浆后期热液交代作用下形成，由云母岩体汇聚成长达 250 ~ 300 米的岩脉。含矿云母岩脉沿蛇纹岩、滑石片岩、滑石、绿泥石片岩的剪切裂隙或沿闪长玢岩岩墙接触带发育，厚 0.4 ~ 2 米，沿走向延伸 30 ~ 50 米，祖母绿和变石均含其中。变石晶粒较小，但质量较好。

二、斯里兰卡

斯里兰卡的金绿宝石主要出产于砂矿中，有质量较好的金绿宝石产出（图 1-21、图 1-22），另外还产有黄绿色大颗粒变石及高质量的猫眼。世界最大的猫眼——“雄狮之眼”（The eye of the lion），重达465克拉，就产自斯里兰卡的霍勒讷（Horana）矿区。

图 1-21　产自斯里兰卡的金绿宝石晶体
（图片来源：Martin Slama，www.mindat.org）

图 1-22　产自斯里兰卡的金绿宝石晶体
（图片来源：Rob Lavinsky，iRocks.com，Wikimedia Commons，CC BY-SA 3.0 许可协议）

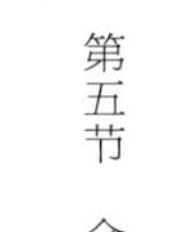

三、巴西

巴西是目前除斯里兰卡外最主要的金绿宝石产地，首次开采于 1805 年。在 200 多年的开采历史中，金绿宝石主要产自米纳斯吉拉斯（Minas Gerais）的东北部及萨尔瓦多（Salvador）和圣埃斯皮里图（Espírito Santo）地区。近年来，产自米纳斯吉拉斯州的金绿宝石和猫眼约 95% 都来源于帕德里帕拉伊苏（Padre Paraíso）市亚美利加纳（Americana）和圣安娜（Santana）山谷的特奥菲卢奥托尼—马拉姆巴亚（Teófilo Otoni-Marambaia）伟晶岩区。质量上乘的变石主要产于马拉卡谢塔（Malacacheta）和伊塔比拉（Itabira）地区的冲积矿床。

巴西的金绿宝石主要产于花岗岩中，在云母片岩、含白云石或含钙的矽卡岩中也有少量产出，属于伟晶岩型、气成热液和热液型成因，现在开采的矿床类型主要有伟晶岩矿床、碎屑矿床、残积矿床、冲积矿床等。

巴西产出的金绿宝石品种多样，包括黄色和褐色的透明金绿宝石，质量较佳的黄色、黄绿色、褐色猫眼及高质量的变石，但重量均不超过 3 克拉。

四、中国

中国新疆阿尔泰山、内蒙古乌拉山和四川丹巴等地伟晶岩带中，产出金绿宝石，其粒径一般在 0.5 ~ 2 厘米，宝石级金绿宝石较少，最大的晶体直径可达 10 厘米。

第二章

Chapter 2

碧　玺

碧玺颜色丰富，且多色性极强，被誉为“落入人间的彩虹”。它自古以来就受到人们的喜爱，在西方传统文化中，碧玺是十月的生辰石。历经千年传奇的碧玺，在当代成为全新的时尚珠宝首饰（图 2-1），其价格紧随红宝石、蓝宝石及祖母绿扶摇直上，受到广大珠宝爱好者的热捧。

图 2-1　双色碧玺配钻石项链

第一节

碧玺的历史与文化

一、碧玺的名称由来

碧玺的英文名称为 Tourmaline，来源于斯里兰卡主体民族僧伽罗族语 tōramolli，指"混合的彩色宝石"。传说在 18 世纪，荷兰阿姆斯特丹的孩童在把玩这种石头时意外发现它能够吸附或排斥细小灰尘或草屑，自此，碧玺又被称为"吸灰石"。

章鸿钊所著《宝石说》认为，"碧玺"一词源于波斯语"披及札基"（意指产自披及札克地区的红色宝石）的谐音。其他关于碧玺称谓的记载有："紫宝石名披耶西，色深紫如葡萄，晶莹光润"（《博物要览》，1621—1627 年），"碧霞玺，一曰碧霞玭，一曰碧洗"（《滇海虞衡志》，1799 年），"玉受石灰沁者，其色红，名曰孩儿面。注云，复原时酷似碧霞希宝石"（《玉记》，1839 年）。上述文献中提到的披耶西、碧霞玺、碧霞玭、碧洗、碧霞希等，均认为是电气石。"碧玺"这一称谓直到清代末年才逐渐被确定下来。

二、碧玺在中国的历史与文化

中国对碧玺的认识和利用历史久远，但迄今仍未发现古代有关开采碧玺宝石的记载，一般认为此种宝石是从缅甸、斯里兰卡等国输入的。

碧玺最早在唐代传入中国，贞观十九年（645 年），唐太宗西征得到碧玺，喜爱至极，雕刻成御用印章收藏。明代时期，皇室在云南腾冲设有碧玺御用管办采购，据明史料记载，明代皇帝曾专门派太监或大臣到云南腾越督办采购碧玺以及红宝石和蓝宝石。明永乐年间（1403—1424 年），郑和第三次航海带回的锡兰（今斯里兰卡）国王亚烈苦奈儿向明成祖朱棣进献的宝石中就有珍贵的碧玺。

清代时期，碧玺成为权力的象征，受到皇室和官家的热捧，是一品和二品官员顶戴花翎的装饰材料之一，还被用于制作大臣们佩戴的朝珠。慈禧太后（1835—1908 年）掌政时期，达到了碧玺的收藏顶峰。据载，慈禧太后的殉葬品中有一朵用碧玺雕琢而成的莲花，重量为 36 两 8 钱（约 5092 克），以及用西瓜碧玺做成的枕头，当时的价值为 75 万两白银。根据美国圣地亚哥自然历史博物馆提供的有关碧玺贸易的资料，从 1902—1908 年，每年清宫廷造办处都会赴美采购数吨各色碧玺，其中以粉红色碧玺居多。到 1911 年，造办处总共从圣地亚哥采购了 120 吨碧玺，当中的大部分由美国珠宝商蒂芙尼公司（Tiffany & Co.）经手。

位于北京的故宫博物院收藏了大量宫廷的碧玺饰品，有碧玺扁方（图 2-2）、碧玺带扣、碧玺珠翠手串、金镶碧玺米珠戒指、桃红碧玺瓜式佩（图 2-3）、碧玺雕松鼠葡萄佩（图 2-4）、碧玺雕双蝠鼻烟壶、金镶碧玺推胸、金镶翠蝶碧玺花蝠簪、碧玺桃树盆景等。尤其是碧玺带扣，堪称清代碧玺中的极品。带扣为银累丝托上嵌粉红色碧玺制成，碧玺透明且体积硕大，局部有棉绺纹，银托背后錾刻小珠纹“万寿无疆”“受命永昌”，旁有“鸿兴”“足纹”戳记，中间为细累丝绳纹双“寿”及双“蝠”。带扣是腰带上的装饰品，元、明时期盛行，但多为玉饰，到清代已很少用。以碧玺制成的带扣尤为少见，更显珍贵。

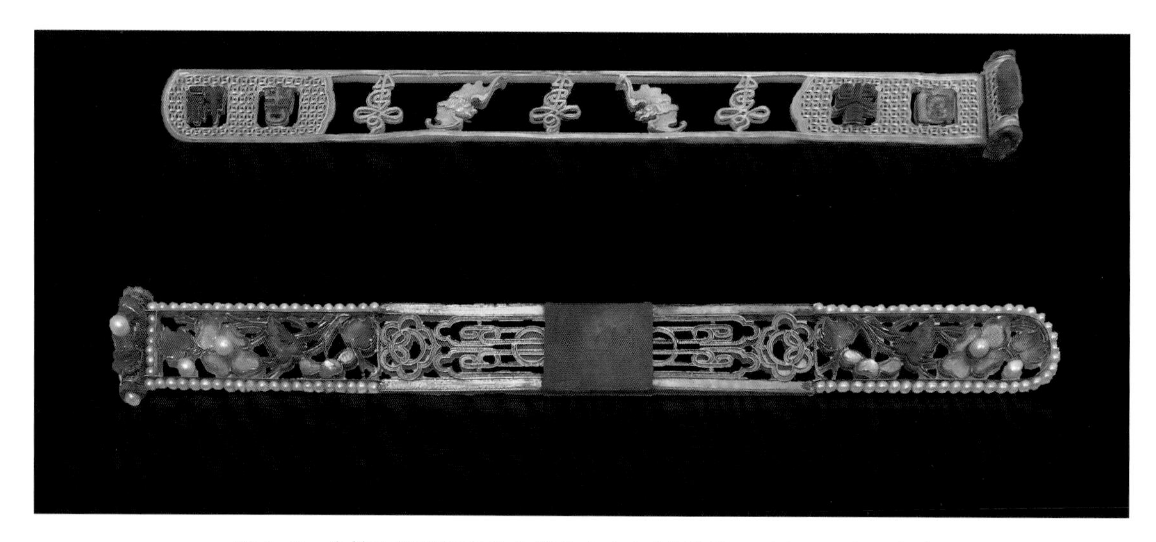

图 2-2　金镂空嵌宝石富贵吉祥扁方（上）（清代，1644—1911 年）
金镂空嵌珠石扁方（下）（清代，1644—1911 年）
（图片来源：摄于故宫博物院）

图 2-3 桃红碧玺瓜式佩（清代，1644—1911 年）
（图片来源：摄于故宫博物院）

图 2-4 碧玺雕松鼠葡萄佩（清代，1644—1911 年）
（图片来源：摄于故宫博物院）

三、碧玺在国外的历史与文化

碧玺在西方的历史非常久远，有资料显示，碧玺 16 世纪发现于巴西，当时被认为是祖母绿。它的颜色丰富，容易与其他宝石混淆，人们将碧玺当作宝石使用了几个世纪，直到 19 世纪才确定它是不同于其他宝石的矿物种。西方皇室贵族被碧玺深深吸引，如俄罗斯帝国皇帝安娜一世（Анна I Ивановна，1693—1740 年）的加冕皇冠正中央就是一颗未经雕琢的红色碧玺原石（图 2-5），1777 年瑞典国王古斯塔夫三世（Gustav Ⅲ，1746—1792 年）赠予当时的俄罗斯帝国皇帝叶卡捷琳娜二世·阿列克谢耶芙娜（Екатерина Ⅱ Алексеевна，1729—1796 年）一块雕刻成葡萄状的碧玺珍品（图 2-6），重约 255 克拉。

图 2-5　安娜一世的加冕王冠
（图片来源：viola.bz）

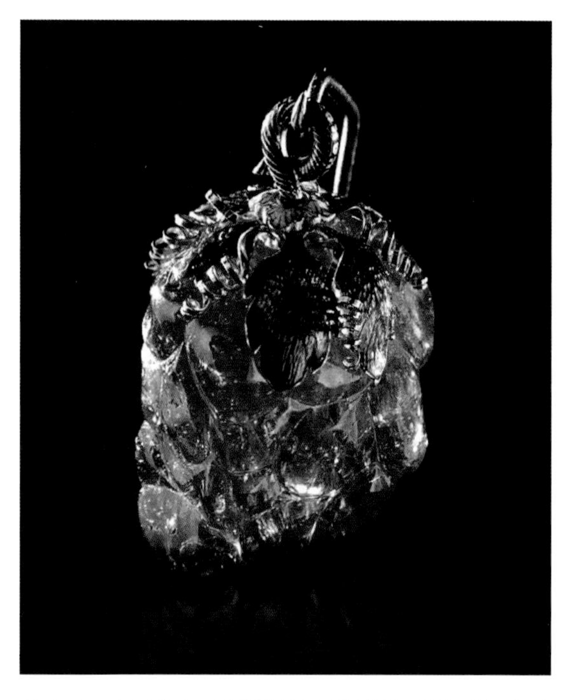

图 2-6　古斯塔夫三世赠予叶卡捷琳娜二世的碧玺珍品
（图片来源：viola.bz）

碧玺作为十月的生辰石，象征着希望、平安、祥和，相传它能免除厄运并为人们带来好运。碧玺在西方文化中流传很多传说，这些传说为碧玺增添了更多神秘色彩。

（一）“落入人间的彩虹”传说

相传在 16 世纪，一支葡萄牙勘探队在途经巴西时发现了一种闪耀着七色斑斓的宝石，它的颜色鲜艳多彩，就好像彩虹划过天际后射向地心，沐浴在彩虹下的平凡石子在沿途中获取了世间所囊括的各种色彩，被洗练得晶莹剔透。这种藏在彩虹落脚处的宝石被后人称为“碧玺”，自此碧玺便有了“落入人间的彩虹”的美誉。人们相信，发现碧玺的地方，就是彩虹的落脚地，相传谁能找到彩虹的落脚地，就能拥有彩虹，也就拥有了永恒的幸福和财富。

（二）“火种的化身”传说

在希腊神话中，神祇们通过墨科涅集会商谈来确定人类的权利和义务，普罗米修斯作为人类的维护者出席了会议。在会上，他设法使诸神不要以献祭为条件答应保护人类。天神主宰宙斯认为自己上当受骗，便决定拒绝向人类提供生活必需的最后一样东西——“火”。普罗米修斯马上想出了巧妙的办法应对：他用一根又粗又长的茴香秆接近太阳车，伸到它的火焰里点燃，然后带着闪烁的火种回到地上，很快第一堆木柴燃烧起来。之后他的女友，智慧女神雅典娜，向火吹进了神奇之气，火越烧越旺，烈焰冲天。宙斯见人间升起了火焰，只能大发雷霆，却无法再把火从人类那里夺走了。当火传入千家万户后，火种才被普罗米修斯缚在高加索山的悬崖上最终熄灭，但它却留下了一块能绽放七种颜色的宝石，也就是我们今天所熟知的碧玺。因此，碧玺也被人看作是“火种的化身”，它代表了生机和希望。

（三）“爱与美的灵药”传说

中世纪法国诗人蕾米·贝露把“西瓜碧玺”称为“阿佛洛狄之爪”（Aphrodite，希腊神话中爱与美的女神）。贝露在《宝石之爱与新的变身》诗集中这样描述道：“阿佛洛狄在树荫下午睡时，她的儿子厄洛斯（Eros，爱神）接近她，用锐利的剑将她闪闪发亮的美丽爪子切断。当厄洛斯很得意地拿着爪子飞向天空时，爪子却不慎掉落在巴西并化为宝石，即成为现在的‘西瓜碧玺’。”至今，在国外还传说“阿佛洛狄之爪”是让人充满爱与美的灵药，因而在有些地方人们还常用“西瓜碧玺”来泡水饮用，以让自己更美更富有爱心。

（四）“平安的护身符”传说

公元前300多年，曾征服世界（从埃及到印度东端）的马其顿国王——亚历山大（Alexander the Great，前356—前323年）将绿红碧玺作为护身符，终日不离身，但是在远征印度的归途中，他不小心遗失了护身符，为此他觉得很惋惜并难过失意地返回了巴比伦。后来亚历山大英年早逝，因此没能看到建在埃及的文明之都——亚历山大城。从此，碧玺便有了可以辟邪保佑平安的传说。

第二节
碧玺的宝石学特征

一、碧玺的基本性质

（一）矿物名称

碧玺的矿物名称为电气石（Tourmaline），属电气石族矿物。电气石族有很多矿物种，其中主要矿物种有镁电气石（Dravite）、黑电气石（Schorl）和锂电气石

（Elbaite）。宝石级电气石主要为锂电气石。

（二）化学成分

碧玺是一种化学成分极为复杂的环状硅酸盐矿物，以含硼（B）为特征。根据国际上最新的研究成果，电气石晶体化学通式为：$XY_3Z_6(T_6O_{18})(BO_3)_3V_3W$，其中每个离子占位上最常见的是 X=$Ca^{2+}$、$Na^{+}$、$K^{+}$、□（空位）；Y=$Fe^{2+}$、$Mg^{2+}$、$Mn^{2+}$、$Al^{3+}$、$Li^{+}$、$Fe^{3+}$、$Cr^{3+}$；Z=$Al^{3+}$、$Fe^{3+}$、$Mg^{2+}$、$Cr^{3+}$；T=$Si^{4+}$、$Al^{3+}$；B=$B^{3+}$；V=$OH^{-}$、$O^{2-}$；W=$OH^{-}$、$F^{-}$、$O^{2-}$。有学者还发现在 T 位置上也存在 B^{3+} 替代 Si^{4+} 的现象。

（三）晶族晶系

碧玺属中级晶族，三方晶系，复三方单锥晶类。

（四）晶体形态

晶体常呈柱状，晶体两端晶面不对称，常见单形有三方柱 $m\{01\bar{1}0\}$，六方柱 $a\{11\bar{2}0\}$，三方单锥 $r\{10\bar{1}1\}$、$o\{02\bar{2}1\}$ 以及复三方单锥 $u\{32\bar{5}1\}$ 等（图 2-7），柱面上常发育有三方柱和六方柱交替生长而成的聚形纵纹，横截面为弧形三角形（图 2-8）。

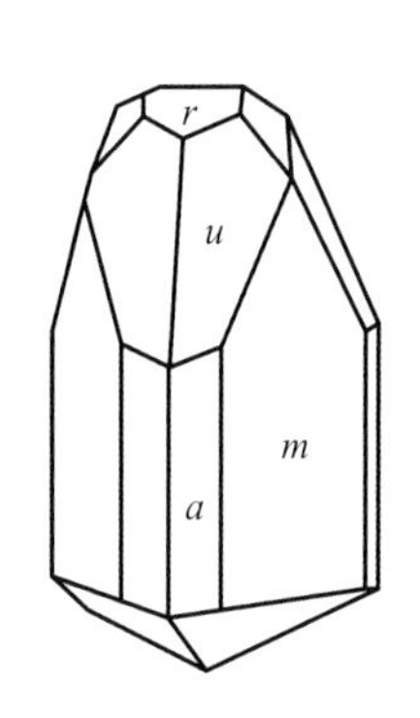

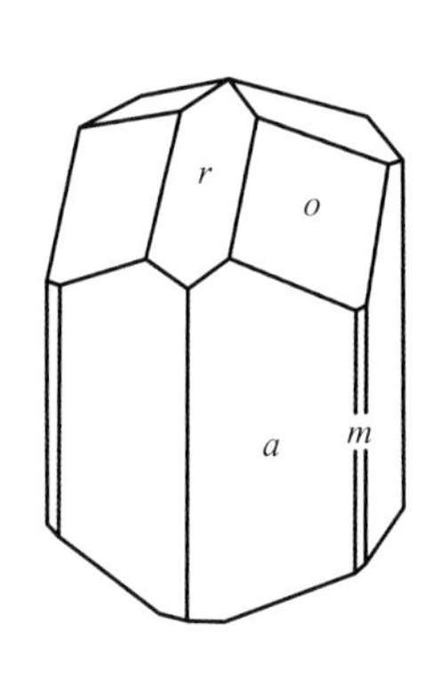

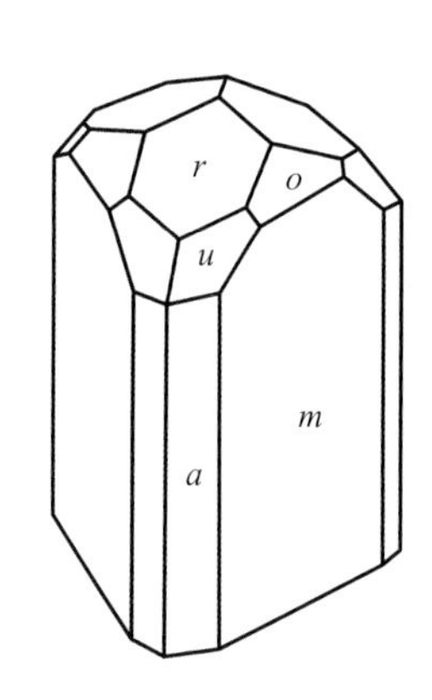

图 2-7　碧玺的晶体形态

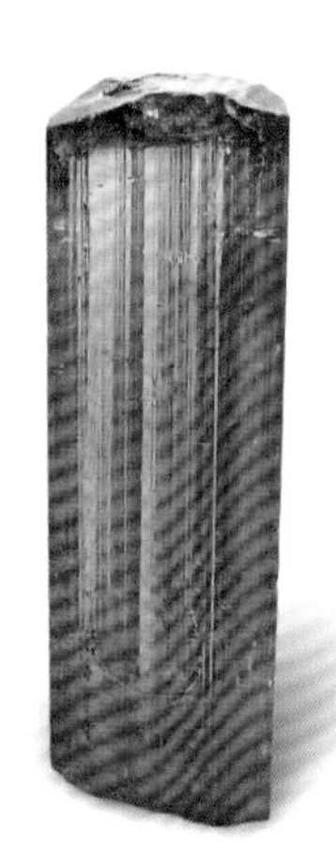

图 2-8　绿色和红色碧玺自形晶体

集合体呈放射状、束状、棒状，亦呈致密块状或隐晶质块体。碧玺可依 $\{10\bar{1}1\}$ 或 $\{40\bar{4}1\}$ 发育双晶，但罕见。

（五）晶体结构

电气石是环状硅酸盐矿物。它的晶体结构主要由大半径阳离子、[Si_6O_{18}] 六元环、[$AlO_4(OH)_2$] 八面体、[$AlO_5(OH)$] 八面体和 [BO_3] 三角形组成。

结合电气石的晶体化学式，在它的晶体结构中，[SiO_4] 四面体共角顶组成六元环，六元环呈复三方对称，所有 [SiO_4] 四面体的尖端均指向 c 轴方向。在 Z 位置的铝（Al）以三个 [$AlO_4(OH)_2$] 配位八面体互相共棱的形式连接，交点处为（OH），位于六元环的中轴线，这些配位八面体与 [SiO_4] 四面体以角顶相连。六元环之间由 Y 位置的 [$AlO_5(OH)$] 八面体连接，[BO_3] 配位三角形通过共用角顶的氧与 [$AlO_4(OH)_2$] 和 [$AlO_5(OH)$] 八面体连接，六元环上方的空隙处由大半径阳离子 Na^+ 所占据（图 2-9）。

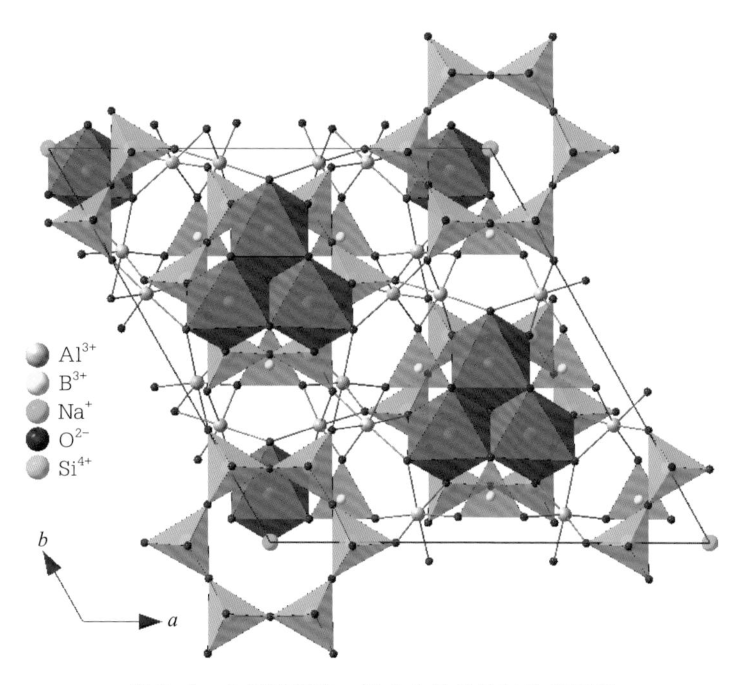

图 2-9　电气石垂直 c 轴方向的晶体结构示意图

（图片来源：秦善提供）

二、碧玺的物理性质

（一）光学性质

1. 颜色

碧玺是自然界颜色最丰富的宝石品种之一，通常呈玫瑰红或粉红、红、绿、深绿、浅蓝、蓝、深蓝、蓝灰、紫、黄、绿黄、褐、黄褐、浅褐橙、黑等颜色（图 2-10、图 2-11）。

图 2-10　多彩的碧玺配钻石手链

图 2-11　多彩的碧玺配钻石项链

碧玺颜色随成分而异，富含铁的碧玺呈暗绿、深蓝、暗褐或黑色；富含镁的碧玺为黄色或褐色；富含锂、锰和铯的碧玺呈粉红—玫瑰红色，亦可呈淡蓝色、浅绿色；富含铬的碧玺呈鲜绿—深绿色；富含铜的碧玺呈鲜艳蓝—蓝绿色，被称作“帕拉伊巴碧玺”。

碧玺色带发育，沿同一晶体的纵向（c 轴）可呈现不同的颜色，形成双色碧玺或多色碧玺，也可沿同一晶体横向由里向外形成色环，其中中间部分为粉红—红色、边缘部分为绿色—深绿色的晶体，称为“西瓜碧玺”。此外，钙锂碧玺还具有特殊的三角形色带。

2. 光泽

碧玺具有玻璃光泽。

3. 透明度

碧玺呈透明至不透明（图 2–12、图 2–13）。

图 2–12　透明—不透明碧玺晶体

图 2–13　半透明碧玺晶体

4. 折射率与双折射率

碧玺的折射率为 1.624 ~ 1.644（+0.011，−0.009）。折射率随成分而变化，当其成分中富含铁、锰时折射率增大。黑色电气石的折射率可高达 1.627 ~ 1.657。双折射率为 0.018 ~ 0.040，通常为 0.020。

5. 色散

碧玺的色散值为 0.017。

6. 光性

碧玺是非均质体，一轴晶，负光性。

7. 多色性

碧玺的多色性强度变化于中至强之间，多色性颜色随体色而变化，呈现深浅不同的体色。红色碧玺的二色性常为浅红、深红色，绿色碧玺的二色性常为黄绿、深绿色，蓝色碧玺的二色性常为浅蓝、深蓝色，黄色碧玺的二色性常为浅黄、深黄色。

8. 吸收光谱

红色和粉红色碧玺在光谱绿色区有一宽的吸收带，有时可见 525 纳米吸收宽带，451 纳米和 458 纳米的吸收线（图 2–14）。绿色和蓝色碧玺的光谱红区普遍吸收，498 纳米强吸收带，蓝区有时还可有 468 纳米吸收线（图 2–15）。

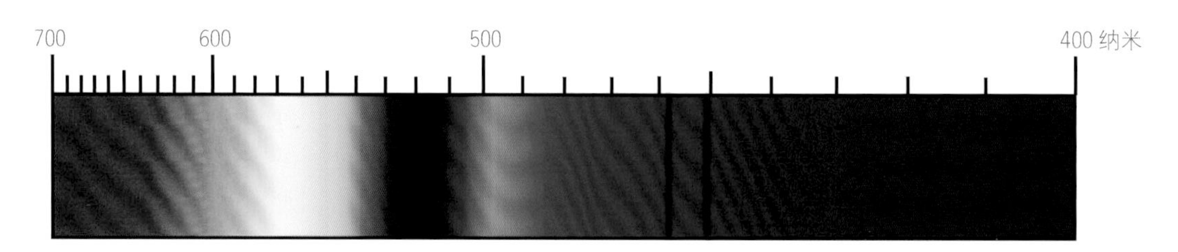

图 2–14　红色和粉红色碧玺的吸收光谱

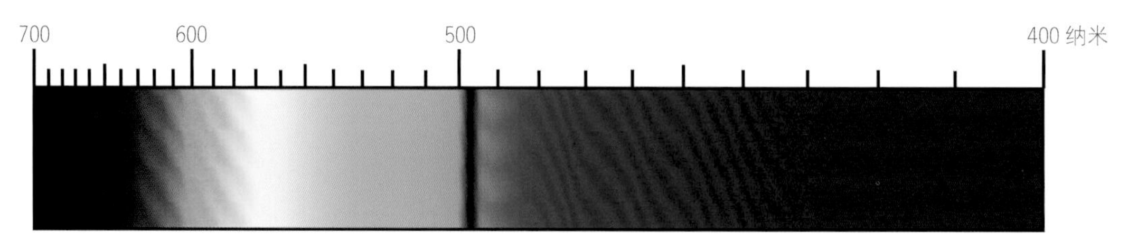

图 2–15　绿色和蓝色碧玺的吸收光谱

9. 发光性

紫外荧光：一般情况下，碧玺为荧光惰性，但粉红色碧玺在长、短波紫外光照射下可能会有弱红到紫色的荧光。

X 射线荧光：只有粉红色的碧玺有弱紫色荧光，其他颜色无荧光。

10. 特殊光学效应

（1）猫眼效应

具有猫眼效应的碧玺为碧玺猫眼，通常因为碧玺含有大量平行排列的纤维状、管状或针状包体，当磨制成弧面形宝石且底面平行于上述包体时可显示猫眼效应

（图 2-16）。常见的碧玺猫眼为绿色，少数为红色、蓝色，并且通常为半透明至不透明。

（2）变色效应

碧玺的变色效应十分稀少。东非地区产出的许多含铬电气石具明显的变色效应，日光下呈绿色，白炽灯下呈褐色或红色。

图 2-16　碧玺猫眼中平行密集排列的线状包裹体

（二）力学性质

1. 摩氏硬度

碧玺的摩氏硬度为 7 ~ 8。

2. 密度

碧玺的密度为 3.06（ + 0.20， - 0.06）克 / 厘米 ^{3}，密度与成分有密切关系，当成分中铁、锰含量增加时密度增加。

3. 解理及断口

碧玺无解理，贝壳状断口，可有垂直 c 轴的波状裂隙（图 2-17）。

a 贝壳状断口

b 波状裂隙

图 2-17　碧玺的贝壳状断口和垂直 c 轴的波状裂隙

（三）电学性质

1. 压电性

碧玺为无对称中心的矿物，当碧玺宝石沿特殊方向受力时，能够在垂直应力的两边表面产生数量相等、符号相反的电荷，且荷电量与压力成正比。

2. 热电性

碧玺在温度改变时，在 *c* 轴两端产生相反的电荷，易吸附灰尘，因此也被称为“吸灰石”。

三、碧玺的包裹体特征

碧玺内部通常裂隙较发育，会影响其净度和透明度。内部常含有典型的不规则线状、管状包体（图 2-18a）和扁平的垂直 *c* 轴的薄层空穴，包体内可被气液所充填，呈指纹状、羽状包体，还可能有少量铁质充填。碧玺还含有较为丰富的气 - 液两相流体包体（图 2-18b），轮廓呈扁平几何形状、近椭圆状、长柱状或不规则状，内部可见圆形气态包体，若碧玺内部含有大量平行的纤维状包体，则可以出现猫眼效应。

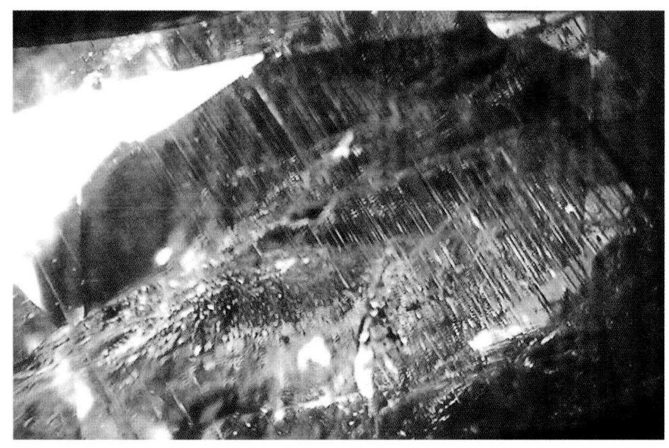

a 管状包裹体
（图片来源：黄天平，2013）

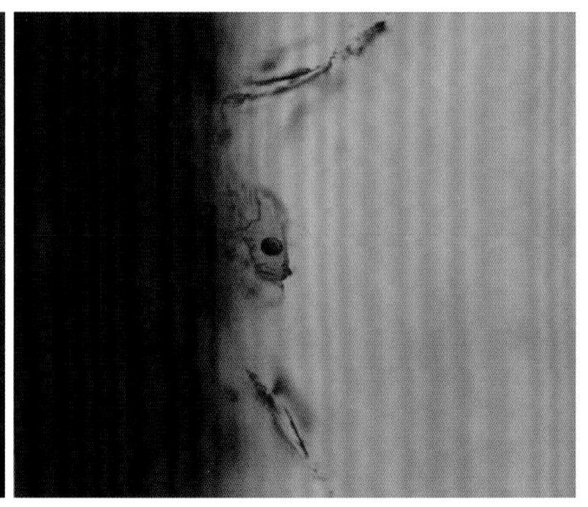

b 气 - 液两相流体包裹体
（图片来源：李阳，2016）

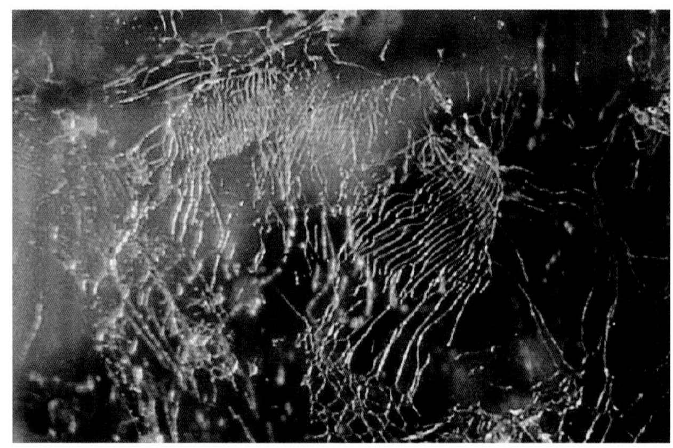

c 不规则的丝状气液包裹体
（图片来源：Eduard J. Gübelin，1986）

d 黄铁矿矿物包裹体
（图片来源：Eduard J. Gübelin，1986）

图 2-18　碧玺中的包裹体

红色碧玺内部常含有许多与晶体 c 轴垂直的裂纹，这些裂纹常被气液包体充填，可有镜面反光现象。红色碧玺还常含有发丝状的液体包体。绿色碧玺则很少含有裂纹，而是以含有许多细长而不规则的丝状、“撕裂状”气液包体为特征，这些包体可以均匀地分布于整个宝石之中，亦称为“毛晶”（图 2-18c）。

碧玺内部还可见磷灰石、云母、黄铁矿（图 2-18d）、细晶石、锆石、电气石等矿物包体，常见平直或三角形色带或生长纹。当碧玺被切磨成刻面宝石时，由于其双折射率较大，10 倍放大镜下常见后刻面棱重影现象。

第三节

碧玺的主要品种

一、电气石族的矿物种

碧玺（电气石）是一种没有对称中心的极性硅酸盐矿物晶体，其化学成分非常复杂，结构中阳离子之间存在广泛的类质同象替换。截至 2021 年 1 月，国际矿物学协会（International Mineralogical Association，IMA）批准的电气石族矿物种共 36 种（表 2-1），其中最常见的矿物种为镁电气石、黑电气石和锂电气石。作为宝石收藏的矿

表 2-1 经国际矿物学协会批准的 36 种电气石族矿物种（引自 rruff.info）

英文名称	中文名称	晶体化学式
Adachiite	—	$CaFe^{2+}{}_3Al_6(Si_5AlO_{18})(BO_3)_3(OH)_3(OH)$
Bosiite	—	$NaFe^{3+}{}_3(Al_4Mg_2)(Si_6O_{18})(BO_3)_3(OH)_3O$
Celleriite	—	$\square(Mn^{2+}{}_2Al)Al_6(Si_6O_{18})(BO_3)_3(OH)_3(OH)$
Chromium-dravite	铬—镁电气石	$NaMg_3Cr_6(Si_6O_{18})(BO_3)_3(OH)_3(OH)$
Chromo-alumino-povondraite	铬—铝—镁钙电气石	$NaCr_3(Al_4Mg_2)(Si_6O_{18})(BO_3)_3(OH)_3O$

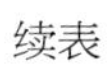

续表

英文名称	中文名称	晶体化学式
Darrellhenryite	—	$Na(Al_2Li)Al_6(Si_6O_{18})(BO_3)_3(OH)_3O$
Dravite	镁电气石	$NaMg_3Al_6(Si_6O_{18})(BO_3)_3(OH)_3(OH)$
Dutrowite	—	$Na(Fe^{2+}_{2.5}Ti_{0.5})Al_6(Si_6O_{18})(BO_3)_3(OH)_3O$
Elbaite	锂电气石	$Na(Al_{1.5}Li_{1.5})Al_6(Si_6O_{18})(BO_3)_3(OH)_3(OH)$
Feruvite	镁钙电气石	$CaFe^{2+}_3(Al_5Mg)(Si_6O_{18})(BO_3)_3(OH)_3(OH)$
Fluor-buergerite	氟—铁电气石	$NaFe^{3+}_3Al_6(Si_6O_{18})(BO_3)_3O_3F$
Fluor-dravite	氟—镁电气石	$NaMg_3Al_6(Si_6O_{18})(BO_3)_3(OH)_3F$
Fluor-elbaite	氟—锂电气石	$Na(Li_{1.5}Al_{1.5})Al_6(Si_6O_{18})(BO_3)_3(OH)_3F$
Fluor-liddicoatite	氟—钙锂电气石	$Ca(Li_2Al)Al_6(Si_6O_{18})(BO_3)_3(OH)_3F$
Fluor-schorl	氟—黑电气石	$NaFe^{2+}_3Al_6(Si_6O_{18})(BO_3)_3(OH)_3F$
Fluor-tsilaisite	氟—钠锰电气石	$NaMn^{2+}_3Al_6(Si_6O_{18})(BO_3)_3(OH)_3F$
Fluor-uvite	氟—钙镁电气石	$CaMg_3(Al_5Mg)(Si_6O_{18})(BO_3)_3(OH)_3F$
Foitite	无碱铁电气石	$\square(Fe^{2+}_2Al)Al_6(Si_6O_{18})(BO_3)_3(OH)_3(OH)$
Lucchesiite	—	$CaFe^{2+}_3Al_6(Si_6O_{18})(BO_3)_3(OH)_3O$
Luinaite-(OH)	—	$(Na,\square)(Fe^{2+},Mg)_3Al_6(BO_3)_3Si_6O_{18}(OH)_4$
Magnesio-foitite	无碱镁—铁电气石	$\square(Mg_2Al)Al_6(Si_6O_{18})(BO_3)_3(OH)_3(OH)$
Magnesio-lucchesiite	—	$CaMg_3Al_6(Si_6O_{18})(BO_3)_3(OH)_3O$
Maruyamaite	—	$K(MgAl_2)(Al_5Mg)(BO_3)_3(Si_6O_{18})(OH)_3O$
Olenite	钠铝电气石	$NaAl_3Al_6(Si_6O_{18})(BO_3)_3O_3(OH)$
Oxy-chromium-dravite	氧—铬—镁电气石	$NaCr_3(Cr_4Mg_2)(Si_6O_{18})(BO_3)_3(OH)_3O$
Oxy-dravite	氧—镁电气石	$Na(Al_2Mg)(Al_5Mg)(Si_6O_{18})(BO_3)_3(OH)_3O$
Oxy-foitite	氧—无碱铁电气石	$\square(Fe^{2+}Al_2)Al_6(Si_6O_{18})(BO_3)_3(OH)_3O$
Oxy-schorl	氧—黑电气石	$Na(Fe^{2+}_2Al)Al_6(Si_6O_{18})(BO_3)_3(OH)_3O$
Oxy-vanadium-dravite	氧—钒—镁电气石	$NaV_3(V_4Mg_2)(Si_6O_{18})(BO_3)_3(OH)_3O$
Povondraite	镁钙电气石	$NaFe^{3+}_3(Fe^{3+}_4Mg_2)(Si_6O_{18})(BO_3)_3(OH)_3O$
Rossmanite	无碱锂电气石	$\square(LiAl_2)Al_6(Si_6O_{18})(BO_3)_3(OH)_3(OH)$
Schorl	黑电气石	$NaFe^{2+}_3Al_6(Si_6O_{18})(BO_3)_3(OH)_3(OH)$
Tsilaisite	钠锰电气石	$NaMn^{2+}_3Al_6(Si_6O_{18})(BO_3)_3(OH)_3(OH)$
Uvite	钙镁电气石	$CaMg_3(Al_5Mg)(Si_6O_{18})(BO_3)_3(OH)_3(OH)$
Vanadio-oxy-chromium-dravite	钒—氧—铬—镁电气石	$NaV_3(Cr_4Mg_2)(Si_6O_{18})(BO_3)_3(OH)_3O$
Vanadio-oxy-dravite	钒—氧—镁电气石	$NaV_3(Al_4Mg_2)(Si_6O_{18})(BO_3)_3(OH)_3O$

注：□表示阳离子空位。

物种主要为锂电气石，其英文名 Elbaite 是以其著名产地意大利的厄尔巴（Elba）岛命名的；镁电气石和钙镁电气石中品质适宜的也可用作宝石，但较为稀少。

二、碧玺的主要宝石品种

碧玺的颜色丰富（图 2-19 ~ 图 2-21），这主要得益于其特殊的晶体结构允许诸多致色元素的进入，而结构中占据的阳离子与其他阳离子之间发生广泛的类质同象替代，则会产生不同的颜色。碧玺在商业上的品种与电气石族的矿物种之间没有明确的对应关系，一个矿物种因所含致色元素不同，会包含多种商业品种，而一种商业品种也可能属于多个矿物种。目前，珠宝行业根据碧玺的颜色特征、特殊光学效应、特殊现象等特征，将其划分为十余个商业品种。

图 2-19　颜色丰富的碧玺珠串项链

图 2-20　颜色丰富的碧玺配钻石项链

图 2-21　清澈明亮颜色丰富的碧玺手链

（一）红色碧玺

自然界产出的红色碧玺色调变化较大，有带褐色、橙色调的红色、深红色、正红色、粉红色、桃红色、玫红色和紫红色等（图 2-22、图 2-23），其内部通常含有较多的内含物，净度高者很难得。

粉色系碧玺（在国际市场上称为 Pink Tourmaline），即粉色碧玺（图 2-24）。粉色碧玺清澈明亮，彩度高的粉色碧玺明艳动人，受到人们的喜爱，具有良好的市场潜力。

红色碧玺主要产于阿富汗、巴西、缅甸、马达加斯加、莫桑比克、纳米比亚、俄罗斯、斯里兰卡和美国。

a 橙红色　　b 紫红色　　c 粉红色

图 2-22　不同色调的红色碧玺戒面

图 2-23　浓艳的紫红色碧玺配钻石胸坠

图 2-24　粉色碧玺配钻石戒指

红色碧玺中最受欢迎的是红宝碧玺（Rubellite）（图 2-25、图 2-26），其英文名称来源于拉丁语 rubellus，意思为“带红色的”。但并不是所有红色碧玺都能被称为红宝碧玺，只有颜色纯正亮丽的像红宝石一样的红色碧玺，即具有正红、紫红等鲜艳红色色调的才可以称为红宝碧玺（图 2-27、图 2-28）。根据国际彩色宝石协会（ICA）的测试，判断是否为红宝碧玺的一个重要标准是其在日光和灯光下所呈现的颜色，真正的红宝碧玺无论在灯光或日光下都保持一致的颜色，而一般的红色碧玺在灯光下或多或少都会显示浅棕色调。

图 2-25　产自巴西的红宝碧玺晶体
（图片来源：Rob Lavinsky，iRocks.com，Wikimedia Commons，CC BY-SA 3.0 许可协议）

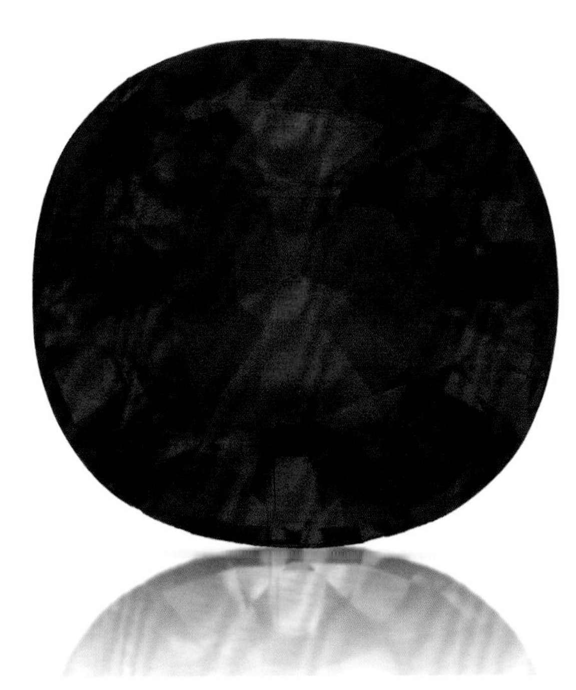

图 2-26　红宝碧玺戒面

图 2-27　红宝碧玺配钻石胸坠

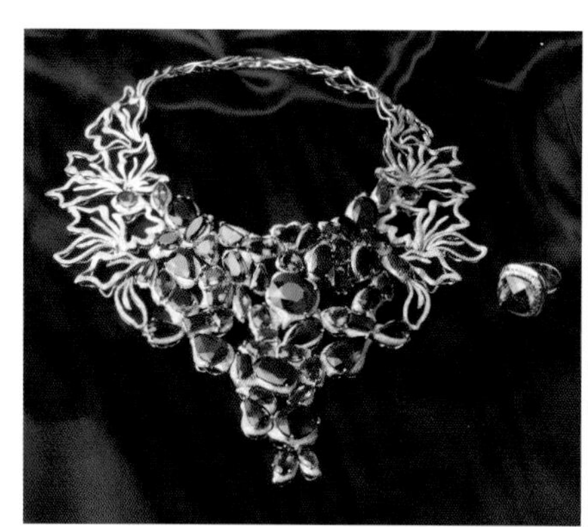

图 2-28　红宝碧玺配钻石戒指和项链套装

（二）绿色碧玺

绿色碧玺的颜色范围宽广，有些为浅绿，而有些绿色极深（图 2-29、图 2-30），要用光线照射才会显现出来，热处理可以使其颜色变浅。绿—深“啤酒瓶”绿色，是绿色碧玺最优质也最受欢迎的颜色（图 2-31），但极为稀少。

绿色碧玺相对其他颜色的碧玺含有包体较少，所以对其净度要求较高。它可被切割成许多不同的琢型，但大多数绿色碧玺在不同的晶体方向上具有不同的颜色强度，因此切割时要特别注意。例如，切割深色碧玺时，碧玺的台面尽量平行于晶体的主轴面（柱面方向）；

图 2-29　不同色调的绿色碧玺戒面

图 2-30　黄绿色碧玺配钻石戒指　　图 2-31　浓绿色（“啤酒瓶”绿色）碧玺配钻石戒指

反之，切割浅色碧玺时，其台面尽量垂直于晶体的主轴面，才能将其颜色充分显现出来。

绿色碧玺的主要产地有阿富汗、巴西、莫桑比克、斯里兰卡和美国，产出的绿色碧玺通常颗粒小且色调暗，克拉重量、颜色和透明度都俱佳的碧玺产出较少。

铬碧玺特指来自东非地区的有着“祖母绿色”的绿色碧玺品种（图 2-32），颜色由铬元素和钒元素导致，所以称为“铬碧玺”。铬碧玺的色调比普通的绿色碧玺明亮很多，有时略带黄色或蓝色色调。

多数的铬碧玺在查尔斯滤色镜（CCF）下会呈红色，由此可以将其与普通绿色碧玺区分开来，因为普通绿色碧玺主要由铁致色，在查尔斯滤色镜下不会变色，但要注意并不是所有的铬碧玺在查尔斯滤色镜下都会呈红色。

铬碧玺相对于普通黄绿色、橄榄绿色和棕绿色调的碧玺更为稀少，受到人们的追捧，

因此价格亦比普通绿色碧玺高出几倍，有的甚至接近祖母绿的价格（图 2-33）。

图 2-32　产自坦桑尼亚的铬碧玺晶体
（图片来源：Lopatkin Oleg，www.mindat.org）

图 2-33　铬碧玺胸坠
（图片来源：陈晴提供）

（三）蓝色碧玺

蓝色碧玺的颜色有浅蓝、海蓝、绿蓝、紫蓝、蓝色、深蓝、蓝黑等（图 2-34 ~ 图 2-36），其英文名称 Indicolite 同样来源于拉丁语和希腊语的组合 indigolith，意思为

图 2-34　蓝绿色碧玺戒面

图 2-35　蓝绿色碧玺配钻石胸坠

图 2-36　产自纳米比亚的蓝色碧玺晶体与切磨后的戒面

“蓝色石头”。拥有纯正蓝色的碧玺，其蓝色之浓艳明亮，堪比最美丽的海蓝宝石或蓝宝石。自然界所产出的绝大部分蓝色碧玺或多或少都会带有绿色调，拥有纯正蓝色者十分少见。

由于蓝色碧玺带有绿色调的多色性，切割的方向会影响蓝色碧玺的颜色，想要达到最佳的颜色和最佳重量难度很大，所以市面上高品质的蓝色碧玺也相当少（图 2-37）。

图 2-37　优质蓝色碧玺配钻石项链

美丽罕见的蓝色碧玺主要产于巴西北部，如今，在纳米比亚、阿富汗、巴基斯坦和尼日利亚等地也相继发现了蓝色碧玺宝石矿。

（四）帕拉伊巴碧玺

帕拉伊巴碧玺（Paraiba Tourmaline）因产出于巴西帕拉伊巴（Paraiba）州而得名，这种碧玺的发现归功于海特·迪马斯·巴博萨（Heitor Dimas Barbosa），他怀着坚定的信念，带领他的团队在巴西帕拉伊巴州的丘陵伟晶岩中不知疲倦地勘探，经过几年的努力，终于在 1989 年发现了这种独特的宝石。

碧玺美丽多变的颜色通常是由极微量的铁、锰、铬、钒元素引起的，但对帕拉伊巴碧玺而言，铜元素才是使其如此与众不同的根本原因，它的存在造就了帕拉伊巴碧玺罕见耀眼的蓝、绿色调，商业上常用“霓虹蓝”或“电光蓝”来形容其独特的颜色（图 2-38、图 2-39）。此外，科学家还发现，当碧玺中同时含有铜元素和锰元素时，会导致其产生紫色或红色，热处理可以削减锰元素造成的紫色和红色调，从而使宝石达到帕拉伊巴碧玺的颜色。

图 2-38　帕拉伊巴碧玺戒面

图 2-39　帕拉伊巴碧玺戒指
（图片来源：Omi Privé，omiprive.com）

目前，世界上帕拉伊巴碧玺的主要产地有巴西、尼日利亚和莫桑比克，然而并不是所有这些地区产的碧玺都可以称为帕拉伊巴碧玺。实验室手册协调委员会（Laboratory Manual Harmonization Committee）于 2010 年 9 月规范了帕拉伊巴碧玺的名称：“帕拉伊巴碧玺是一种呈蓝色（电光蓝、霓虹蓝、紫蓝）、蓝绿色到绿蓝色或绿色，具有近中等至高饱和度、由铜元素和锰元素而致色的碧玺，与产地无关。”所以，对帕拉伊巴碧玺的界定不只是在于其特殊的颜色，更注重其内部特殊致色元素，即致色元素是帕拉伊巴碧玺与蓝色碧玺（铁元素致色）的根本区别。

帕拉依巴碧玺具有如此独特鲜明的色泽，是活力生动的象征，是大自然的珍奇宝藏，极具魅力与吸引力，又因其产量极其稀少，被誉为“碧玺之王”。

（五）黄色碧玺

黄色碧玺是指浅黄、黄、棕黄、黄棕、橙、绿黄等以黄色调为主的碧玺品种（图2-40 ~ 图2-42），大部分黄色碧玺都带有轻微的棕色色调，通过热处理可以消除棕色色调使其转变为鲜艳的黄色。

黄色碧玺的产地有马拉维、斯里兰卡、赞比亚、意大利厄尔巴岛等。

a 黄色

b 橙黄色

c 橙色

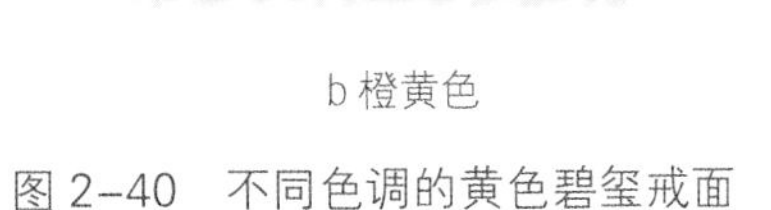

图 2-40　不同色调的黄色碧玺戒面

图 2-41　橙黄色碧玺配钻石戒指

图 2-42　黄色碧玺配钻石胸坠

“金丝雀碧玺”颜色纯正、净度无瑕，在鲜艳的黄色中只伴有些微绿色调，不带有灰色、褐色等杂色调。它如金丝雀的羽毛一般醇美鲜亮，是黄色碧玺中价值最高的品种（图 2-43、图 2-44）。

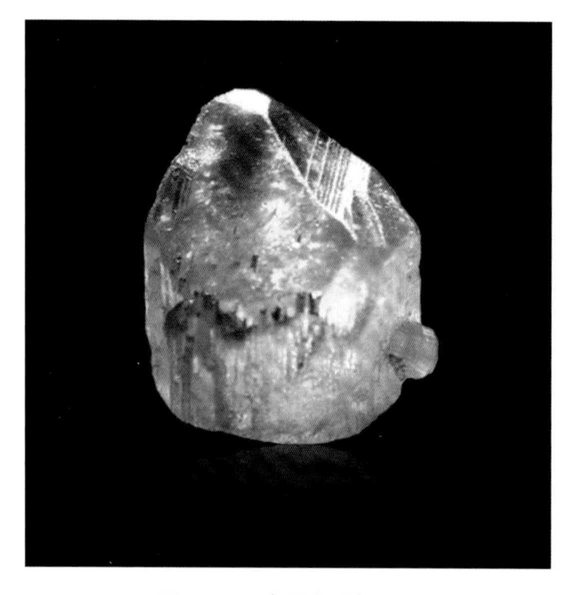

图 2-43　金丝雀碧玺原石
（图片来源：Rob Lavinsky，iRocks.com，Wikimedia Commons，CC BY-SA 3.0 许可协议）

图 2-44　金丝雀碧玺戒面
（图片来源：www.palagems.com）

金丝雀碧玺于 2000 年被发现于东非南部的马拉维，该地也是目前此品种的唯一产地。相传，马拉维产的这种黄色碧玺带有一种神奇的香味。实际上是因为（马拉维宝石矿的矿主发现），如果将开采后的电气石晶体放入添加柠檬汁的水里煮，会比较容易去除包裹在表面的黑色围岩等物质，所以那时马拉维产的黄色电气石晶体不仅拥有柠檬般的色泽，而且在刚开始切割时还有淡淡的柠檬香味。

（六）无色碧玺

无色碧玺是一种无色或乳白色的电气石，透明至半透明，较为罕见（图 2-45、图 2-46）。需要注意的是，市场上有一些无色碧玺是由粉红色碧玺加热淡化后而成。

无色碧玺较为稀有，仅阿富汗的库纳尔（Konar）省、斯里兰卡的萨伯勒格穆沃（Sabaragamuwa）省、美国的加利福尼亚州和缅因州等地有少量产出。

图 2-45　产自意大利的无色碧玺晶体
（图片来源：Luigi Mattei，www.mindat.org）

图 2-46　无色碧玺戒面

（七）黑色碧玺

黑色碧玺是电气石中最常见的品种，颜色为黑色以及带褐色或蓝色调的黑色。晶形完好的黑色碧玺可作为矿物晶体观赏石（图 2-47、图 2-48），一些质地好、净度高的黑色碧玺能制作成首饰（图 2-49）。黑色碧玺具有很强的热电性，可应用于医疗保健、国防、日用化工等方面。

黑色碧玺的产地分布比较广，主要有阿富汗、巴西、纳米比亚和巴基斯坦等。

图 2-47　黑色碧玺晶体
（图片来源：Rob Lavinsky，iRocks.com，Wikimedia Commons，CC BY-SA 3.0 许可协议）

图 2-48　黑色碧玺晶簇集合体

图 2-49　黑色碧玺手串

（八）双色和多色碧玺

双色（Bi-Colored）或多色（Multi-Colored）是指碧玺同时拥有两种或两种以上颜色沿 c 轴平行排列呈现不同分区，双色或多色的出现是碧玺在生长过程中致色元素发生变化导致的（图 2-50 ~ 图 2-52）。

双色碧玺有多种颜色组合，常见的有红色（粉色）和绿色、绿色和黄色、蓝色和绿色等（图 2-53）。自 1995 年起，在莫桑比克、肯尼亚、尼日利亚等非洲国家，均有不少质量较好的双色碧玺和多色碧玺产出。

图 2-50　产自巴基斯坦的双色碧玺晶体

图 2-51　多色碧玺晶体

（图片来源：Gerhard Ban，www.mindat.org）

图 2-52　多色碧玺印章

图 2-53　双色碧玺配钻石胸坠

（九）西瓜碧玺

西瓜碧玺（Watermelon Tourmaline）是一种颜色垂直 c 轴呈同心环状分布，内部呈粉红—红色，外部呈绿—深绿色的碧玺品种（图 2-54、图 2-55），颜色特点与一般

图 2-54　产自巴西的西瓜碧玺晶体
（图片来源：Rob Lavinsky，iRocks.com，Wikimedia Commons，CC BY-SA 3.0 许可协议）

图 2-55　产自美国的西瓜碧玺晶体
（图片来源：Rick Dalrymple，www.mindat.org）

双色或多色碧玺不同。西瓜碧玺一词是由乔治·罗伯利·豪（George Robeley Howe，1860—1950年）创造的，于1910年在报纸上首次使用。

相传慈禧太后酷爱西瓜碧玺，在她的陪葬物中就有许多西瓜碧玺。高净度的大颗粒西瓜碧玺非常罕见，目前很多商家把颜色垂直 c 轴平行排列、一端红色一端绿色的双色碧玺也称为西瓜碧玺（图2-56）。

西瓜碧玺的产地主要有巴西、马达加斯加、美国、纳米比亚和阿根廷。

图2-56　西瓜碧玺雕件

（十）碧玺猫眼

具有猫眼效应的碧玺称为碧玺猫眼。碧玺猫眼有各种各样的颜色（图2-57），绿色最为常见，还可见粉红色、红色和蓝色品种。东南亚有些国家认为具有猫眼效应的宝石拥有避邪和好运气的象征，是相当珍贵的一种宝石。

碧玺猫眼大多不透明，高质量者不多见，这几年碧玺猫眼产量稀少，早期高质量碧玺猫眼多产自巴西，现在多产自非洲或阿富汗。

（十一）变色碧玺

变色碧玺（Chameleonite）是指具有变色效应的碧玺品种，十分罕见，变色的两种色彩对比越强烈越好。东非地区产出的许多含铬电气石具明显的变色效应，日光下呈绿色，白炽灯下呈褐色或红色。

图 2-57　不同颜色的碧玺猫眼

（十二）氟—钙锂碧玺

氟—钙锂碧玺的化学式为 $Ca(Li_2Al)Al_6(Si_6O_{18})(BO_3)_3(OH)_3F$，英文名称为 Fluor-liddicoatite，其名称是为了纪念美国宝石学家理查德·T·李迪克（Richard T. Liddicoat，1918—2002 年）。氟—钙锂碧玺在 1977 年被认为是一种单独的电气石族矿物种，但是当时被命名 Liddicoatite，后来名称修正为 Fluor-liddicoatite。

氟—钙锂碧玺有绿色、红色、粉红、紫色和蓝色，有时也产出白色、无色、黑色、棕色、黄色、橙色等。其晶体常包含两种或两种以上颜色，内部颜色可呈色彩分区或条带状分布（图 2-58）。

氟—钙锂碧玺的产地主要有巴西、斯里兰卡、马达加斯加等，其中产自马达加斯加的氟—钙锂碧玺内部色带极具艺术感，在其他地方还没有发现。马达加斯加中部的安加那玻诺那（Anjanabonoina）伟晶岩矿床是世界上最具历史意义的氟—钙锂碧玺矿产资源之一，开采于 20 世纪。垂直于 c 轴形成的三角形色带和三条射线组成类似梅赛德斯·奔驰标志的星形图案像，是这类电气石最明显的鉴定特征（图 2-59）。此种电气石通常切片抛光或雕刻销售。

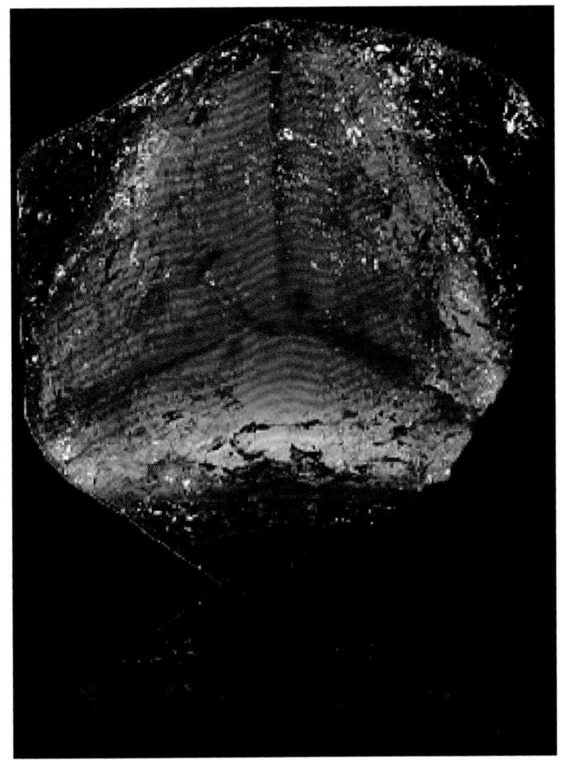

图 2-58　氟—钙锂碧玺
（图片来源：Rob Lavinsky，iRocks.com，Wikimedia Commons，CC BY-SA 3.0 许可协议）

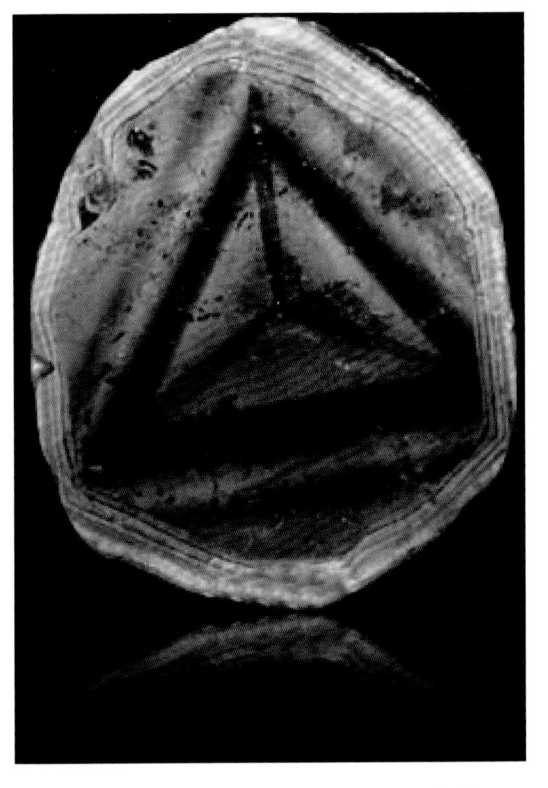

图 2-59　氟—钙锂碧玺及其三角形色带
（图片来源：Robert O. Meyer，www.mindat.org）

（十三）达碧兹碧玺

图 2-60　产自赞比亚的达碧兹碧玺
（图片来源：Luciana Barbosa，www.mindat.org）

达碧兹碧玺非常罕见，是指具有呈放射状排列的六条深色臂的碧玺品种，主要产于赞比亚。达碧兹现象并不是哥伦比亚祖母绿所特有的，赞比亚的碧玺、巴西戈亚斯州的祖母绿、越南和缅甸的红宝石、中国的蓝宝石、马达加斯加马南扎里的绿柱石、马达加斯加北部的蓝宝石、美国加州乔治城的红柱石中都可出现达碧兹现象。

产自赞比亚西北部的晶形完好的绿色电气石晶体，其暗色部分呈放射状垂直于 c 轴（图 2-60）。达碧兹的外形可能源于骸晶生长，由黑色碳质物质（主要是石墨）部分充填在生长管道中形成。

第四节

碧玺的优化处理、合成与相似品

一、碧玺的优化处理方法及其鉴别

碧玺因其丰富多彩、明快艳丽的颜色深受人们喜爱，但是天然碧玺内部大多发育丰富的包体，且碧玺性质较脆，常常发育裂隙。优化处理能使碧玺品质得到提升，达到改善外观的效果。碧玺常见的优化处理方法有热处理、充填处理、染色处理、辐照处理、镀膜处理，其优化处理方法及其鉴定特征在鉴定、评估、收藏和贸易中均有重要实用价值。

（一）碧玺的热处理及其鉴别

热处理可以改善碧玺颜色，增强碧玺透明度，从而提高宝石档次，通常用于那些颜色较深（如深蓝、深绿、深黄绿、深紫红色等）的碧玺。操作时，将碧玺放置在温度和气氛可控的加热设备中，控制环境、温度和时间等条件，通常为氧化或还原的气氛条件，选择不同温度对宝石进行缓慢升温或降温处理，控制好恒温时间可减少裂隙产生。热处理后的碧玺颜色相对稳定，属于优化，为人们所广泛接受。如新疆产出的深蓝色、深绿色、深黄绿色碧玺经热处理可分别改善为蓝（浅蓝）色、绿（浅绿）色、黄绿（浅黄绿）色，且透明度亦大幅提高。帕拉依巴碧玺以特殊的蓝色为特征，但是大部分颜色为蓝紫色到灰蓝色并带有粉红色色调，经过热处理可以除去粉红和紫色调。

热处理后的碧玺，其内部包体常有明显的变化，可见到一些气液包体破裂（包体边缘有放射状须状纹）而产生的变暗现象。某些深色碧玺在经过加热之后，颜色会变浅，二色性也会变弱。热处理后，紫外—可见光透射光谱中两个主要透射峰（约 585 纳米、900 纳米）的相对透射强度之比明显增大。

（二）碧玺的充填处理及其鉴别

天然的碧玺内部裂隙发育、包体丰富，且性质较脆，并且自身有着垂直于 c 轴的天然波状裂隙，所以有部分商家为了防止碧玺原料在加工时破裂，同时增加成品的出成率，在切割碧玺原石的时候常用树脂、高聚合物等有机材料或玻璃对碧玺进行裂隙充填处理，以掩盖其裂隙，增加黏合程度并改善其透明度和耐久性，市场上中、低档碧玺充填现象较为常见。

图 2-61　充填有机物的碧玺表面可见凹陷纹，与主体光泽差异明显
（图片来源：黄天平，2013）

通过放大检查，通常能发现表面充填有机物处与碧玺本身的光泽存在较大差异（图 2-61），常可见充填物的残余，裂隙内部有时可见气泡。充填玻璃的碧玺晃动时常可见"蓝色闪光"效应，有时能在充填的玻璃中见到气泡。

此外，通过钻石观测仪（DiamondView™）观察（图 2-62）、红外光谱或拉曼光谱分析，很容易将碧玺充填处理特征鉴别出来。

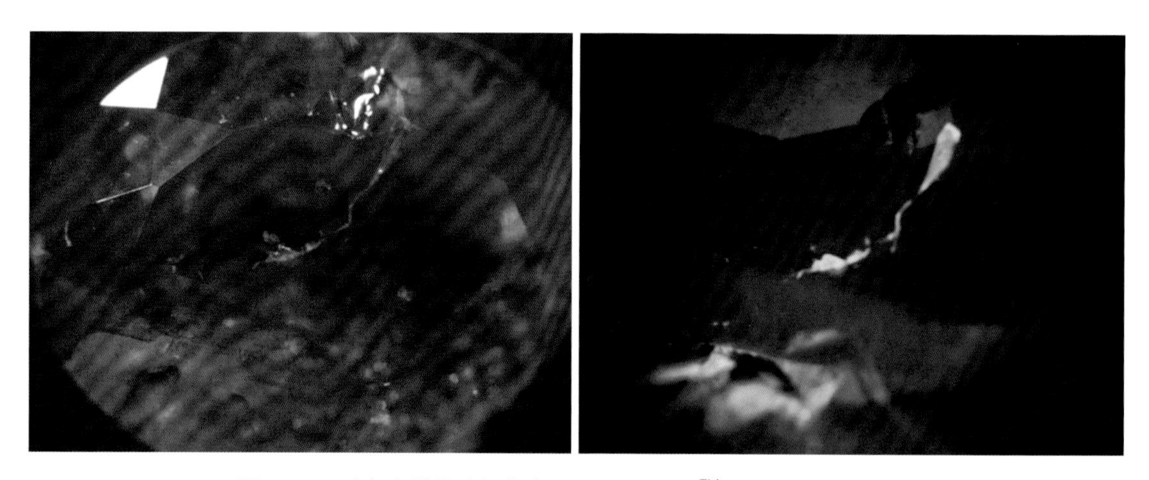

图 2-62　碧玺充填的有机物在 DiamondView™ 下显示蓝白色荧光
（图片来源：黄天平，2013）

（三）碧玺的染色处理及其鉴别

用着色剂渗入碧玺的裂隙中可将其染色，如红色、粉红色等，以改善外观。染色碧玺颜色异常艳丽，放大观察可见颜色沿着裂隙或者管状包体富集，用棉签蘸丙酮擦拭染色碧玺的表面，可以发现棉签变色，部分特殊染料处理的碧玺在紫外荧光灯下，内部裂隙处可见黄白或蓝白色荧光。

（四）碧玺的辐照处理及其鉴别

碧玺的辐照处理指对那些无色或色淡的碧玺运用高能射线进行辐照，随辐照时间、射线剂量等的不同，可以使其呈现不同的颜色（如红色、粉红色、紫红色、红紫色、红绿色等）。一般采用 γ 射线源辐照处理，选用无色或略带粉色的碧玺原料进行辐照，处理后可出现粉红色至桃红色，主要与其原有颜色和辐照的剂量有关，经辐照处理的碧玺一般不易检测。

（五）碧玺的镀膜处理及其鉴别

无色或近无色的碧玺，经镀膜处理后可以形成各种鲜艳的颜色，镀膜碧玺无特征的吸收光谱，特征包体为无色透明晶体、针点状包体、指纹状包体及裂隙。碧玺经镀膜处理后光泽会大大增强，可达亚金属光泽，大部分镀膜碧玺在折射仪上只有一个折射率，并且折射率范围变化较大，有的甚至超过 1.70。

二、碧玺的合成、相似品与仿制品

（一）合成碧玺及其鉴别

根据资料，合成碧玺在国内外市场均有出现。多采用水热法合成，压力 200 帕，温度控制在 300 ~ 700 摄氏度，在富镁富钙的环境中生成。

合成碧玺具有水热法合成宝石的普遍特征，如籽晶、面包渣状包体、立体感强的气液包体、波状或锯齿状生长纹。合成碧玺与天然碧玺的特性非常相似，但合成碧玺颜色均匀、纯净，给人以完美无缺的感觉。另外，合成碧玺具有相对较低的密度，为 2.9 ~ 3.0 克 / 厘米 ^{3}，而天然碧玺的密度一般在 3.06 ~ 3.1 克 / 厘米 ^{3}。

（二）碧玺的相似品及其鉴别

碧玺丰富的颜色，导致与之较易混淆的宝石品种繁多，不同颜色的碧玺有多个相似宝石品种。

与红色碧玺相似的宝石品种主要有红宝石、红色尖晶石、红色锆石、红色石榴石；与绿色碧玺相似的宝石品种主要有绿色透辉石、祖母绿、橄榄石、绿色蓝宝石、铬钒钙铝榴石、钙铁榴石；与蓝色碧玺相似的宝石品种主要有蓝色磷灰石、蓝宝石、蓝色尖晶石、蓝色托帕石、海蓝宝石；与黄色碧玺相似的宝石品种主要有黄水晶、黄色托帕石、黄色方柱石、黄色蓝宝石。可以从折射率、双折射率、多色性、相对密度、紫外荧光、吸收光谱及内部包体特征等方面进行鉴别（见本书附表）。

（三）碧玺的仿制品及其鉴别

市场上存在碧玺仿制品，主要是仿碧玺手串，如染色水晶、染色石英岩、玻璃等，这类仿制品基本都经过染色处理，可以观察到颜色沿裂隙分布的特点。

染色水晶仿碧玺，是将水晶淬火后进行染色，市场上俗称“爆花晶”，染色后的水晶染料都聚集在裂缝处，透光观察容易分辨。

人造玻璃因其制作成本低、颜色易控等原因，经常作为宝石的仿制品出现在市场上。玻璃为非晶质体，无多色性。由于致色离子单一且均匀分布，以致颜色过于浓艳，放大检查可见气泡、表面空洞、拉长的空管、流动构造、铸模痕、浑圆状刻面棱线等特征，断口呈贝壳状，手掂较轻，由于导热性不高而有温感。

第五节
碧玺的质量评价

关于碧玺的质量评价，世界上尚未形成统一的、公认的标准。目前，碧玺的质量评价主要参照钻石 4C 标准，从颜色（Color）、净度（Clarity）、切工（Cutting）及克拉重量（Carat Weight）等方面。

一、碧玺的颜色评价

颜色是彩色宝石给人的最直观的视觉感受，也是决定其价值最重要的因素。对碧玺的颜色评价，主要从色调、明度、饱和度这三个方面进行。优质碧玺的颜色应鲜艳、纯正、分布均匀，有色带和色环者颜色要求纯正均匀，色带、色环分界清晰。

（一）红色碧玺

红色碧玺可带有橙色、褐色、紫色色调，其中最为名贵的当数具纯正鲜艳红色（或稍带紫色色调）、适中明度和高饱和度的红宝碧玺，其次为双桃红色（艳桃红色）和褐红色的红色碧玺，再次为粉红、粉色、浅粉红的红色碧玺（图 2-63 ~ 图 2-65）。

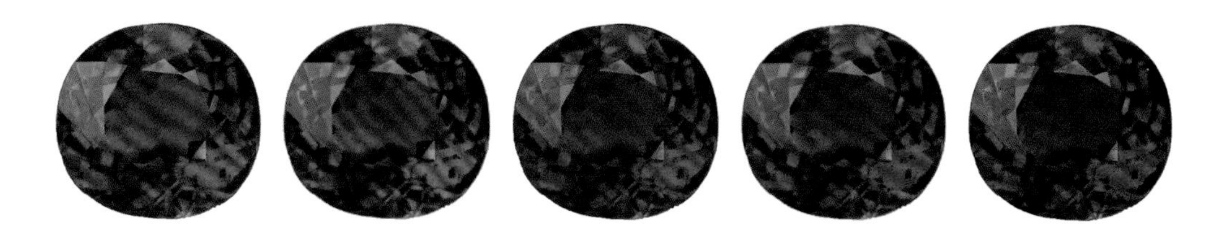

a 色调：偏紫色调←正红色→偏橙色调

b 明度：高→中→低

c 饱和度：高→中→低

图 2-63　红色碧玺的色调、明度和饱和度变化示意图

图 2-64　紫红色碧玺配钻石胸坠

图 2-65　红宝碧玺配钻石戒指

（二）绿色碧玺

绿色碧玺可带有黄色、褐色、蓝色等色调，其中以祖母绿色（翠绿色）、明度适中、饱和度高的铬碧玺价值最高。一般而言，带黄色调的绿色碧玺略优于带褐色调的绿色碧玺，颜色稍浅的绿色碧玺略优于暗绿色的绿色碧玺（图 2–66、图 2–67）。

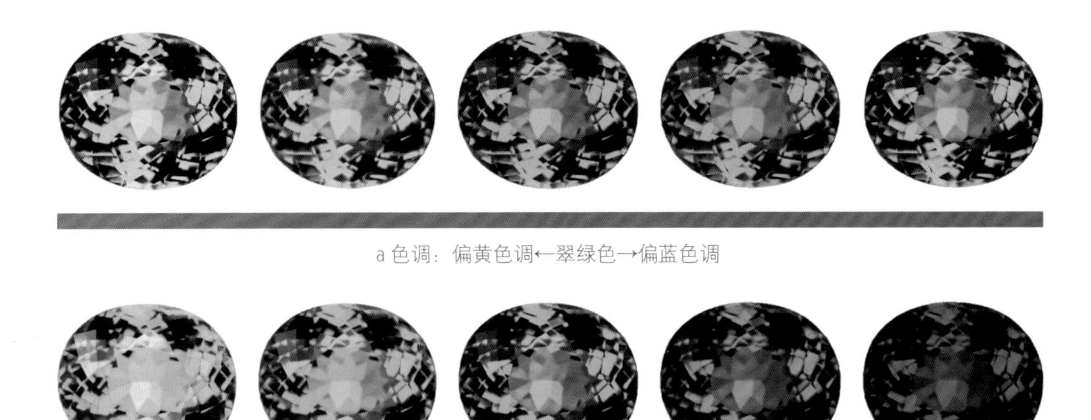

a 色调：偏黄色调←翠绿色→偏蓝色调

b 明度：高→中→低

c 饱和度：高→中→低

图 2–66　绿色碧玺的色调、明度和饱和度变化示意图

图 2–67　不同色调的绿色碧玺戒指

（三）蓝色碧玺

蓝色碧玺可带有绿色、紫色、褐色等色调，质量高的蓝色碧玺具纯正的蓝色或略带紫色调、中等明度及高的饱和度。一般而言，带紫色调的蓝色碧玺，略优于带绿色调的蓝色碧玺；颜色稍浅的蓝色碧玺，略优于黑蓝色的蓝色碧玺（图 2-68 ~图 2-70）。

a 色调：偏绿色调←正蓝色→偏紫色调

b 明度：高→中→低

c 饱和度：高→中→低

图 2-68　蓝色碧玺的色调、明度和饱和度变化示意图

图 2-69　蓝色碧玺戒面

图 2-70　绿蓝色碧玺配钻石耳钉

（四）帕拉伊巴碧玺

霓虹蓝或电光蓝色、明度适中、饱和度高的帕拉依巴碧玺最为优质，其次为蓝色、绿蓝色、紫蓝色。绿色调过于明显会影响帕拉伊巴碧玺的价值（图 2-71）。

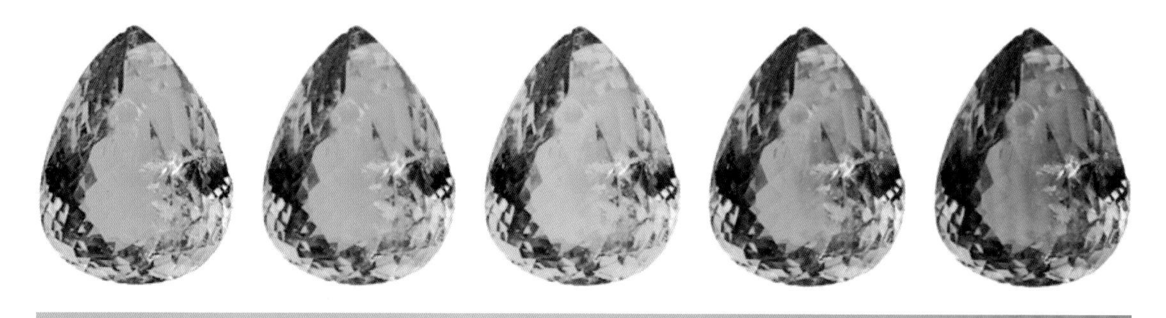

a 色调：偏绿色调←电光蓝→偏蓝色调

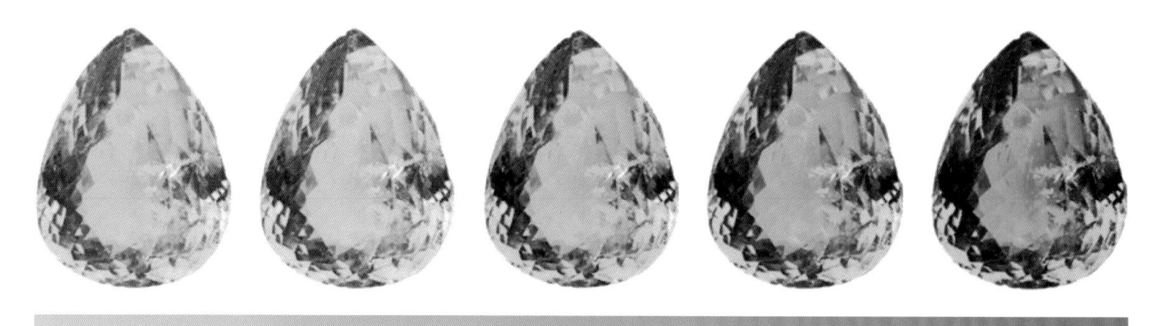

b 明度：高→中→低

c 饱和度：高→中→低

图 2-71　帕拉伊巴碧玺的色调、明度和饱和度变化示意图

（五）黄色碧玺

黄色碧玺的黄色要求色调纯正、明度适中、饱和度高，颜色偏深、偏暗或带其他杂色调会影响其品质。金丝雀碧玺的颜色以明艳纯正的黄色为最佳，其次为鲜艳但带有些微绿色调的黄色，再为绿黄色（图 2-72 ~图 2-74）。

a 色调：偏橙色调←正黄色→偏绿色调

b 明度：高→中→低

c 饱和度：高→中→低

图 2-72　黄色碧玺的色调、明度和饱和度变化示意图

图 2-73　橙黄色碧玺配钻石戒指

图 2-74　黄橙色碧玺配钻石项链

（六）双色碧玺和多色碧玺

双色和多色碧玺颜色的分布情况决定它在视觉上的美感，其颜色应尽量分明、鲜艳（图 2-75、图 2-76），且各种颜色的组合应相对规则，颜色之间的过渡要柔和，如双色碧玺，两种颜色能够各自占一半为佳（图 2-77）。有些颜色组合多样的多色碧玺（图 2-78），也经常成为设计师的宠儿，被用于不同题材的设计当中。

图 2-75　优质红色与黄绿色组合的双色碧玺

图 2-76　优质绿色与橙黄色组合的双色碧玺

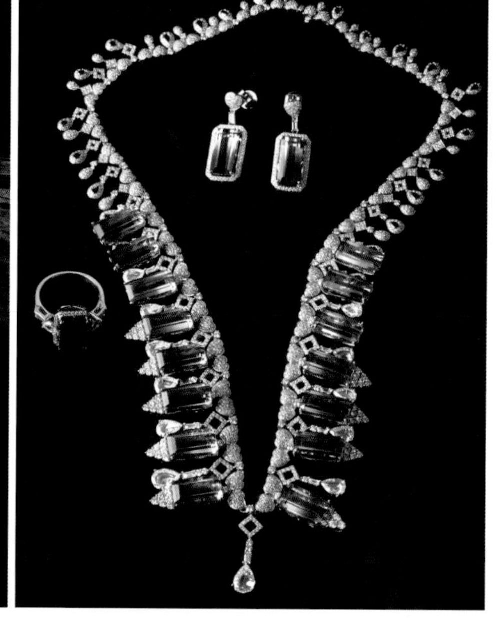

图 2-77　双色碧玺配钻石套装

图 2-78　颜色组合多样的双色碧玺和多色碧玺

（七）西瓜碧玺

对于西瓜碧玺而言，质优者红绿两种颜色分界明显，红色鲜艳优美，绿色青翠阳俏且厚度均匀（图 2–79），二者间可以无色或淡粉色相互接壤或过渡（图 2–80）。若西瓜碧玺的红绿两种颜色都比较深，或两种颜色都不够鲜明、色泽较淡，则会影响其价值。

图 2–79　品质较好的西瓜碧玺
（图片来源：www.etsy.com）

图 2–80　西瓜碧玺雕件

二、碧玺的净度评价

（一）碧玺的净度分级方法

碧玺的净度分级主要采用肉眼观察的方法，观察高净度的碧玺时，可以用 10 倍放大镜作为辅助。将碧玺放在白色宝石托盘上，用镊子（如果宝石颗粒足够大可用手指）固定，分别从冠部、亭部（底部）、腰部侧面这几个方向进行观察，观察时要缓慢转动宝石，主要观察内部的包体和裂隙、外部的划痕和破损等的明显程度，底部能看到而冠部看不到的包体、裂隙等对净度影响较小，而冠部能直接明显看到的瑕疵对其净度影响较大。

（二）碧玺的净度评价

天然宝石品种繁多，各种宝石的形成条件和自然属性不尽相同，因此，美国宝石学院（GIA）依据宝石净度的自然属性，将宝石分为三种净度类型。

Ⅰ型：没有或几乎没有包体的宝石，如绿色碧玺、海蓝宝石、坦桑石等。

Ⅱ型：具有正常数量包体的宝石，如蓝色碧玺、蓝宝石等。

Ⅲ型：通常含有大量包体的宝石，如红色碧玺、西瓜碧玺、帕拉伊巴碧玺、祖母绿等。

不同颜色的碧玺分别属于Ⅰ型、Ⅱ型和Ⅲ型宝石，因此，不同颜色碧玺对净度的要求也有很大不同。

绿色碧玺中没有或几乎没有包体（图 2–81、图 2–82），属于Ⅰ型宝石，与其他颜色的碧玺相比，绿色碧玺的净度分级要求比较严格，即使内部含有较小的瑕疵，如果能从台面清楚可见，也会影响其价值。因此，对绿色碧玺净度的分级可以借助 10 倍放大镜观察。

图 2–81　内部洁净的绿色碧玺戒面

图 2–82　内部洁净的蓝绿色碧玺戒面

蓝色碧玺、黄色碧玺、杂色碧玺等大多数碧玺品种中通常含正常数量包体（图 2–83、图 2–84），属于Ⅱ型宝石，其评价标准可以参考蓝宝石等同类净度类型宝石的要求。

红色碧玺、西瓜碧玺和帕拉伊巴碧玺中通常含有较多的包体（图 2–85 ~ 图 2–88），属于Ⅲ型宝石，对红色碧玺的净度要求不能太苛刻，从宝石台面观察包体、杂质、色斑不明显，比较干净就可以接受，只有极少的红色碧玺内部非常洁净，因此其价格不菲。

图 2-83　可见少量包裹体的黄色碧玺戒面

图 2-84　可见少量包裹体的橙色碧玺戒面

图 2-85　可见絮状针状包裹体的红色碧玺戒面

图 2-86　可见丝状针状包裹体的红色碧玺戒面

图 2-87　可见明显包裹体的帕拉伊巴碧玺戒面

图 2-88　可见明显包裹体的红色和绿色碧玺戒面

三、碧玺的切工评价

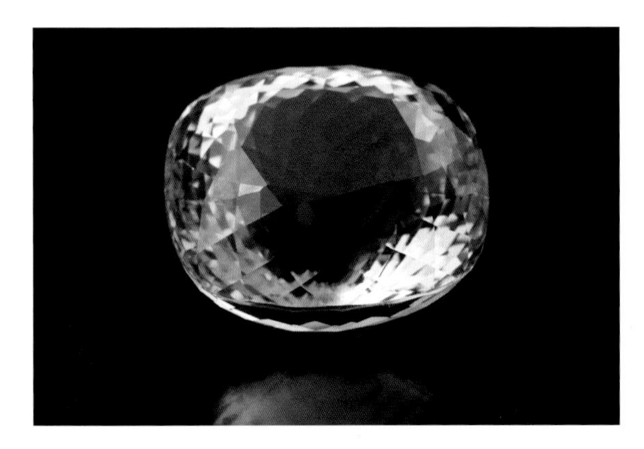
图 2-89　精良切工的多翻面琢型高净度绿色碧玺戒面

宝石的美丽不仅是浑然天成的，还需要经过巧工切磨（图 2-89），因而切工的优劣是影响宝石价值的另一个重要因素，根据原石状况和市场需求，碧玺通常被切磨为刻面型、弧面型和雕刻琢型三类。

（一）刻面型

刻面型主要有阶梯型、祖母绿型（图 2-90）、椭圆形（图 2-91）、三角形（图 2-92）、圆形（图 2-93）、水滴形（图 2-94）、垫形（图 2-95）、心形（图 2-96）等。

净度高的碧玺一般被切磨成刻面型的宝石，按照一定比例切磨，可以达到增加宝石亮度的效果（图 2-97）。碧玺晶体长柱状的外形特点对碧玺成品的切割形状及比例有直

图 2-90　祖母绿琢型绿色碧玺戒面

图 2-91　椭圆形混合琢型红色碧玺戒面

图 2-92　三角形琢型黄色碧玺戒面

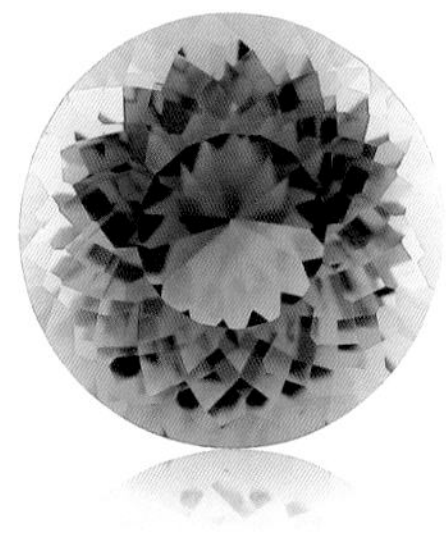
图 2-93　圆刻面琢型蓝色碧玺戒面

图 2-94　水滴形红色碧玺镶钻胸坠

图 2-95　垫形红色碧玺镶钻胸坠

图 2-96　心形红色碧玺镶钻胸坠

图 2-97　椭圆形红色碧玺镶钻胸坠

接的影响（图 2-98），因此形成了碧玺的琢型相比于其他彩色宝石的特殊性，它常被切割为近似于晶体原石长度和形状的细长方形，有助于减少损失。切割过程中还应兼顾碧玺的光学性质，使其展现最佳的颜色效果（图 2-99）。

图 2-98　异形刻面型双色碧玺戒面

图 2-99　棱柱状刻面型双色碧玺戒面

对刻面型碧玺的切工评价，从切工比例、对称性、轮廓和抛光度四方面进行，切工完美的碧玺应在四个方面均严格达到要求（图 2-100 ~ 图 2-102）。导致碧玺切工不理想的因素主要有两个：一是保留重量，造成镶嵌困扰，影响火彩；二是碧玺晶体本身条件不好（如形状歪斜或绺裂），以工就料，致使宝石底部歪斜，或是过深过浅。

图 2-100　切工完美的红色碧玺配钻石胸坠

图 2-101　切工完美的双色碧玺配钻石胸坠

图 2–102　切工完美的紫红色碧玺配钻石项链

1. 比例

主要注意亭深比、冠高比、长宽厚比例及有无台面漏光窗口。

长方阶梯琢型碧玺的理想冠角为 43 度，亭角为 39 度，若切磨比例适当，就可获得良好的亮度；若增加长方阶梯形绿色碧玺的亭角，即让亭部斜面变得非常陡峭，在视觉效应上可以减少其棕色调，使宝石的绿色更为纯净而漂亮。

2. 对称性

主要考查外形轮廓是否对称，台面是否居中、是否倾斜，底部有无歪斜，腰棱线波状起伏程度，各刻面大小是否均匀，是否有额外刻面，切割小面是否能点接上点。

3. 轮廓

碧玺的切割形状应讲究美观匀称，如：祖母绿型斜角不能太宽也不能太窄，应该适中；水滴形碧玺的轮廓应该匀称，肩不能太高、尖端不能太“胖”；马眼形翼部不能太窄也不能太宽；心形尖端不能太宽；三角形不能太窄也不能太宽。

4. 抛光度

放大镜下观察是否有抛光痕迹，切边是否有起毛边或刮痕。碧玺性脆，应注意检查腰围是否有碰伤缺角。对已经镶嵌的碧玺，要注意其可能会利用镶工爪子遮掩小缺角，或包镶隐藏小缺角。

（二）弧面型

当碧玺的纯净度较低时，一般切割为弧面型（图 2-103 ~ 图 2-105），具有特殊光学效应的碧玺须加工成弧面型，弧面型切割除可以显示其猫眼效应或星光效应外，更多的是发挥碧玺颜色异向性的优势，展示碧玺宝石不同方向颜色的美丽，提高其价值。

图 2-103　弧面型红色碧玺配钻石胸坠

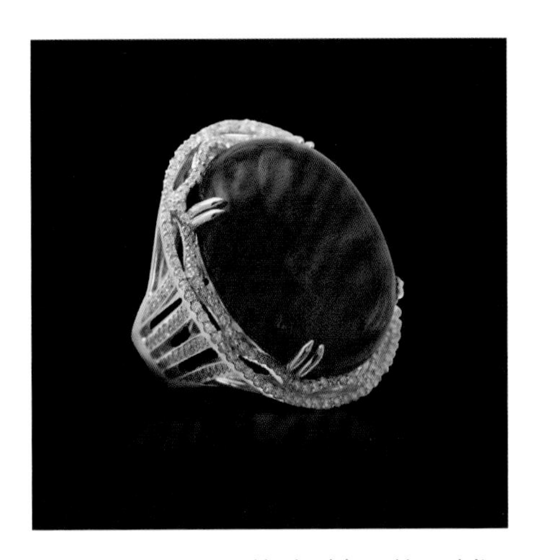

图 2-104　弧面型红色碧玺配钻石戒指

图 2-105　弧面型红色碧玺

弧面型切工的碧玺腰部常呈椭圆形、圆形等，顶部光滑。弧面型碧玺切工评价主要关注以下几个方面：①凸面幅度：凸面的幅度要适中，不能过扁也不能过凸；②歪斜现象：圆顶是否对称、圆顶顶点是否居中、底面边缘是否过薄或过厚，早期印度工、缅甸工有时为了保重会使宝石一边歪斜；③抛光质量：抛光质量直接影响到表面呈现的亮度与光泽，表面的抛光痕、烧痕、划痕等还会影响宝石的颜色和净度，降低宝石的价值。

对于内部含有定向排列的管状包体的碧玺，优良弧面型切工可以充分显示猫眼效应（图 2–106）。碧玺猫眼的评价因素：透明度是否适中，眼线是否细且粗细均匀，眼线是否居中、笔直，瑕疵是否明显，外形是否对称，抛光是否良好（图 2–107）。

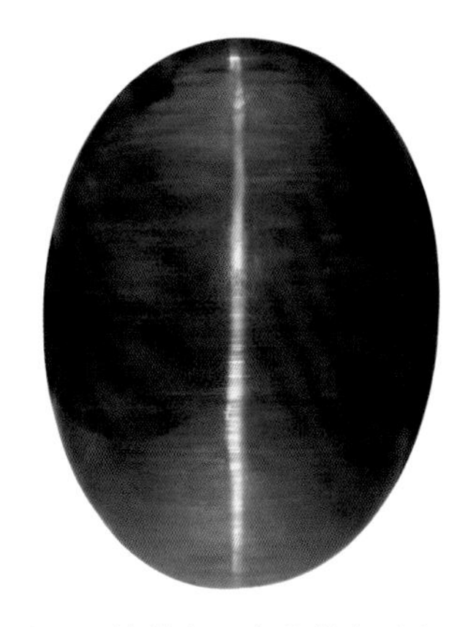

图 2–106　眼线笔直居中的蓝色碧玺猫眼戒面

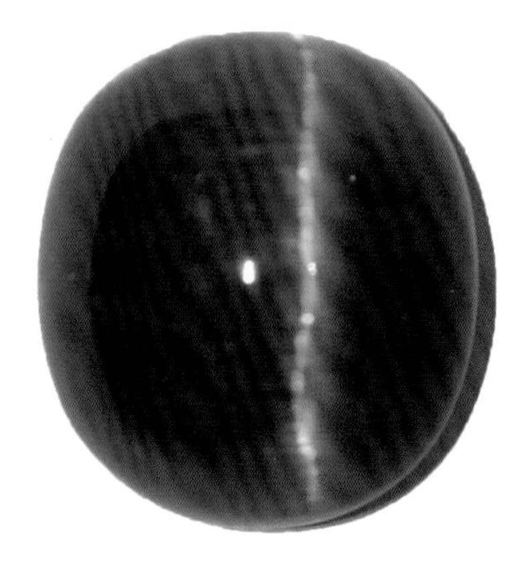

图 2–107　眼线偏移的红色碧玺猫眼戒面

（三）雕刻琢型

用于做雕件的碧玺原料绺裂较多，需要去除杂质瑕疵、遮绺避裂、巧用色和瑕疵等，所以碧玺雕件的制作比较耗工时，尽可能采用简单的雕工。雕工的优劣主要取决于雕件作品是否美观、大方、主题突出，线条是否流畅，同时关注雕件整体外观是否协调对称。

挑选碧玺雕件时除了要看颜色、雕工是否美观外，还要看雕刻题材的文化寓意。碧玺雕件常有十二生肖、动植物、神佛及组合等题材（图 2–108 ~ 图 2–115）。

图 2–108　碧玺生肖猪胸坠

图 2–109　碧玺青蛙胸坠

图 2–110　碧玺灯笼形胸坠

图 2–111　碧玺观音胸坠

图 2-112　碧玺佛像雕件

图 2-113　双色碧玺貔貅雕件

图 2-114　双色碧玺福瓜雕件

图 2-115　俏色碧玺貔貅雕件

四、碧玺的克拉重量

相对很多宝石品种而言，碧玺产出粒度较大，甚至可以出现巨晶（图 2-116）。但不同品种情况不同。总体来说，颜色、净度和切工相当的碧玺，克拉重量越大，价值越高，且克拉重量较大的碧玺每克拉价格上升较大，具有很大增值性。

绿色碧玺和红色碧玺的产出粒度一般较大，但高净度的大颗粒红色碧玺相对于绿色碧玺来说更为少见（图 2-117）。西瓜碧玺或双色及多色碧玺由于其特殊的颜色分布，在切磨过程中常依照其原始形态进行切磨，以保留最大克拉重量。帕拉伊巴碧玺相对于红色或绿色碧玺一般粒度较小，而真正的艳黄色高净度金丝雀碧玺，粒度在 10 克拉以上已属稀有。铬碧玺、变色碧玺相比其他品种而言，通常产出粒度较小，大颗粒者少见。

图 2-116　重达 355.85 克拉的高净度橙色碧玺戒面

图 2-117　颜色艳丽的高净度碧玺珠串项链

第六节
碧玺的主要产地及成因

世界上很多地方产出电气石，但是优质的宝石级电气石（碧玺）并不多见，全世界已经发现的电气石矿床和矿点有300多个，具有一定规模和开采价值的只占10% ~ 15%。

宝石级电气石主要产于巴西、美国、莫桑比克、尼日利亚、马达加斯加、坦桑尼亚、阿富汗、中国、意大利等地。不同产出国的电气石在物理化学性质、成因产状上都有一定的差异。

一、碧玺的主要产地及特征

（一）巴西的主要碧玺矿

图2-118　产自巴西米纳斯吉拉斯州的碧玺晶体
（图片来源：Rob Lavinsky，iRocks.com，Wikimedia Commons，CC BY-SA 3.0许可协议）

巴西是世界上最主要的碧玺出产国，其碧玺出产量在世界上占到相当大的比例，几乎所有颜色的碧玺在巴西都有产出。巴西的塞阿拉州盛产颜色艳丽的红宝碧玺，帕拉伊巴州和北里奥格兰德州产出稀有的帕拉伊巴碧玺，米纳斯吉拉斯州的彩色碧玺（图2-118）占世界总产量的五至七成，其中克鲁赛罗地区有一座名为“祖母绿之山”的碧玺矿，矿山因产出丰富的外观酷似祖母绿的绿色、蓝色碧玺而得名。

1989年，“碧玺之王”帕拉伊巴碧玺被发现于巴西帕拉伊巴州。现今巴西主要有三个矿区产出该种碧玺：东北部帕拉伊巴州附近圣荷西达巴塔利亚（Sao jose da Batalha）村的迈纳达村巴塔利亚（Mina da Batalha）矿，能产出具有独特的霓虹蓝或电光蓝颜色的帕拉伊巴碧玺（图 2-119、图 2-120）；位于帕雷利亚斯市东北部 5 千米处北里奥格兰德州的穆隆古（Mulungu）矿主要产出浅蓝色、蓝—绿色和祖母绿色的帕拉伊巴碧玺；位于帕雷利亚斯以南大约 10 千米处的阿尔托多斯金托斯（Alto dos Quintos）矿产出小颗粒的浅蓝色品种。巴西的帕拉伊巴碧玺一般内部包体较多，高净度者比较稀少，但其北里奥格兰德州产出的内部包体少、净度高且晶体体积大，只是亮度较低。

图 2-119　产自巴西的帕拉伊巴碧玺晶体
（图片来源：Rudolf Watzl，www.mindat.org）

图 2-120　产自巴西的帕拉伊巴碧玺晶体
（图片来源：Rob Lavinsky，iRocks.com，Wikimedia Commons，CC BY-SA 3.0 许可协议）

（二）美国的主要碧玺矿

美国也是碧玺的主要产出国，20 世纪早期，缅因州和加利福尼亚州就成为世界重要的宝石级碧玺产地。

1822 年，美国的缅因州首次发现碧玺矿，该矿主要出产粉红色和绿色碧玺。1872 年 6 月，加利福尼亚州也发现了宝石碧玺矿，矿区位于河滨县东南部的托马斯山地区，被称为“哥伦比亚宝石矿”，随后于 1957 年改名为“贝洛奥里藏特 1 号矿井”，该矿以产出双色西瓜碧玺而著名。加利福尼亚州圣地亚哥市的帕拉（图 2-121）、米沙格朗、沃娜斯普林斯（图 2-122）和拉莫纳地区是宝石级碧玺的重要产地。其中，帕拉地区正

图 2-121　产自美国加利福尼亚州帕拉地区的碧玺晶体
（图片来源：Rob Lavinsky，iRocks.com，Wikimedia Commons，CC BY-SA 3.0 许可协议）

图 2-122　美国加利福尼亚州沃娜斯普林斯地区卡梅莉塔（Carmelita）矿的开采场景
（图片来源：San Diego Mining Company，www.mindat.org）

规开采于 1870 年，1900—1922 年为开采最活跃时期，至今仍有几个碧玺矿井在开采。

（三）非洲的主要碧玺矿

1. 尼日利亚

尼日利亚是优质碧玺的重要产地来源（图 2-123、图 2-124），特别是纳萨拉瓦和奥约州。2009 年巴克公司在奥约州发现了粉红—红色电气石矿，其中宝石级的原料有着极高的透明度和艳丽的颜色，最大的一块碧玺晶体重达 7 千克，长约 28 厘米，直径约

13 厘米。这颗碧玺晶体经过切割打磨，最后得到 1000 颗宝石，总重近 7000 克拉，最大的一颗重达 53.45 克拉，其他的大多在 20 ~ 40 克拉。挑选其中内部干净、颜色鲜艳的 17 颗刻面型碧玺制作成了碧玺套链。

尼日利亚还是除巴西外第一个被发现产出帕拉伊巴碧玺的国家。尼日利亚的帕拉伊巴碧玺颜色丰富，主要有浅蓝色、紫蓝色、蓝绿色、祖母绿色，与巴西帕拉伊巴州产出的颜色最为接近，但饱和度较巴西所产的品种略低（图 2-125）。产出帕拉伊巴碧玺的两个主要矿区位于尼日利亚西部，一个是奥约州伊巴丹市的艾迪扣（Edekou）矿，另一个是夸拉州伊洛林市奥菲基地区的冲积矿床。

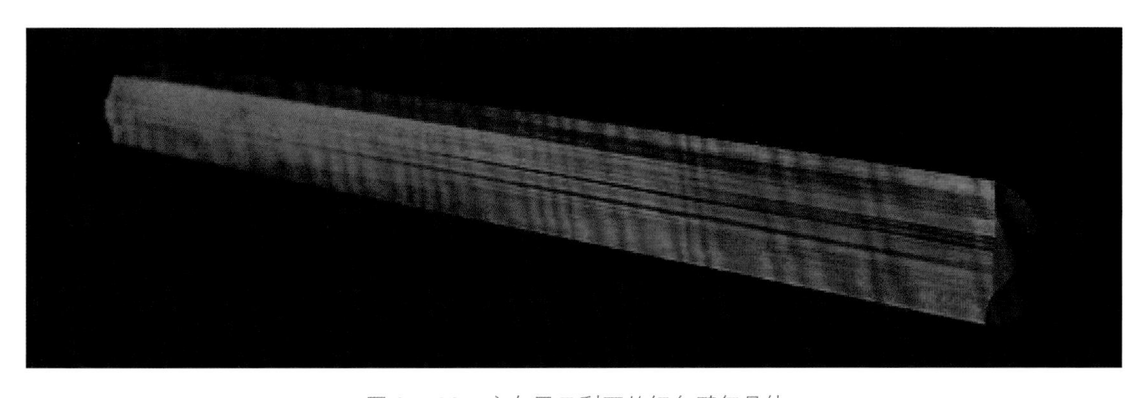

图 2-123 产自尼日利亚的红色碧玺晶体
（图片来源：Oleg Lopatkin，www.mindat.org）

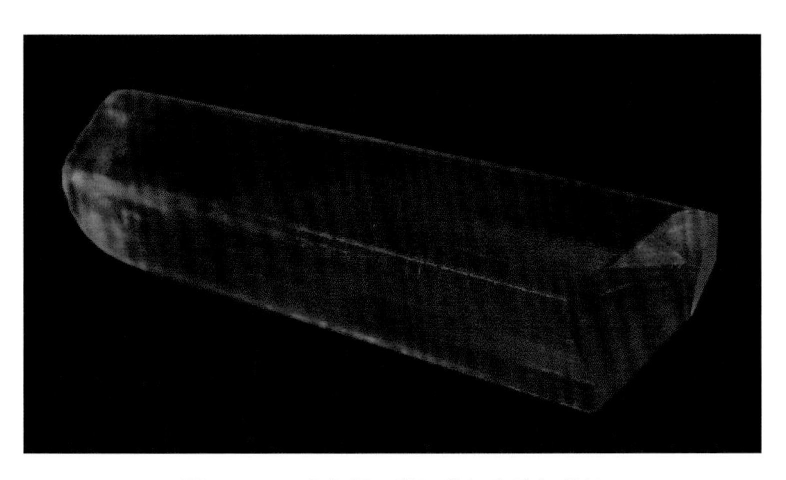

图 2-124 产自尼日利亚的红宝碧玺晶体
（图片来源：Oleg Lopatkin，www.mindat.org）

图 2-125 产自尼日利亚的帕拉伊巴碧玺戒面

2. 莫桑比克

莫桑比克是近几年碧玺的主要出产国，产量大而且品质较高，大颗的红宝碧玺可达 100 克拉，帕拉伊巴碧玺也可达 20 ~ 30 克拉；产出的碧玺颜色丰富，主要有红色、粉红色、绿色、绿蓝色、蓝绿色、蓝色、黄色、双色。

莫桑比克的楠普拉、太特、赞比西亚（图 2-126）、马尼卡等多个省市都出产碧玺（图 2-127），其中楠普拉是近十年来碧玺的重要出产地，帕拉伊巴碧玺就产出于楠普拉省西南约 100 千米的上利戈尼亚（Alto Ligonha）地区，颜色包括蓝色、紫蓝色、绿蓝色和绿色。莫桑比克产出的帕拉伊巴碧玺比尼日利亚产出的颜色更深。

图 2-126　产自莫桑比克赞比西亚的碧玺晶体（图片来源：Rob Lavinsky，iRocks.com，Wikimedia Commons，CC BY-SA 3.0 许可协议）

图 2-127　产自莫桑比克的绿色碧玺戒面

3. 非洲其他地区

非洲其他一些国家如马达加斯加、坦桑尼亚（图 2-128）、纳米比亚、赞比亚、津巴布韦、肯尼亚、刚果（金）（图 2-129）也出产碧玺。马达加斯加出产的碧玺以紫红、暗紫色、深绿色居多，此外，还产出少量含铜的蓝绿色碧玺，及具有特殊颜色分带的氟—钙锂碧玺（图 2-130）。坦桑尼亚出产一种含铬的电气石，颜色有绿色、黄色、褐色等，其中品质好的绿色碧玺被称为铬碧玺，也是非常有价值的碧玺品种。纳米比亚产出碧玺（图 2-131）的主要区域在埃龙戈区，位于该国的中西部，产出的碧玺以蓝色居多，少量为粉红色，晶体较小。赞比亚产出的碧玺品质不高，但是却产出一种独特的达碧兹碧玺。

图 2-128　产自坦桑尼亚的碧玺晶体
（图片来源：Peter Slootweg，www.mindat.org）

图 2-129　产自刚果（金）的碧玺晶体
（图片来源：AM，www.mindat.org）

图 2-130　产自马达加斯加的氟—钙锂碧玺晶体
（图片来源：Rob Lavinsky，iRocks.com，Wikimedia Commons，CC BY-SA 3.0 许可协议）

图 2-131　产自纳米比亚的碧玺晶体
（图片来源：Rob Lavinsky，iRocks.com，Wikimedia Commons，CC BY-SA 3.0 许可协议）

（四）中国的主要碧玺矿

我国宝石级电气石主要分布在新疆阿尔泰、云南高黎贡山和内蒙古角力格泰地区。

新疆阿尔泰地区是我国最重要的碧玺产地（图 2-132），产出的碧玺不仅晶体较大、质量佳，而且品种多、颜色丰富，有绿色、红色、黄色、黑色，还有双色碧玺和罕见的紫色碧玺。

云南的三江地区位于世界著名的泰国—柬埔寨宝石成矿带的北沿部分，盛产宝石级电气石以及海蓝宝石、绿柱石、红宝石等多种珍贵优质的宝石。云南高黎贡山的碧玺就产于此变质成矿带中，颜色多呈不同色调的绿色，少数为蓝色、粉红色等（图 2-133）。

内蒙古乌拉特中旗角力格太的碧玺产于花岗伟晶岩脉中，颜色以暗蓝色、深蓝色为主，透明度较差。

图 2-132　产自中国新疆的西瓜碧玺晶体
（图片来源：国家岩矿化石标本资源共享平台，www.nimrf.net.cn）

图 2-133　产自中国云南的粉色碧玺晶体
（图片来源：国家岩矿化石标本资源共享平台，www.nimrf.net.cn）

（五）其他地区的碧玺矿

1. 阿富汗

阿富汗的碧玺矿主要分布在东北部的努尔斯坦地区和周边省市，包括努尔斯坦省、库纳尔省、拉格曼省，此外还有楠格哈尔省、潘杰希尔省、喀布尔省等地区。20 世纪 70 年代初，苏联地质学家对努尔斯坦地区伟晶岩进行了研究，发现了大量宝石矿床，主要有碧玺、锂辉石、绿柱石等。该矿区常产出蓝色碧玺和绿色碧玺，颜色艳丽，净度较高，还产出一些粉红色碧玺和双色碧玺，产出的宝石晶体较大，碧玺晶体长度一般在 4 ~ 15 厘米，最长可达 20 厘米（图 2-134）。

2. 意大利

意大利碧玺矿床位于厄尔巴岛西部，含碧玺的细晶岩脉和伟晶岩脉赋存于花岗闪长岩体中，产出的碧玺颜色丰富，多色碧玺的颜色沿晶体长轴分段变化。矿区中不同颜色的碧玺有不同的伴生矿物（图 2-135），含锂（Li）的玫瑰色和淡紫色碧玺与锂云母伴生（图 2-136），玫瑰色—杏黄色碧玺与铯绿柱石、无色绿柱石伴生，黑色碧玺与海蓝宝石伴生。

图 2-134　产自阿富汗的碧玺晶体
（图片来源：国家岩矿化石标本资源共享平台，www.nimrf.net.cn）

图 2-135　产自意大利的碧玺晶体（与磷灰石伴生）
（图片来源：Sarah Sudcowsky，www.mindat.org）

图 2-136　产自意大利的碧玺晶体（与锂云母伴生）
（图片来源：Sarah Sudcowsky，www.mindat.org）

二、碧玺的成因

碧玺的主要成因有花岗岩成因（包括形成于伟晶岩中的碧玺）、与花岗岩有关的热液交代成因、热液充填成因、变质成因，还有碎屑沉积成因等。

因碧玺富含挥发组分及水，其形成多与气成热液作用有关，多见于伟晶岩与气成热液矿床。大多数碧玺都形成于花岗伟晶岩中，由温度较高（300 ~ 700 摄氏度）、压力较大、富含挥发组分和稀有元素的花岗质残余岩浆缓慢冷却发生结晶分异，形成碧玺、绿柱石、黄玉、石英和金属矿物等，不同的元素（如锂、铷、铯、硼等）进入碧玺晶体产生不同的颜色。我国阿尔泰地区产出的碧玺是花岗伟晶岩较晚期阶段的特征产物，产于由白云母和钠长石组成的造岩矿物地段或碱性介质环境中钠锂比较富集的地段。

碧玺在片岩和大理岩等变质岩中也有产出，此外由于碧玺的物理化学性质比较稳定，原生矿床经风化、搬运、沉积后可形成沉积砂矿，所以它还可在风化残积物中产出。

第七节

碧玺首饰的兴起与选佩

一、碧玺首饰的兴起

随着中国经济的发展，人民生活的富裕，碧玺与其他珠宝首饰一样，越来越为人们热衷收藏和佩戴，在我国珠宝市场上，碧玺真正规模化登台亮相始于 2008 年，由中国台湾珠宝商开始将大颗粒红色碧玺、绿色碧玺等首饰向大陆推出。由于碧玺首饰设计精美、颜色艳丽，尤其是价格比红宝石和祖母绿要实惠得多，一经推出便引起珠宝商们的高度关注，也引起了消费者的广泛追捧。

自2009年开始，国内几家大的珠宝批发商陆续开始大规模收购泰国和印度批发商手中的碧玺（图2-137、图2-138），在2010年9月的泰国珠宝展和中国香港珠宝展期间，整个中国的各级珠宝商蜂拥而至，疯狂收购碧玺，主要是红色碧玺和绿色碧玺。2010—2013年，碧玺价格狂涨五倍以上，优质的大颗粒刻面红色碧玺价格在6000元/克拉以上，优质的大颗粒绿色碧玺价格也在4500元/克拉以上。2013年9月香港珠宝展期间，一颗产自巴西帕拉伊巴的33克拉无瑕完美切工的霓虹蓝帕拉伊巴碧玺售价高达30000美元/克拉。

2013年下半年，国内碧玺市场开始降温，2014年价格开始明显下滑，截至2018年，常规市场碧玺价格比高峰期已下降将近一半，各类顶级优质碧玺价格比较高峰期虽也有所下降，但降幅不大，自此之后，碧玺价格基本进入稳定期。

图2-137 泰国尖竹汶宝石交易市场街景

图2-138 高品级红色碧玺戒面

《后汉书·与服志》曾有记载："后世圣人，见鸟兽有冠角髯胡之制，遂作冠冕缨蕤，以为首饰。""首饰"一词最早是指头部装饰品，随着历史的发展，首饰的内容不断扩展，除头饰、发饰外，颈饰（项链）、手饰、腰饰与脚饰也相继出现，首饰一词就成了人体各个部位所佩戴的不同装饰品的代名词。

目前，碧玺作为首饰材料，以其自身缤纷的色彩、丰富的设计文化内涵赢得人们的喜爱，成为众多宝石中的非常出色的新星。国内外的设计师们用碧玺设计制作的首饰千姿百态、品种繁多、风格多样，主要有戒指、手链、耳钉、胸坠、项链及其套装等（图2-139～图2-146）。

图 2-139　红宝碧玺配钻石戒指

图 2-140　红色碧玺耳钉

图 2-141　颜色丰富的碧玺戒指耳环手链套饰

图 2-142　双色碧玺配钻石胸坠

图 2-143　华丽的碧玺配钻石项链

图 2-144 碧玺配钻石套装

图 2-145　优雅的红色碧玺配钻石套装

图 2-146　红色碧玺配钻石花朵形项链

二、碧玺首饰的选佩

（一）颜色的选佩

心理学家研究发现不同颜色会给人的情绪和心理健康带来不同的影响。因此佩戴不同颜色的碧玺首饰，可以更好地传达佩戴者的心情。

大颗粒桃红色、红色碧玺首饰给人以妩媚、柔和、秀美之感，可以衬托出佩戴者的热情、喜悦和温柔之美（图 2-147）；蓝色碧玺拥有天空和海洋的颜色，给人以宽广、包容、宁静之感，佩戴蓝色碧玺能彰显女性高贵、典雅的气质，也能体现男子汉应有的广博、豁达和稳重；翠绿色碧玺能够令人感到生机勃勃、心情愉悦，深绿色碧玺色泽幽静，深沉刚毅，可以恰如其分地诠解深邃的智慧和刚强的性格（图 2-148、图 2-149），也能展现温文尔雅、干练睿智的男士魅力；黄色碧玺有着太阳般的光辉，可以给佩戴者带来自信与希望；黑色碧玺彰显稳重与深沉，事业有成的男士佩戴可体现出其坚毅与稳重的特质。

多色碧玺与碧玺猫眼给人以新奇、时尚之感（图 2-150），如此闪耀动人的多色碧玺饰品，可将女性的灵性、动人发挥得淋漓尽致，成为美丽的焦点。颜色深沉、眼线明晰、颗粒较大的碧玺猫眼，与温文尔雅的绅士气

图 2-147　红宝碧玺配钻石戒指

图 2-148　深绿色碧玺配钻石戒指

质相互衬托，方可品味出睿智又大气的内在气质，更能彰显男士风采与气场。

图 2-149　深绿色碧玺配钻石胸坠

图 2-150　双色碧玺配钻石胸坠

（二）场所的选佩

在不同场合，如职场社交、隆重场合、日常休闲等，碧玺首饰佩戴有其自身的特色。掌握好碧玺首饰的搭配技巧，能够让佩戴者更具气质和魅力。

1. 职场

职场的珠宝首饰造型不要过于繁杂，颜色应与服装协调，可选择简洁大方、没有过多繁复的设计、款式偏前卫时尚的首饰佩戴（图 2-151）。

需要经常出差的上班族，可以将项链与手饰搭配成对，以增加个人印象。而久坐办公室的上班族或长时间使用计算机的女性，因为使用手部动作较多，若佩戴造型繁复的手链和戒指容易影响灵活度，所以可选择耳环、项链等简单的碧玺首饰类型（图 2-152）。如果在政府机关等比较严肃的机构单位工作，应选择比较传统、简洁的设计风

图 2-151　红色碧玺配钻石戒指

图 2-152　红色碧玺配钻石耳坠

格，避免佩戴吊垂摇晃、叮当作响的首饰。

2. 隆重场合

出席典礼、宴会、晚会等隆重的场合，珠宝的搭配应随着礼服款式颜色的变化而变化（图 2-153），可选择与礼服同色系的相近色彩的碧玺宝石，注意碧玺宝石的颜色应统一协调，切忌同时出现多种颜色对比强烈的碧玺宝石以及与礼服颜色有显著区别的珠宝，否则会影响整体效果，破坏礼服的和谐之美。

图 2-153　精美华贵的碧玺配钻石项链

造型简练的礼服可搭配层次丰富、精美豪华的群镶碧玺套饰（图 2-145），民族风格的服饰可佩戴富有民族风格的多色碧玺首饰，浓郁艺术气息的礼服可佩戴时尚艺术感的碧玺饰品，优雅华丽的礼服最好选择光彩闪耀的项链或耳环与之呼应（图 2-154）。

3. 休闲场合

在平日的家居生活、旅游度假等非正式场合，佩戴款式新颖、富有设计感的彩色碧玺首饰（图 2-155、图 2-156、图 2-157），与休闲服装的搭配相得益彰，平淡中显露出一种别样的品位。首饰款式应尽量简单（图 2-158、图 2-159），不宜过于繁复，如戴一些过分璀璨夺目的贵重首饰则会显得不协调，给人以拘谨的感觉，破坏轻松的气氛。外出时可佩戴一些活泼的珠宝款式，如以花草、动物为题材的有趣造型（图 2-156），

图 2-154　经典优雅的红色碧玺配钻石套饰

图 2-155　糖果色碧玺戒指

图 2-156　鹦鹉形碧玺胸针

图 2-157　款式新颖的碧玺戒指

图 2-158　粉色碧玺戒指

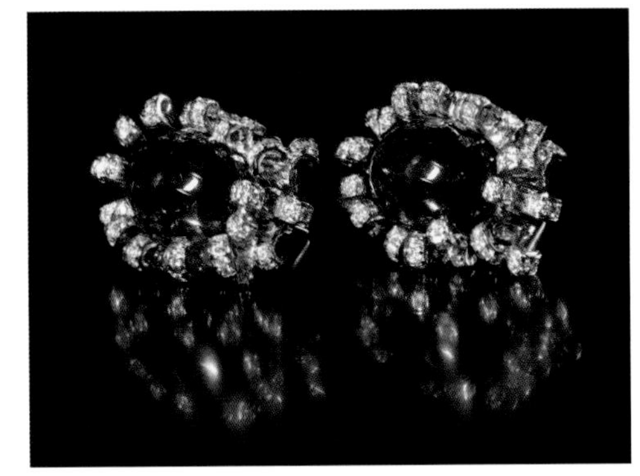

图 2-159　橙色碧玺配钻石耳坠

以增添几许生活气息和活力。

三、碧玺首饰的保养

碧玺是一种特殊的宝石，具有热电性、压电性，且脆性较强，经过太阳照射或受热会产生微量电荷，吸附一些微细的灰尘。因此，碧玺的清洁和保养与其他宝石略有不同，掌握佩戴时的注意事项以及正确的保养方法尤为重要。

（一）佩戴注意事项

1. 避免叠加佩戴

日常生活中人们常将不同硬度的珠形手链叠加佩戴，在碰撞摩擦的过程中，硬度高的宝石常会将硬度低的宝石划伤，影响宝石表面的光亮度，也容易磨损刻面宝石的棱线和刻面。

2. 避免碰撞

碧玺宝石的摩氏硬度虽然较高，但性脆，碰撞受力容易受损，因此佩戴时必须防止与硬物碰撞，更不可掉落到硬地面。在运动或做繁重的工作时，不应佩戴珠宝首饰。

3. 避免接触化学物品

碧玺具有强的热电性，碧玺猫眼有管状包体，非常容易沾上油脂、香水及化妆品，被侵蚀、损坏，影响美观。洗护用品中若含有氯可能会腐蚀首饰，漂白水对焊接的合金金属部分会有一定程度的腐蚀作用。

4. 避免强热源

碧玺一般裂隙较多，遇强热源容易不均匀膨胀，产生炸裂，因此，应远离紫外线、

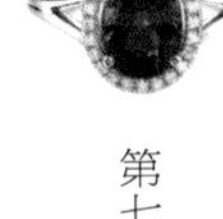

强光线直射、强热源等。

（二）存放与护理注意事项

1. 单独分开放置

不佩戴碧玺首饰的时候，应将其单独放置在首饰盒内，避免碧玺首饰和其他的珠宝首饰相互摩擦、撞击，以免造成不必要的损失。

2. 清洁保养

碧玺具有强的热电性，摆放或佩戴一段时间后，其表面会附着很多微小杂尘，因此，每隔一段时间需进行专业养护和清洁保养，以保持碧玺饰品光洁如新。

清洗时，用清水浸泡数小时即可，然后用柔软吸水的布擦拭吸干水分，注意不能用超声波仪器清洗，不要随意用酒精或其他化学洗涤剂。清洗完碧玺后应放在阴凉的地方晾干，不可长时间暴晒，不可高温烘干或用吹风机吹干，以免骤热产生损坏。

3. 定期检查维护

珠宝首饰都应该定期检查和维修，如果发现有宝石松动、破损、整体造型变形等现象应及时维修，修理前应对首饰的典型特征进行拍照作为凭证。最好找信誉好的专业珠宝店或加工厂进行检查或修理，以保证质量。

第三章

Chapter 3

石榴石

石榴石因其晶体形态和最常见的红色与石榴籽相近而得名。作为宝石中的一个大家族，石榴石拥有明亮的光泽以及红色、紫红色、粉红色、棕色、黄色、橙色、绿色等丰富的颜色，深受广大珠宝爱好者的喜爱。在西方传统文化中，石榴石是一月的生辰石，象征着忠实、友爱和淳朴。

石榴石的历史与文化

一、石榴石的名称由来

石榴石的英文名称为 Garnet，是石榴石矿物族的名称，还有深红色、暗红色的意思。Garnet 源自中世纪的拉丁文 Granatum（意为“有许多颗粒”），而 Granatum 则可能是从拉丁文 Pomum Granatum（意为“水果石榴”）一词中提取出来的，意在表达石榴石的颜色、晶形与石榴果实的颜色和形状相似。我国明代鉴赏家曹昭在《格古要论》中记载：“石榴子出南藩，类玛瑙，颜色红而明莹，如石榴肉类似，故谓之石榴子，可镶嵌用。”可见我国古代学者也是根据与石榴果实相似的外观，来给石榴石命名的。

二、石榴石的历史与文化

（一）石榴石的历史

石榴石是一种古老的宝石，有着悠久的历史，人们将石榴石作为装饰品已有数千年之久。古埃及时期，古埃及王室欣赏红色石榴石火红的外观，认为其象征着权力和激情，将红色石榴石制作成装饰品用于佩戴和观赏，彰显其身份和地位。1914 年，人们在古埃及西塔索鲁涅特公主（Sithathoryunet，前 1887—前 1878 年）的坟墓中发现了镶嵌石榴石的项链坠（图 3–1）。

古典时期（前 5—4 世纪），石榴石受到了古希腊人和古罗马人的喜爱，成为了地中海沿岸流行的宝石品种之一。他们将石榴石打磨成弧面型镶嵌在金银饰品上，制作成耳饰、胸针等（图 3–2、图 3–3），或者将石榴石琢磨成圆球状，串成项链。此外人们还在石榴石表面雕刻图案，制作成具有特殊意义的戒指（图 3–4）。这些石榴石首饰独特

图 3-1　古埃及西塔索鲁涅特公主的项链坠
（图片来源：metmuseum.org，Wikimedia Commons，CC0 1.0 许可协议）

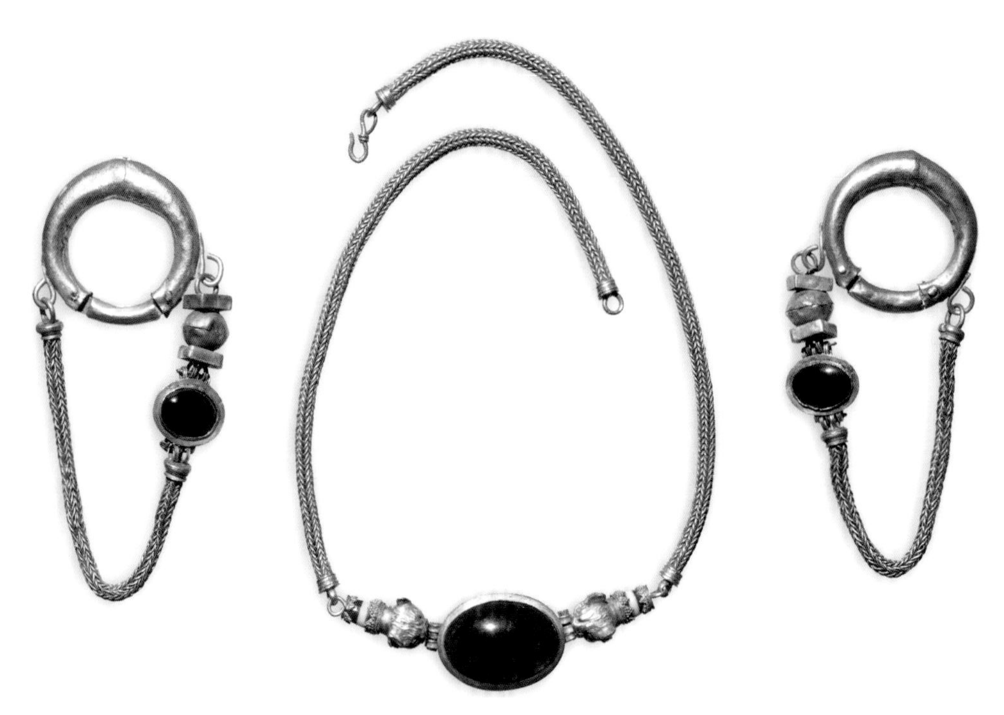

图 3-2　古希腊石榴石配玛瑙项链和耳饰（1 世纪）
（图片来源：metmuseum.org，Wikimedia Commons，CC0 1.0 许可协议）

的设计风格和工艺见证了古典时期繁荣的地中海文化。

中世纪时期（5—15 世纪），石榴石首饰开始逐渐在欧洲各地流行，法国的梅罗文加王朝之王（Merovingians）经丝绸之路从遥远的锡兰（斯里兰卡的旧称）带回石榴石，把石榴石和波罗的海琥珀镶嵌在一起，构成无比精美的珠宝首饰。此外，同时代的

图3-3　古典时期镶有石榴石的人像耳饰（前1—3世纪）
（图片来源：metmuseum.org，Wikimedia Commons，CC0 1.0 许可协议）

图 3-4　古典时期石榴石天狼星戒指（前 1—3 世纪）
（图片来源：metmuseum.org，Wikimedia Commons，CC0 1.0 许可协议）

日耳曼、盎格鲁 - 撒克逊等民族也十分喜爱石榴石，将其制作成富有民族特色的首饰饰品（图 3-5、图 3-6）。

图 3-5　日耳曼民族镶有石榴石的胸针（5 世纪初）
（图片来源：Sandstein，Wikimedia Commons，CC BY-SA 3.0 许可协议）

波希米亚（古欧洲地名，现属捷克）的石榴石首饰最早可追溯到公元10世纪或11世纪，波希米亚人认为石榴石能帮助人们驱散心中的悲伤，从而使人变得快乐、善良和健康。直至15世纪，波希米亚石榴石矿床的发现掀起了石榴石首饰的潮流，使更多的人得以认识石榴石。波希米亚地区也逐渐形成了石榴石从开采到加工的完整产业链，不仅促进了当地的经济发展，也让波希米亚石榴石风靡欧洲。神圣罗马帝国皇帝鲁道夫二世（Rudolf Ⅱ，1552—1612年）对波希米亚产出的石榴石情有独钟，收藏了许多石榴石饰品，在他的皇冠上也镶嵌有红色石榴石。19世纪英国维多利亚时期，出现了新的石榴石加工技术，不仅提高了小颗粒石榴石的利用率，还使得首饰的设计款式更加多元化（图3-7）。

图3-6 盎格鲁－撒克逊民族镶有石榴石的剑柄（8世纪）
（图片来源：Portableantiques，Wikimedia Commons，CC BY-SA 2.0许可协议）

图3-7 英国维多利亚时期的石榴石胸针
（图片来源：Charles J Sharp，Wikimedia Commons，CC BY-SA 4.0许可协议）

新工艺技术将小颗粒石榴石组合在一起，密集地镶嵌在K金首饰上，外观十分像剥开石榴后露出的石榴籽，这种款式的石榴石首饰深受当时英国维多利亚女王（Alexandrina Victoria，1819—1901年）的喜爱。随着这种设计款式的不断传承和发展，如今的波希米亚石榴石不仅代表了产地，还代表了一种设计风格和理念。1996年，英国女王伊丽莎白二世（Queen Elizabeth Ⅱ，1926—　）在对捷克的国事访问中就佩戴了一款波希米亚风格的石榴石胸针。

（二）石榴石的传说故事与文化寓意

自古以来就有许多关于石榴石的古老传说和习俗。中世纪时期，人们认为石榴石可以治愈抑郁，使人远离忧虑和噩梦，并且能够缓解肾病和出血带来的疼痛，同时还认为佩戴石榴石可以使人变得更为诚实、坚定。古代的旅行者、探险家和士兵则把石榴石当作护身符，远行时佩戴用于保佑自己，避开灾难。

古希伯来人（现代犹太人的祖先）认为，石榴石代表着光明、希望和温暖。在《希伯来圣经》中记载着这样一段故事，在世界末日到来之际，诺亚打造了一艘巨船用来拯救世间生灵。当船在茫茫大海中航行时，诺亚为了不让船在黑夜中迷失方向，使用了一颗巨大的石榴石照亮夜空，指引船的前行。

在希腊神话中，石榴象征着爱的礼物，代表了永恒。传说冥界国王哈得斯（Hades，希腊神话中的神祇）给妻子珀耳塞福涅（Persephone，希腊神话中冥界的王后）吃石榴籽，以期她能早日归来。后来，石榴石便引申了石榴象征爱情的寓意，成为爱人分别后期盼早日重逢的信物，同时也用作消除爱人间误会的信物。

第二节 石榴石的宝石学特征

一、石榴石的基本性质

（一）矿物名称

石榴石的矿物名称为石榴石（Garnet），属石榴石族矿物。

（二）化学成分及分类

石榴石是一种岛状硅酸盐矿物，化学成分通式为 $A_3B_2(SiO_4)_3$，分为铝质石榴石和钙质石榴石两大系列。铝质石榴石系列中 B 位置以 Al^{3+} 为主，A 位置为半径较小的 Mg^{2+}、Fe^{2+} 和 Mn^{2+} 间的类质同象替代，构成镁铝榴石—铁铝榴石—锰铝榴石类质同象系列，其中镁铝榴石和铁铝榴石为完全类质同象，铁铝榴石和锰铝榴石为完全类质同象。钙质石榴石系列中 A 位置以半径较大的 Ca^{2+} 为主，B 位置为 Al^{3+}、Fe^{3+}、Cr^{3+} 等三价阳离子间的类质同象替代，构成钙铝榴石—钙铁榴石—钙铬榴石类质同象系列，其中钙铝榴石一钙铁榴石为完全类质同象，而钙铬榴石与另两个品种之间形成不完全类质同象。此外，还有一些石榴石的晶格中附有 OH^-，形成含水的亚种，如水钙铝榴石等。

（三）晶族晶系

石榴石属高级晶族，等轴晶系。

（四）晶体形态

石榴石晶体通常具有完好的晶形，常见的形态有菱形十二面体 *d*{110}、四角三八面体 *n*{211} 及二者的聚形（图 3-8）。其中菱形十二面体晶面上常见有平行于四边形长对角线的聚形纹。石榴石集合体常呈致密粒状或块状（图 3-9）。

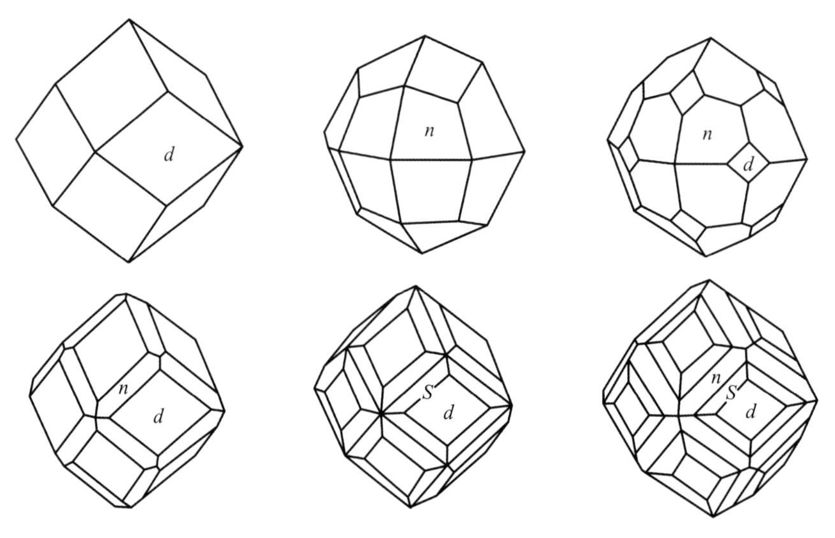

图 3-8　石榴石的晶体形态

图 3-9　石榴石晶体

（图片来源：Rob Lavinsky，Wikimedia Commons，CC BY-SA 3.0 许可协议）

（五）晶体结构

石榴石属于岛状硅酸盐矿物，等轴晶系。石榴石的单位晶胞较大，孤立的 [SiO_4] 四面体由三价阳离子的八面体（如 [AlO_6] 八面体、[FeO_6] 八面体或 [CrO_6] 八面体等）所联结。其间形成一些较大的十二面体孔隙，这些孔隙实际上可视为畸变的立方体。它的每个角顶都被 O^{2-} 占据。中心位置为二价金属阳离子 Ca^{2+}、Fe^{2+}、Mg^{2+} 等。每个二价阳离子为八个 O^{2-} 所包围（图 3-10）。

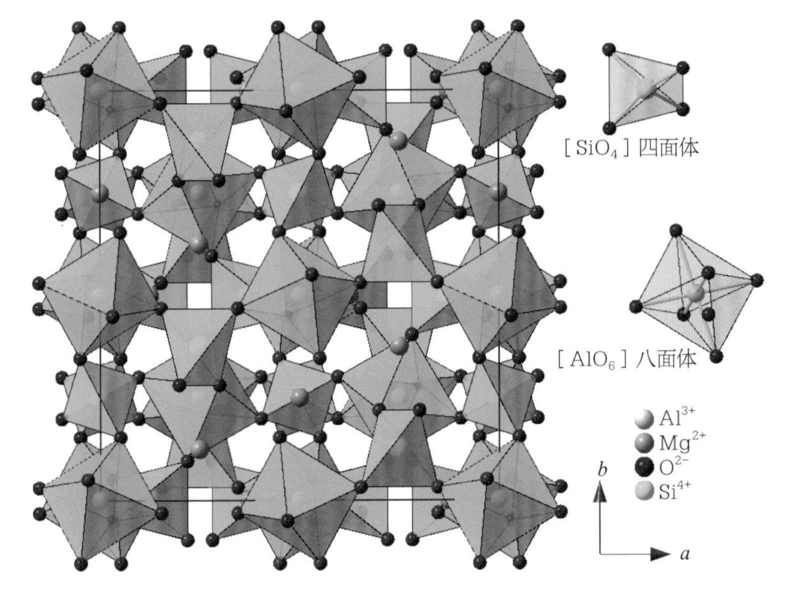

图 3-10　镁铝榴石的晶体结构示意图
（图片来源：秦善提供）

二、石榴石的物理性质

（一）光学性质

1. 颜色

石榴石的颜色丰富多变（图 3-11），除蓝色以外几乎所有颜色都有出现（蓝色可出现于变色石榴石），这与其广泛的铁（Fe）、铬（Cr）和钒（V）等微量元素的类质同象替代密切相关。宝石级的石榴石常见的颜色如下。

红色系列：红色、粉红色、紫红色、橙红色等。

绿色系列：翠绿色、橄榄绿色、黄绿色等。

黄色系列：黄色、橙黄色、蜜黄色、褐黄色等。

图 3-11　颜色丰富的石榴石戒面

2. 光泽

石榴石具玻璃光泽至亚金刚光泽。大多数石榴石为玻璃光泽，折射率较高的品种，如锰铝榴石、钙铁榴石、钙铬榴石等，可呈亚金刚光泽。断口为油脂光泽。

3. 透明度

石榴石为透明矿物，透明度一般较好，但若内部包体过于密集或颜色过深，会降低其透明度。石榴石集合体通常呈半透明至不透明状，例如绿色水钙铝榴石呈半透明。

4. 折射率与双折射率

石榴石折射率随成分变化而有所不同，并且没有双折射率。铝质系列石榴石折射率为 1.710 ~ 1.830，钙质系列石榴石折射率为 1.734 ~ 1.940。

5. 色散

石榴石的色散值因品种而有所差异。例如镁铝榴石的色散值为 0.024，而钙铁榴石的色散值能达到 0.057，比钻石的 0.044 还要高。

6. 光性

石榴石为光性均质体，偏光镜下观察常见异常消光。

7. 吸收光谱

不同品种的石榴石致色元素不同，导致吸收光谱上存在差异（详见本章第三节）。

8. 紫外荧光

石榴石常含有铁元素，因此通常无荧光现象。近于无色、黄色、浅绿色的钙铝榴石在紫外灯下可呈弱橙黄色荧光。

9. 特殊光学效应

天然石榴石可具有星光效应、变色效应和猫眼效应。

（二）力学性质

1. 摩式硬度

石榴石的摩氏硬度为 6.5 ~ 7.5。

2. 密度

石榴石的密度在 3.50 ~ 4.30 克 / 厘米 ^{3} 的范围之间，会随铁、锰、钛含量增加而增大。

3. 解理及断口

石榴石无解理，常有平行菱形十二面体方向的多组裂理。石榴石一般具有贝壳状断口。

第三节 石榴石的主要宝石品种

根据石榴石中微量元素的类质同象替换，可将其主要分为铝质石榴石系列的镁铝榴石、铁铝榴石、锰铝榴石和钙质石榴石系列的钙铝榴石、钙铁榴石、钙铬榴石，其鉴定特征见表 3-1。

表 3-1 石榴石主要宝石品种及其鉴定特征对比

名称		变种或其他名称	折射率	色散	密度（克 / 厘米 ^{3}）
铝质系列	镁铝榴石（Pyrope）	红榴石	1.714 ~ 1.742	0.024	3.65 ~ 3.87
	铁铝榴石（Almandine）	贵榴石、紫牙乌（紫红色铁铝榴石）	1.760 ~ 1.820，常见 1.79	0.024	3.93 ~ 4.30
	锰铝榴石（Spessartite）	芬达石（橙色锰铝榴石）	1.790 ~ 1.810	0.027	4.12 ~ 4.20

续表

名称		变种或其他名称	折射率	色散	密度（克/厘米^3）
钙质系列	钙铝榴石（Grossular）	桂榴石（褐黄色铁钙铝榴石）	1.730 ~ 1.760	0.028	3.57 ~ 3.73
		铬钒钙铝榴石（沙弗莱石、察沃石）			
		水钙铝榴石（青海翠、不倒翁）			3.47
	钙铁榴石（Andradite）	翠榴石（含铬钙铁榴石）	1.855 ~ 1.895	0.057	3.81 ~ 3.87
		黑榴石（含钛钙铁榴石）			
		黄榴石			
		彩虹榴石			
	钙铬榴石（Uvarovite）		1.820 ~ 1.880	未知	3.75

一、铝质石榴石系列

（一）镁铝榴石

镁铝榴石（Pyrope）的化学式为$Mg_3Al_2(SiO_4)_3$，其中Mg^{2+}会被少量的Fe^{2+}、Mn^{2+}所替换，形成类质同象替代，当Mg^{2+}离子数大于Fe^{2+}和Mn^{2+}二者离子数之和时，定名为镁铝榴石。

镁铝榴石常见的颜色有紫红色、深红色、褐红色和橙红色等（图3-12），其颜

图3-12　镁铝榴石戒面
（图片来源：www.gemselect.com）

色的变化与微量元素铁、锰、铬有关。镁铝榴石具玻璃光泽至亚金刚光泽，折射率为1.714 ~ 1.742，常见1.740，色散值0.024，一般无荧光。镁铝榴石的密度为3.65 ~ 3.87克 / 厘米^3，摩氏硬度为7 ~ 7.5。

镁铝榴石的吸收光谱特征是564纳米宽吸收带，505纳米吸收线。含铁的镁铝榴石可有445纳米、440纳米吸收线。优质镁铝榴石可有铬吸收，685纳米、687纳米吸收线及670纳米、650纳米吸收带（图3-13），例如捷克波希米亚和美国亚利桑那州等地产出的深红色镁铝榴石。

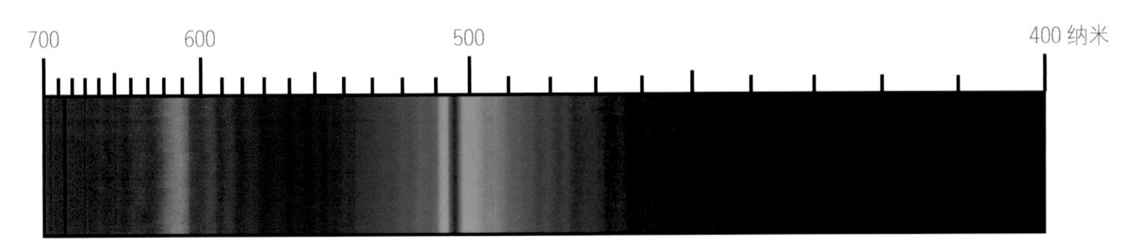

图3-13 镁铝榴石的吸收光谱

镁铝榴石内部包体少，相对洁净，常含有两组呈90度相交的金红石针状包体。镁铝榴石主要产出于岩浆岩型矿床中。据古柏林（Gübelin）实验室研究，波希米亚产出的镁铝榴石中常见石英晶体包体，另一部分则可能是普通辉石晶质包体。亚利桑那州产出的镁铝榴石中可观察到一些八面体形状的矿物包体。镁铝榴石的产地主要有捷克、俄罗斯、南非、斯里兰卡、美国和中国的江苏、云南等。

（二）铁铝榴石

铁铝榴石（Almandine）也被称为“贵榴石”，化学式为$Fe_3Al_2(SiO_4)_3$，其中Fe^{2+}常被Mn^{2+}、Mg^{2+}替换，形成类质同象替代。铁铝榴石颜色变化范围广但整体色调较暗，可呈紫红色、橙红色、褐红色、粉红色和深红色等（图3-14），市场上常见到的酒红色石榴石、“紫牙乌”（图3-15）等品种大多数为铁铝榴石。

铁铝榴石呈玻璃光泽至亚金刚光泽，折射率为1.760 ~ 1.820，常见1.790，折射率随铁含量升高而升高，色散值0.024。铁铝榴石密度为3.93 ~ 4.30克 / 厘米^3，密度同样随铁含量升高而升高，摩氏硬度7 ~ 7.5。

铁铝榴石的吸收光谱特征是由Fe^{2+}引起的“铁窗”吸收，表现为蓝绿区、绿区、黄区三条明显的吸收带，还可以在423纳米、460纳米、610纳米、680 ~ 690纳米见一些弱的吸收带（图3-16）。

铁铝榴石主要产于区域变质岩型的矿床中。铁铝榴石包体丰富，常见金红石针状包

图 3-14　铁铝榴石戒指
（图片来源：陈晴提供）

图 3-15　紫牙乌（铁铝榴石）佛珠手串
（图片来源：陈晴提供）

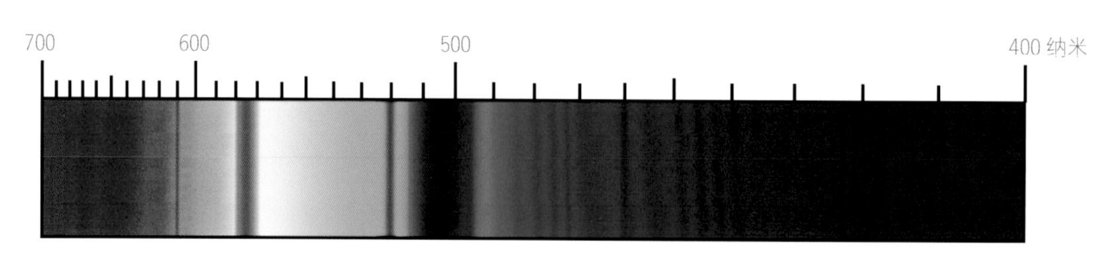

图 3-16　铁铝榴石的吸收光谱

体及晶形完好的晶质矿物包体。在斯里兰卡产的铁铝榴石中，通常可以观察到“锆石晕圈”，这是由锆石内所含微量的放射性元素辐射造成的。铁铝榴石资源虽然较为丰富，但是能达到宝石级别的却非常有限。铁铝榴石最著名的产地当数印度，印度除了出产高品质的铁铝榴石，还出产星光铁铝榴石。此外，铁铝榴石的主要产地还有斯里兰卡、马达加斯加、赞比亚、坦桑尼亚、美国、巴西等地。

（三）玫瑰石榴石

玫瑰石榴石是镁铝榴石与铁铝榴石的过渡品种，矿物名称为铁镁铝榴石（Rhodolite），颜色常呈鲜艳的紫红色（图 3-17、图 3-18），化学式为 $(Fe,Mg)_3Al_2(SiO_4)_3$，折射率 1.750 ~ 1.780，密度为 3.80 ~ 3.95 克 / 厘米 ^{3}。

（四）锰铝榴石

锰铝榴石（Spessartite 或 Spessartine）的化学式为 $Mn_3Al_2(SiO_4)_3$，Mn^{2+} 常被 Fe^{2+}、Mg^{2+} 部分取代，Al^{3+} 常被 Fe^{3+} 取代。锰铝榴石颜色丰富，可呈橙黄色、黄色、

图 3-17　玫瑰石榴石配粉色尖晶石和钻石戒指
（图片来源：Omi Privé，omiprive.com）

图 3-18　玫瑰石榴石配钻石戒指
（图片来源：陈晴提供）

褐红色、褐色、黄褐色等。其中具有鲜艳明亮橙色，颜色十分接近芬达汽水的锰铝榴石，商业上称为“芬达石”（图 3-19、图 3-20）。锰铝榴石具有玻璃至亚金刚光泽，折射率为 1.790 ~ 1.810，色散值为 0.027。锰铝榴石的密度为 4.12 ~ 4.20 克 / 厘米 ^{3}，摩氏硬度 7 ~ 7.5。

图 3-19　芬达石（锰铝榴石）戒面
（图片来源：国际有色宝石协会）

图 3-20　芬达石（锰铝榴石）配钻石戒指
（图片来源：陈晴提供）

锰铝榴石的吸收光谱主要由 Mn^{2+} 所致，可观察到 430 纳米、420 纳米和 410 纳米三条强吸收带，520 纳米、480 纳米及 460 纳米三条弱的吸收带，有时可见 504 纳米、573 纳米吸收线（图 3-21）。这些特征吸收均分布于可见光谱的蓝区，背景较暗，观察起来有一定困难。

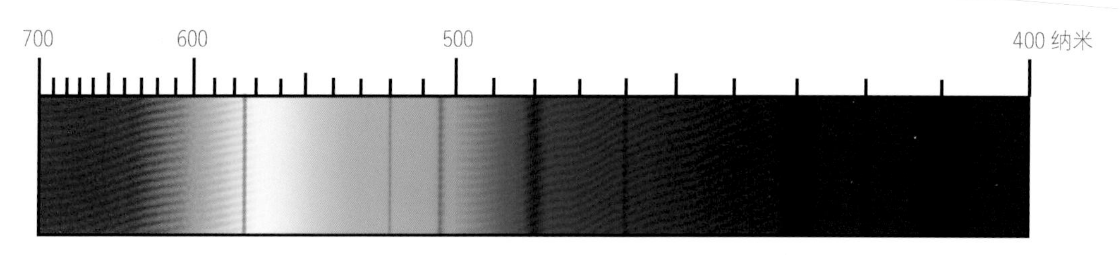

图 3-21 锰铝榴石的吸收光谱

锰铝榴石主要产于花岗伟晶岩中。锰铝榴石最常见的包体为由液滴组成的、具有“扯碎状”外观的波浪形羽状物，还可见不规则状和浑圆状晶体包体。锰铝榴石最早发现于德国巴伐利亚州。世界上最著名的产地是亚美尼亚的拉瑟福德（Rutherford）矿区以及美国弗吉尼亚州。在巴西、斯里兰卡、缅甸、马达加斯加、澳大利亚和中国的福建、广东等地也有锰铝榴石产出。

（五）马拉亚石榴石

马拉亚石榴石（Malaya 或 Malaia）是目前珠宝市场上较受欢迎的一种石榴石，它是锰铝榴石和镁铝榴石的过渡品种。马拉亚石榴石颜色通常为橙黄—橙红色，也有粉红色、紫红色（图 3-22），其折射率为 1.740 ~ 1.800，密度为 3.65 ~ 4.20 克 / 厘米 ^{3}，折射率和密度随着铁和锰的含量升高而升高。20 世纪 60 年代，在坦桑尼亚和肯尼亚接壤的安巴（Umba）河谷中发现了马拉亚石榴石，现今其主要产地有坦桑尼亚和马达加斯加。

图 3-22 不同颜色的马拉亚石榴石戒面
（图片来源：www.gemselect.com）

二、钙质石榴石系列

（一）钙铝榴石

钙铝榴石（Grossular 或 Grossularite）的化学式为 $Ca_3Al_2[SiO_4]_3$，Al^{3+} 与

Fe^{3+} 形成完全类质同象替代，当 Al^{3+} 离子数大于 Fe^{3+} 离子数时，称为钙铝榴石。钙铝榴石具有玻璃光泽，折射率为 1.730 ~ 1.760，色散 0.028，密度为 3.57 ~ 3.73 克/厘米^3，摩氏硬度为 7 ~ 7.5。一般不见特征吸收光谱。根据钙铝榴石中微量元素的不同又可分为铁钙铝榴石、铬钒钙铝榴石、水钙铝榴石三个品种。钙铝榴石颜色丰富，主要有绿色、黄绿色、黄色、褐红色及乳白色等（图 3-23）。

图 3-23　不同颜色的钙铝榴石戒面
（图片来源：www.gemselect.com）

钙铝榴石主要产于接触变质岩或冲积砂矿中。“热浪效应”和短柱状或浑圆状晶体包体是钙铝榴石最大的内部特征，其中热浪效应具体是指浑圆状晶体包体与内部结构一起组成的似糖浆的搅动状外观。钙铝榴石内部还可观察到多种晶形良好的矿物包体，常见的有锆石、方解石、磷灰石等。钙铝榴石的主要产地有坦桑尼亚、肯尼亚、马里、南非、斯里兰卡、巴西、加拿大、新西兰和美国等地。

1. 铁钙铝榴石

铁钙铝榴石（Hessonite）又称“桂榴石”，化学式为（Ca，Fe）$_3Al_2$［SiO_4］$_3$，常见颜色为褐黄色、酒黄色（图 3-24），由 Fe^{3+} 致色。

铁钙铝榴石可显示弱铁铝榴石特征吸收光谱，在 407 纳米、430 纳米处可见两条弱吸收带（图 3-25）。其他宝石学特征与钙铝榴石一致。

铁钙铝榴石产于变质石灰岩中。铁钙铝榴石中会出现锆石、磷灰石等包体以及热浪效应。宝石级铁钙铝榴石主要来源于斯里兰卡、巴西、加拿大、巴基斯坦、坦桑尼亚和马里等地。

2. 铬钒钙铝榴石

铬钒钙铝榴石（Tsavorite）又称为“沙弗莱石”或“察沃石”，是一种含铬、钒或

图 3-24　桂榴石（铁钙铝榴石）戒面
（图片来源：www.gemselect.com）

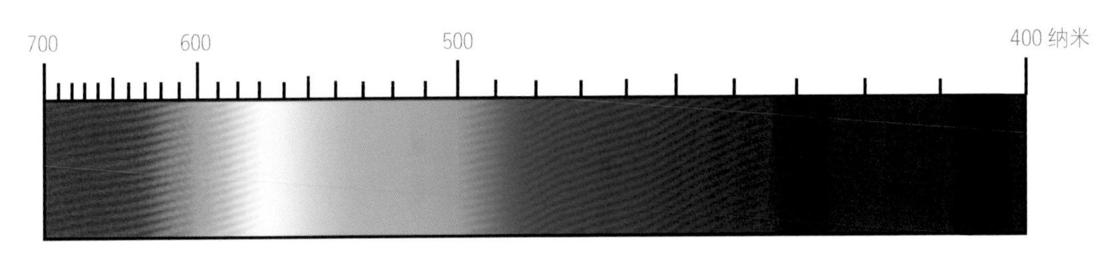

图 3-25　铁钙铝榴石的吸收光谱

同时含有二者的钙铝榴石，颜色为翠绿色、蓝绿色和黄绿色等（图 3-26、图 3-27）。其折射率为 1.730 ~ 1.750，密度为 3.40 ~ 3.80 克 / 厘米^3。铬钒钙铝榴石在滤色镜下呈红色。

图 3-26　沙弗莱石（铬钒钙铝榴石）戒面
（图片来源：国际有色宝石协会）

图 3-27　沙弗莱石（铬钒钙铝榴石）配钻石戒指

铬钒钙铝榴石内部常被褐铁矿浸染，可见针状至纤维状的晶体和羽状物以及石墨包体。铬钒钙铝榴石主要出产于肯尼亚、坦桑尼亚、赞比亚、马达加斯加和巴基斯坦等地的变质岩中。1968 年，卡姆凯尔·布瑞吉（Camkell Bridge）于肯尼亚察沃（Tsavo）国家公园附近发现有商业价值的矿床，铬钒钙铝榴石也因此得名“察沃石”。此外，产自巴基斯坦的铬钒钙铝榴石又被称为“巴基斯坦祖母绿”。

3. 水钙铝榴石

水钙铝榴石（Hydrogrossular）是一种含水的石榴石品种，多以具有粒状结构的矿物集合体形式出现，晶体化学式是 $Ca_3Al_2[SiO_4]_{3-x}(OH)_{4x}$。水钙铝榴石颜色为绿色、粉色、灰白色至棕色，透明度可在透明至不透明间变化，其折射率为 1.720（+0.010，−0.050），密度为 3.15 ~ 3.55 克 / 厘米 ^{3}。

水钙铝榴石常含有细颗粒状不规则的黑色磁铁矿包体。绿色及红色水钙铝榴石的主要产地有南非的德兰士瓦省、新西兰、美国犹他州，主要产于接触变质岩中。

优质的水钙铝榴石呈艳绿色，市场上常用作翡翠的仿制品。虽然二者外观相似，但在宝石学性质上存在很大差异。水钙铝榴石的折射率和密度均大于翡翠；水钙铝榴石为粒状结构，常含有黑色矿物包体，而翡翠为典型的纤维交织结构，常可见“翠性”；绿色水钙铝榴石由铬元素致色，滤色镜下呈粉红色，天然翡翠无此现象。

（二）钙铁榴石

钙铁榴石（Andradite）的化学式为 $Ca_3Fe_2[SiO_4]_3$，其中 Ca^{2+} 常被 Mg^{2+}、Mn^{2+} 置换，Fe^{3+} 常被 Al^{3+}、Cr^{3+} 取代。宝石级钙铁榴石常见颜色有绿色、黄色、褐色和黑色。钙铁榴石的折射率为 1.855 ~ 1.895，密度为 3.81 ~ 3.87 克 / 厘米 ^{3}，摩氏硬度为 6.5 ~ 7。根据钙铁榴石中微量元素的不同，可以将其分为翠榴石（含铬钙铁榴石）、黑榴石（含钛钙铁榴石）、黄榴石和彩虹榴石。钙铁榴石主要产于接触变质岩中。

1. 翠榴石

翠榴石（Demantoid）是含铬的钙铁榴石变种，颜色为绿色或黄绿色（图 3−28、图 3−29）。翠榴石一般颗粒较小，2 克拉以上者较为罕见。翠榴石的折射率为 1.888 ~ 1.889，色散值为 0.057，比钻石的色散值（0.044）还要高，火彩强，但往往被较深的体色所掩盖。在查尔斯滤色镜下，翠榴石呈红色。

翠榴石的致色元素为铬，深绿色样品中可见 Cr^{3+} 吸收光谱：在红区 634 纳米、618 纳米处有两条清晰的吸收线，690 纳米、685 纳米处还有弱吸收线，440 纳米处可见吸收带或 440 纳米以下全吸收（图 3−30）。部分翠榴石可具有变色效应，表现为日光下呈绿黄色，白炽灯下呈橙红色。产自俄罗斯乌拉尔山脉的翠榴石具有特征的“马尾状”

包体——放射纤维状的石棉集合体包体（图 3-31）；产自纳米比亚的绿龙（The Green Dragon）矿区者，内部可见环状应力裂隙。

图 3-28　翠榴石戒面
（图片来源：Omi Privé，omiprive.com）

图 3-29　翠榴石配钻石戒指

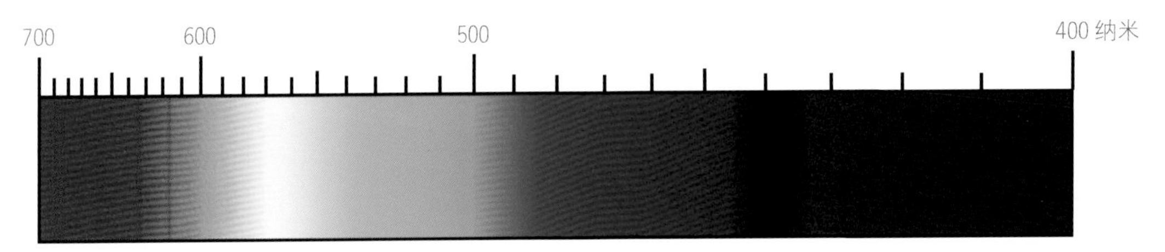

图 3-30　翠榴石的吸收光谱

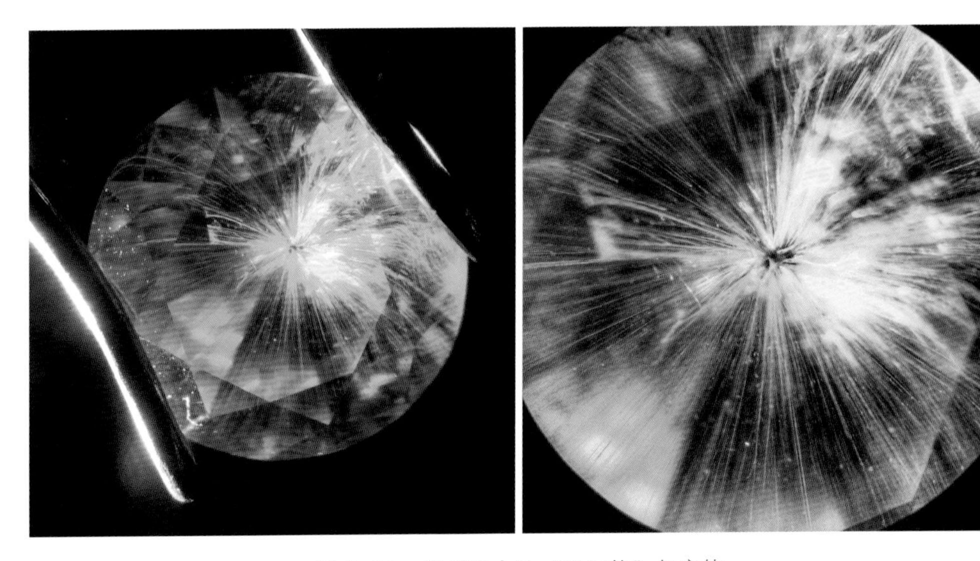

图 3-31　翠榴石中的“马尾状”包裹体
（图片来源：江敏瑜提供）

翠榴石最著名的产地当数俄罗斯乌拉尔山脉，而由于出产优质翠榴石的矿床早已枯竭，产自该地的翠榴石具有很高的收藏价值。如今，能够出产宝石级翠榴石的产地主要有马达加斯加、纳米比亚、厄立特里亚、巴基斯坦和伊朗等。此外，扎伊尔、韩国、美国加利福尼亚州和中国西藏、新疆等地也有少量绿色翠榴石产出，但可达到宝石级的较少。在中国黄河中游地区还发现了具有变色效应的翠榴石，该品种在日光灯下呈绿色或黄色，钨丝灯下为橙红色或深亮红色。翠榴石产于超基性交代成因的蛇纹岩中，砂矿是宝石级翠榴石的主要来源。

2. 黑榴石

黑榴石（Melanite）为黑色不透明钙铁榴石（图 3-32），具有这种外观的原因是其化学成分中含有较多的钛（Ti）。在维多利亚时代，黑榴石多作为人们出席葬礼时佩戴的首饰。

图 3-32　黑榴石原石
（图片来源：Rob Lavinsky，iRocks.com，Wikimedia Commons，CC BY-SA 3.0 许可协议）

3. 黄榴石

黄榴石（Topazolite）为黄色钙铁榴石（图 3-33），由 Fe^{3+} 致色。

4. 彩虹榴石

彩虹榴石（Rainbow Garnet）化学成分为钙铁榴石，其彩虹般的外观是由于内部的生长薄片对光起到干涉、衍射作用，产生晕彩效应所导致的（图 3-34）。彩虹榴石发

图 3-33　黄榴石原石
（图片来源：Rob Lavinsky，iRocks.com，Wikimedia Commons，CC BY-SA 3.0 许可协议）

图 3-34　彩虹榴石原石
（图片来源：Butt Shark，Wikimedia Commons，CC BY-SA 4.0 许可协议）

现于墨西哥和日本。

（三）马里石榴石

马里石榴石（Mali Garnet）是钙铝榴石和钙铁榴石的过渡品种，因产自西非国家马里而得名。1994 年春，在德国伊达尔－奥伯施泰因市场上首次出现了宝石级的马里石榴石。其颜色通常呈淡绿—深绿色、黄色、油绿—棕色（图 3-35），并且常带有不同的色斑，折射率可高达 1.81。时至今日，马里仍然是这种石榴石的全球唯一来源，因储量稀少，在市面上并不多见。

图 3-35　不同颜色的马里石榴石（钙铝榴石—钙铁榴石）戒面
（图片来源：www.gemselect.com）

（四）钙铬榴石

钙铬榴石（Uvarovite）的化学式为 $Ca_3Cr_2[SiO_4]_3$，其中的 Cr^{3+} 通常被少量的 Fe^{3+} 置换。钙铬榴石常呈鲜艳绿色、蓝绿色，密度在 3.75 克 / 厘米 ^{3} 左右，折射率为 1.820 ~ 1.880。钙铬榴石颗粒较小，通常难以达到宝石级，大多作为矿物标本，用于观赏和收藏（图 3-36、图 3-37）。钙铬榴石主要产地位于俄罗斯乌拉尔地区，翠榴石常

图 3-36　钙铬榴石原石
（图片来源：国家岩矿化石标本资源共享平台，www.nimrf.net.cn）

图 3-37　钙铬榴石原石
（图片来源：Parent Géry，Wikimedia Commons，CC BY-SA 3.0 许可协议）

与其共生。此外，法国和挪威等地也有钙铬榴石产出。

三、特殊品种

（一）变色石榴石

镁铝榴石、锰铝榴石和钙铁榴石中均可出现变色品种，在日光下可呈现蓝—绿色，白炽灯下可呈现紫—红色（图 3-38）。

a 日光灯下呈绿蓝色

b 白炽灯下呈紫红色

图 3-38　变色石榴石
（图片来源：www.palagems.com）

（二）星光石榴石

石榴石中可出现四射（图 3-39）或六射（图 3-40）星光效应，通常为四射星光。

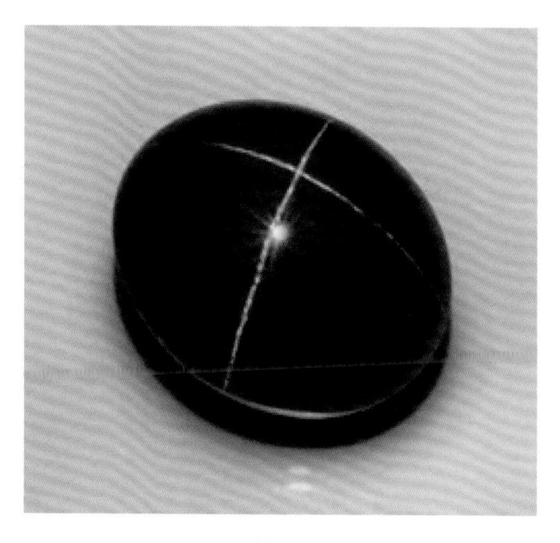

图 3-39　四射星光石榴石戒面
（图片来源：www.gemselect.com）

图 3-40　六射星光石榴石戒面
（图片来源：www.gemselect.com）

这是由于其内部含有多组定向排列的针状包体（通常为金红石）（图 3-41），并经适当切磨后所产生的特殊光学效应。当底面垂直于四次对称轴切磨时，可呈现四射星光，当垂直于三次对称轴切磨时，可呈现六射星光。

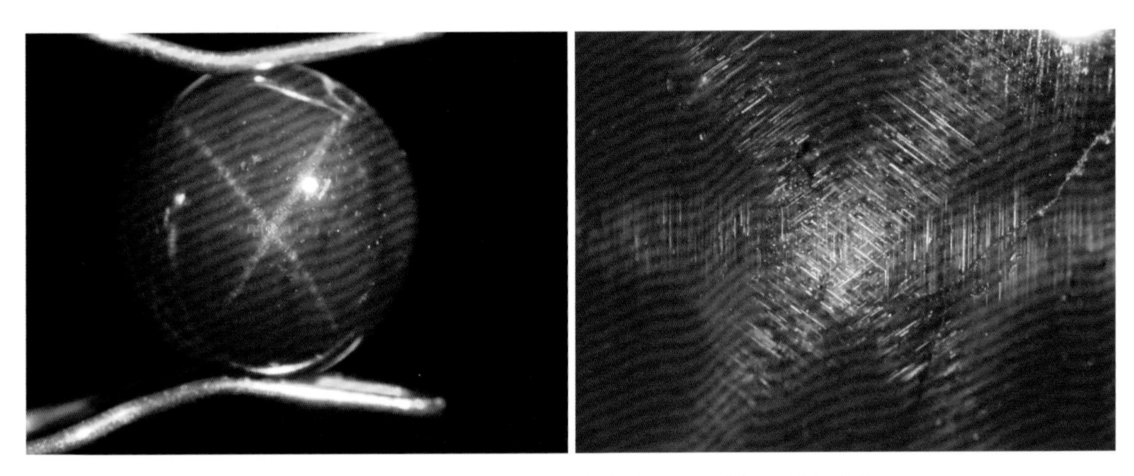

图 3-41　六射星光石榴石中三组定向排列的金红石针包裹体

第四节 石榴石的优化处理、相似品与仿制品

一、石榴石的优化处理及其鉴别

目前应用于石榴石的优化处理方法主要有热处理、扩散处理和充填处理，前两者主要用于改善石榴石的颜色和光泽；后者主要是用于修补石榴石的裂隙和破损。

对镁铝榴石、铁铝—锰铝榴石进行热处理后，表面的光泽会得到较好改善；暗红色石榴石经热处理后颜色变浅；浅黄色的钙铝榴石经热处理后变成橘黄色；翠榴石的颜色和透明度得到改善，马尾状包体出现轻微熔蚀。

对浅黄色的钙铝榴石进行扩散处理后，其颜色发生改变：铁和铬扩散产生橘黄色，钴扩散出现绿色。扩散处理后的颜色仅存在于石榴石表面，如果重新切磨或抛光，扩散的颜色将会被破坏。

充填处理常用于修补石榴石表面的一些裂隙或凹坑。放大检查可见充填物露出部分的光泽与主体宝石有所差异，充填处可见有闪光现象。红外光谱测试可见充填物特征红外吸收谱带。

二、石榴石的相似品与仿制品及其鉴别

（一）石榴石的相似品及其鉴别

石榴石颜色丰富，因此相似品的种类繁多，主要有红宝石、蓝宝石、尖晶石、碧玺、锆石、绿柱石、橄榄石、金绿宝石等。可以从光性、折射率、相对密度、吸收光谱、显微特征等方面进行鉴别（见本书附表）。

1. 红色石榴石与相似品的鉴别

红色系列石榴石主要有镁铝榴石和铁铝榴石，与其相似的宝石主要有红宝石、红色尖晶石、红色碧玺、红色锆石等。上述四种宝石中除红色尖晶石外均为非均质体宝石，因此可以依靠光性将石榴石与他们区分开来。红色石榴石的折射率、密度、内部包体特征均与红色尖晶石差别较大。

2. 绿色石榴石与相似品的鉴别

市场上流行的绿色系列石榴石主要有沙弗莱石、翠榴石及钙铬榴石，与它们相似的宝石品种主要有祖母绿、绿色碧玺、铬透辉石、橄榄石、绿色榍石、绿色锆石等。尽管它们在颜色上十分相似，但彼此的折射率、双折射率及其他光学特征完全不同。

3. 黄色石榴石与相似品的鉴别

黄色系列石榴石主要有芬达石和桂榴石，其相似宝石主要有金绿宝石、黄色蓝宝石、黄色托帕石、黄色榍石等。石榴石是均质体，其他宝石是非均质体，并且在折射率、相对密度、包体特征等方面均存在较大差异，因此容易区分。

（二）石榴石顶二层石

石榴石顶二层石是一种常见的拼合石，顶部为石榴石薄层，底部为玻璃，其整体颜色取决于下部玻璃的颜色，可用于模仿各种天然宝石。

石榴石顶二层石的鉴定依据是上下两层材料性质的不同。放大检查可观察到顶部石榴石中常含有天然固态包体，底部的玻璃中和结合面处常见有气泡；反射光观察冠部或

腰部可见黏合线，线的两侧会显示出石榴石和玻璃不同颜色、光泽和硬度的差异。以红色石榴石为顶的二层石可具有“红圈效应”：将其台面朝下置于白色背景上并用点光源照射时，可见石榴石的红色呈一红圈环绕在其腰棱处。

第五节

石榴石的质量评价

石榴石颜色丰富，近年来在彩宝市场上受到越来越多的关注，其中翠榴石和沙弗莱石等品种较为名贵。石榴石的质量评价主要从颜色、净度、切工和重量这四个方面进行。

一、颜色

颜色是评价石榴石品质最重要的因素，优质的石榴石要求颜色色调纯正、明亮艳丽、饱和度高。绿色系列是石榴石家族中最名贵的品种，其中翠绿色者价值最高，蓝绿色、黄绿色等次之。翠榴石因其翠绿的颜色、亮丽的光泽火彩、稀少的产量而价值最高（图3-42），属于高档宝石品种。沙弗莱石也因具有鲜艳的绿色而价值较高（图3-43）。黄

图3-42　翠榴石戒指
（图片来源：Omi Privé，omiprive.com）

图3-43　沙弗莱石戒指
（图片来源：Omi Privé，omiprive.com）

色系列中的芬达石和马拉亚石榴石价值较高（图3-44），是近几年来受到人们欢迎的黄色石榴石品种，在国际珠宝市场上的价格也上涨较快。黄色的桂榴石因其颜色常带有褐色调，且净度和透明度不高，因此价格相对较低。红色系列的石榴石中，具有鲜艳紫红色的玫瑰石榴石价值最高（图3-45），暗紫红色、艳红色等石榴石次之。此外，一些暗红色、褐红色的石榴石，因其颜色的明亮度和纯正度不高，价格也相对较低。

图3-44　芬达石耳钉
（图片来源：Omi Privé，omiprive.com）

图3-45　玫瑰石榴石胸坠
（图片来源：Omi Privé，omiprive.com）

二、净度

对于所有品种的石榴石来说，净度越高，其价值就相对越高。颜色或稀有程度不同的石榴石在净度要求上有所差异，因此，净度对其价值的影响程度也不同。宝石级石榴石中，暗红色、褐红色等部分红色系列的石榴石内部洁净者常见，所以净度要求相对较严，其刻面或弧面宝石通常内部纯净才具一定价值。橙色系列的锰铝榴石通常发育内部包体，净度要求相对较低。由于绿色系列的翠榴石、沙弗莱石等的稀有性，并且像翠榴石中的马尾状包体还具有产地意义，净度要求也相对较低。星光石榴石和变色石榴石具有特殊的光学效应，属于较为稀有的品种，对净度的要求也不能太高。

三、切工

石榴石需要根据原料的颜色、净度和透明度等因素来确定琢型。优质的石榴石具有颜色鲜艳明亮、净度和透明度较好的特点，通常被切磨成刻面型，以展现其艳丽明亮的色彩和灵动的光泽，如翠榴石（图 3-46）、沙弗莱石（图 3-47）、芬达石（图 3-48）和玫瑰石榴石（图 3-49）等。深红色、暗红色、黄色、褐黄色的石榴石通常会被加工成圆珠型的手串和项链，高净度的会被加工成刻面型或弧面型戒面，如酒红色石榴石、桂榴石等。

图 3-46　翠榴石戒面
（图片来源：Omi Privé，omiprive.com）

图 3-47　沙弗莱石戒面
（图片来源：Omi Privé，omiprive.com）

图 3-48　芬达石戒面
（图片来源：Omi Privé，omiprive.com）

图 3-49　玫瑰石榴石戒面
（图片来源：Omi Privé，omiprive.com）

四、重量

石榴石重量越大价值越高，尤其是对于翠榴石和沙弗莱石等珍贵品种影响较大，重量在 0.5 克拉以上的翠榴石和沙弗莱石戒面价格连年迅速攀升，大颗粒的翠榴石（图 3-50）和沙弗莱石十分稀少，现珍藏于中国地质博物馆的一颗重达 144.45 克拉的沙弗莱石戒面实属全球罕见（图 3-51）。而对于一些常见的品种，如酒红色石榴石、玫红色石榴石等，重量对其价格的影响则较小。

图 3-50　重达 3.01 克拉的翠榴石戒面
（图片来源：吕林素提供）

图 3-51　重达 144.45 克拉的沙弗莱石戒面
（图片来源：摄于中国地质博物馆）

第四章

Chapter 4

尖晶石

尖晶石是一种历史悠久的宝石，有着与红宝石一样华贵的颜色，自古以来就是权力与美丽的象征。尖晶石曾一度被误认为是红宝石，随着时代的进步，尖晶石得以与红宝石区分开来，它的美名也逐渐为人所知，成为彩宝市场上一颗冉冉升起的新星。

第一节
尖晶石的历史与文化

一、尖晶石的名称由来

尖晶石的英文名称为 Spinel，其名称来源可能为意大利语 spinello，意为“尖端”，或拉丁文 spina，意为“荆棘”，意指尖晶石八面体晶体具有尖锐的棱角。

据《明史·外国传》以及陶宗仪（1329—1412 年，元末明初史学家、文学家）所著《南村辍耕录》记载，我国古代将尖晶石称为“昔剌泥”，这是根据尖晶石的产地锡兰山，即现今斯里兰卡，直接转译而来。章鸿钊先生在《石雅》中记载，我国古代借用外域方言将红色宝石统称为“�”，尖晶石产自巴达克山，即现今塔吉克斯坦及阿富汗境内，因而得名“巴瑚”“巴拉斯瑚”。

二、尖晶石的历史与文化

早在 7 世纪，人们就开始开采并广泛使用尖晶石。当时，人们一度将尖晶石当作红宝石使用。古代贵族使用的“红宝石”饰品中，有很大一部分是红色尖晶石。清代皇族封爵和一品大臣顶戴的“红宝石”大部分为尖晶石，英国著名的“黑王子红宝石”（Black Prince's Ruby）实际上也是尖晶石。阿金库尔战役中，英国国王亨利五世（Henry Ⅴ，1387—1422 年）率军战胜强大的法国军队，在战斗中，镶有“黑王子红宝石”的头盔帮助亨利五世挡下致命一击，从此这颗珍贵的宝石在英国王室中世代相传。

除此之外，沙皇王冠上的“叶卡捷琳娜红宝石”（图 4-1）和刻有莫卧儿王朝历代国王名字的“帖木儿红宝石”，实际上都是尖晶石。著名银行家亨利·菲利普·霍普（Henry Philip Hope）收藏了大量珍贵宝石，在他的顶级藏品中就有一颗尖晶石，重

50.133 克拉，人们称为“希望尖晶石”。

图 4-1　叶卡捷琳娜红宝石
（图片来源：纳坦，2020）

第二节

尖晶石的宝石学特征

一、尖晶石的基本性质

（一）矿物名称

尖晶石的矿物名称为尖晶石（Spinel），属尖晶石族矿物。

（二）化学成分

尖晶石为镁铝氧化物，晶体化学式为 $MgAl_2O_4$，可含铬（Cr）、铁（Fe）、锌

（Zn）、锰（Mn）、钛（Ti）等微量元素。尖晶石中类质同象替代的现象十分普遍，其中 Mg^{2+} 与 Fe^{2+}、Zn^{2+} 间，Al^{3+} 与 Cr^{3+} 间均可发生完全类质同象替代。尖晶石中二价阳离子与三价阳离子的类质同象替代是同时并存的。

（三）晶族晶系

尖晶石属高级晶族，等轴晶系。

（四）晶体形态

尖晶石常具八面体晶形（图 4-2），有时可出现菱形十二面体和立方体的聚形。尖晶石通常依（111）形成接触双晶，这种连生规律称为尖晶石双晶律（图 4-3）。尖晶石通常只具有八面体晶面，此时依尖晶石双晶律形成的双晶外轮廓为六边形。少数情况下，尖晶石晶体会同时具有八面体晶面和菱形十二面体晶面，这时依照尖晶石双晶律会形成一种外轮廓为十二边形的特殊双晶，这种现象被称为“大卫之星”双晶（图 4-4）。另外，尖晶石八面体晶面上还可见特征的三角形蚀象。

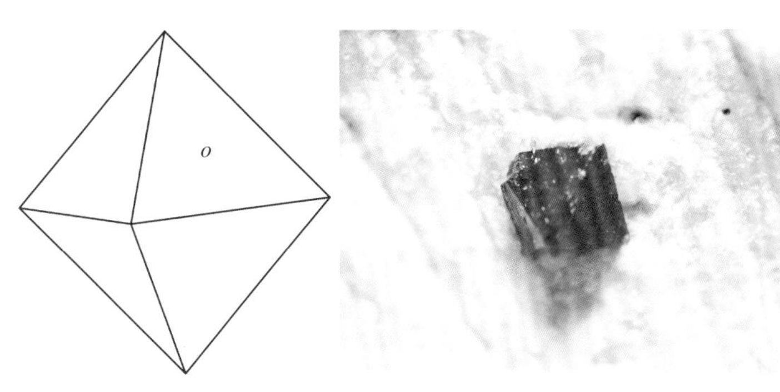

图 4-2 尖晶石八面体晶体

图 4-3 尖晶石接触双晶

（图片来源：Rob Lavinsky，iRocks.com，Wikimedia Commons，CC BY-SA 3.0 许可协议）

图 4-4 “大卫之星”尖晶石双晶
（图片来源：Vincent Pardieu，2016）

（五）晶体结构

尖晶石的晶体结构属于尖晶石型。单位晶胞中 O^{2-} 垂直三次轴方向作立方最紧密堆积，形成四面体空隙和八面体空隙，Mg^{2+} 占据四面体空隙形成［MgO_4］四面体；Al^{3+} 占据八面体空隙形成［AlO_6］八面体。［MgO_4］四面体与［AlO_6］八面体共同组成的层与只由［AlO_6］八面体组成的层沿三次轴方向交替排列，其中上下两层的［MgO_4］四面体和［AlO_6］八面体以共角顶的方式相连接（图 4-5）。

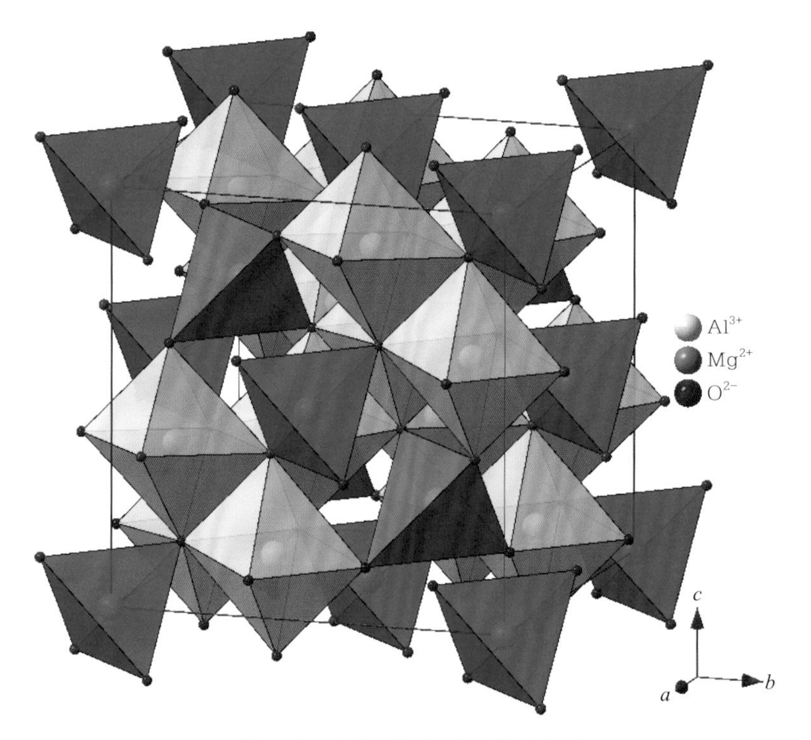

图 4-5 尖晶石的晶体结构示意图
（图片来源：秦善提供）

二、尖晶石的物理性质

（一）光学性质

1. 颜色

纯净的尖晶石为无色，当含有致色元素时可呈现红色（图 4-6）、橙红色、粉红色、紫红色（图 4-7）、蓝色（图 4-8）、紫色（图 4-9）、绿色、黄色、橙黄色、褐色等多种颜色。

红色尖晶石的致色元素为铬，铬含量越高红色调越浓，当铬含量较少时，尖晶石带有粉色调；蓝色尖晶石的致色元素主要为铁和锌，当其化学成分中微量的钴与铁的含量适当时，尖晶石呈现漂亮的天空蓝色；橙色尖晶石的致色元素为钒和铬，其中钒的含量远大于铬；紫色尖晶石的致色元素为铁和铬，其中铁的含量远大于铬；某些尖晶石带有绿色调主要是由 Fe^{2+} 与 Fe^{3+} 间的电荷转移所导致的。

2. 光泽

尖晶石具玻璃光泽至亚金刚光泽。

图 4-6　红色尖晶石配钻石戒指
（图片来源：Omi Privé，omiprive.com）

图 4-7　紫红色尖晶石配变石和钻石胸坠
（图片来源：Omi Privé，omiprive.com）

图 4-8　蓝色尖晶石配钻石戒指
（图片来源：Omi Privé，omiprive.com）

图 4-9　紫色尖晶石配粉色蓝宝石和钻石胸坠
（图片来源：Omi Privé，omiprive.com）

3. 透明度

尖晶石为透明至不透明。

4. 折射率与双折射率

尖晶石折射率为 1.718（＋0.017，－0.008），无双折射率。

5. 光性

尖晶石为光性均质体。

6. 吸收光谱

红色和粉色尖晶石的吸收光谱中可见红区 685 纳米、684 纳米强吸收线及 656 纳米弱吸收带，黄绿区有 490 ~ 595 纳米强吸收带（图 4-10）。

蓝色和紫色尖晶石的吸收光谱中可见 460 纳米强吸收带，430 ~ 435 纳米、480 纳

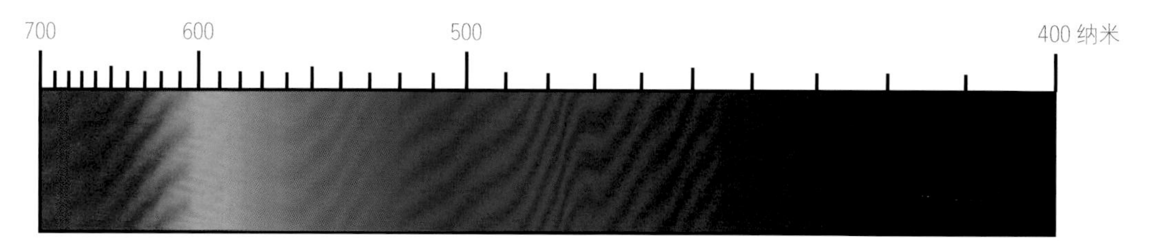

图 4-10　红色尖晶石的吸收光谱

米、550 纳米、565 ~ 575 纳米、590 纳米、625 纳米弱吸收线或带，其中 460 纳米吸收带是合成蓝色钴尖晶石所不具备的（图 4-11）。

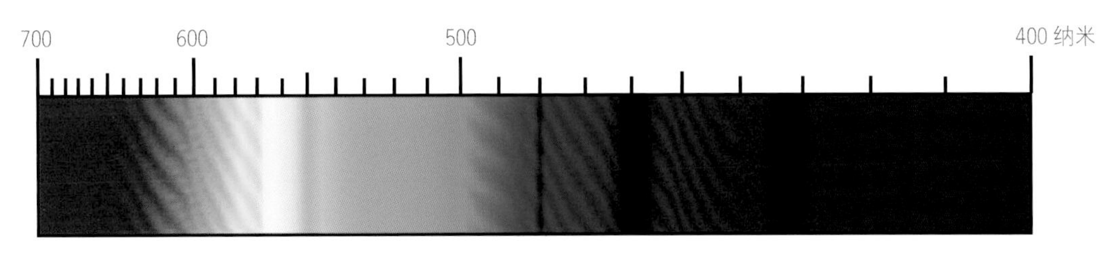

图 4-11 蓝色尖晶石的吸收光谱

7. 紫外荧光

红、橙、粉色的尖晶石在长波紫外灯下可见弱至强的红—橙红色荧光，短波可见无至弱的红—橙红色荧光。绿色尖晶石在长波紫外灯下可见无至中的橙—橙红色荧光。其他颜色的尖晶石通常没有荧光。

8. 特殊光学效应

（1）星光效应

某些尖晶石中含有三组沿八面体三条晶棱方向平行排列的针状包体。针状包体分为两类：一类截面呈三角状，为铁的化合物；另一类截面呈椭圆形，为钙的氧化物。将具上述定向排列的针状包体的尖晶石切磨成弧面，且底面与三次轴垂直时，可观察到一组六射星光（图 4-12），改变宝石的切磨方向使底面与二次或四次轴垂直，可显示四射星光。

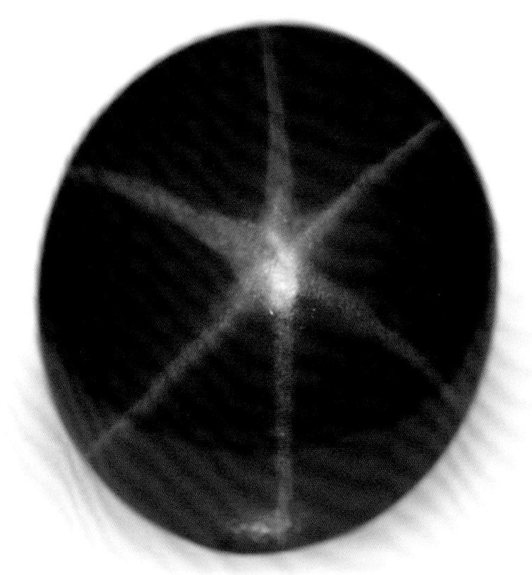

图 4-12 重达 14.86 克拉的星光尖晶石

（2）变色效应

在不同光照条件下，变色尖晶石可以显示不同颜色的变化，在日光下呈蓝色，在白炽灯下呈暗紫色，这是由其成分中含有一定量的铬与钒元素所导致的。

（二）力学性质

1. 摩氏硬度

尖晶石的摩氏硬度为 8。

2. 密度

尖晶石的密度为 3.60（+0.10，-0.03）克 / 厘米 ^{3}，其中黑色尖晶石含铁量高，密度也较高，可达 4.00 克 / 厘米 ^{3}。

3. 解理及断口

尖晶石具 {111} 不完全解理，常见贝壳状断口。

三、包裹体特征

尖晶石中最为常见的包体是八面体负晶（图 4–13），八面体负晶在尖晶石中通常呈雁行状排列或呈指纹状分布（图 4–14），在其周围有时伴有裂隙，局部被方解石、白云石充填。尖晶石中还可含有磷灰石（图 4–15、图 4–16）、方解石、锆石、榍石、石墨等矿物包体，有时可见由位错引起的伴有虹彩的定向平行管道。

图 4–13　尖晶石中的八面体负晶和与之相连的蚀刻管道
（图片来源：Victoria Raynaud，2016）

图 4–14　八面体负晶呈雁行状排列
（图片来源：朱静然，2018）

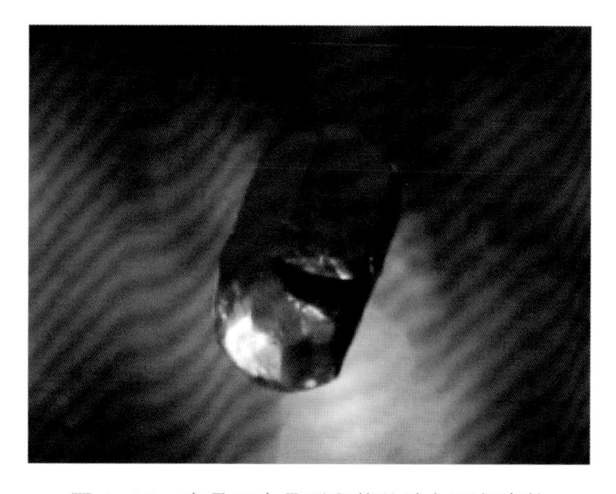

图 4–15　尖晶石中晶形完整的磷灰石包裹体
（图片来源：Nicholas Sturman，2009）

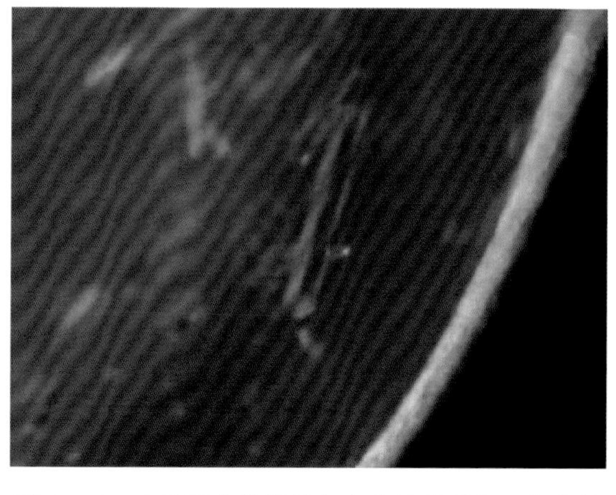

图 4–16　尖晶石中的褐黄色六方柱状磷灰石包裹体
（图片来源：朱静然，2018）

第三节

尖晶石的优化处理、合成与相似品

一、尖晶石的优化处理及其鉴别

为了提高尖晶石的品质，特别是为了获得红色、蓝色尖晶石，近年来市场上出现了经热处理和扩散处理的尖晶石。

（一）热处理

热处理可以改善尖晶石的颜色，使带有浅橙色调及浅棕色调的尖晶石变为粉色调，并提升其颜色饱和度。

热处理尖晶石的鉴定特征有：八面体负晶包体周围出现因高温产生的裂隙；光致发光光谱中出现 685 纳米吸收峰；拉曼光谱中 405 波数吸收峰明显宽于未处理尖晶石的吸收峰。

（二）钴扩散处理

尖晶石的钴扩散处理是指在高温条件下人工引入钴元素，使原本颜色品质差的尖晶石呈现饱和度高的蓝色。尖晶石的钴扩散处理需经过预热处理、镀膜、扩散处理、再抛光四个步骤。

钴扩散处理尖晶石的鉴定特征有：固态及负晶包体出现熔融、扭曲的现象（图 4-17）；可见人为愈合裂隙，形成外观与“助熔剂残余”相似的包体；浸液或在白色背景板下观察，有时可见颜色浓集的现象（图 4-18）；用 X 射线荧光能谱仪（EDXRF）检测发现钴含量远高于锌和镓的含量。

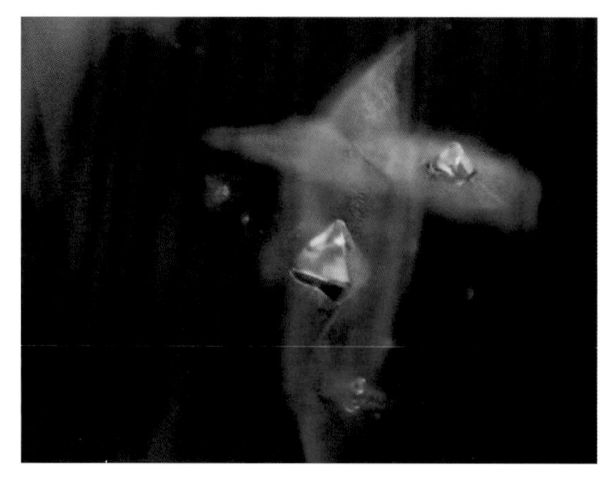

图 4-17　钴扩散尖晶石中可见扭曲的晶体包裹体
（图片来源：Sudarat Saeseaw，2015）

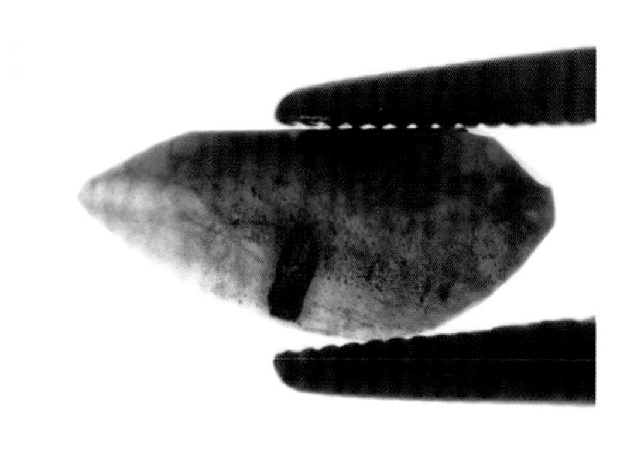

图 4-18　钴扩散尖晶石在浸油中显现颜色浓集现象
（图片来源：Sudarat Saeseaw，2015）

二、合成尖晶石及其鉴别

常见的合成尖晶石为红色和蓝色，少见紫色、黄色、粉色，合成方法有焰熔法、助熔剂法及提拉法。

（一）焰熔法

焰熔法合成尖晶石（图 4-19）的铝元素含量远高于天然尖晶石，故二者在物理性质上存在很大差异。焰熔法合成尖晶石的折射率高于天然尖晶石，为 1.728，并且在偏光镜下呈现“斑块”状异常消光现象。

焰熔法合成蓝色尖晶石在长波紫外灯下可见强红色荧光，短波可见白垩状荧光，而天然蓝色尖晶石在长波紫外灯下可见无至中等红色荧光，短波无荧光。由于缺少铁元素，焰熔法合成蓝色尖晶石的吸收光谱中缺少天然蓝色尖晶石具有的 458 纳米吸收线。

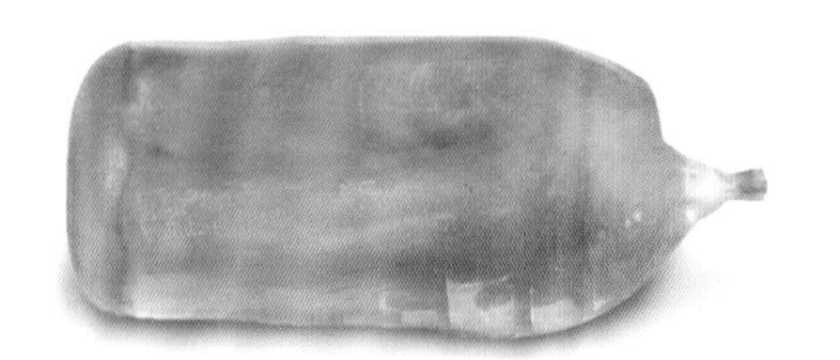

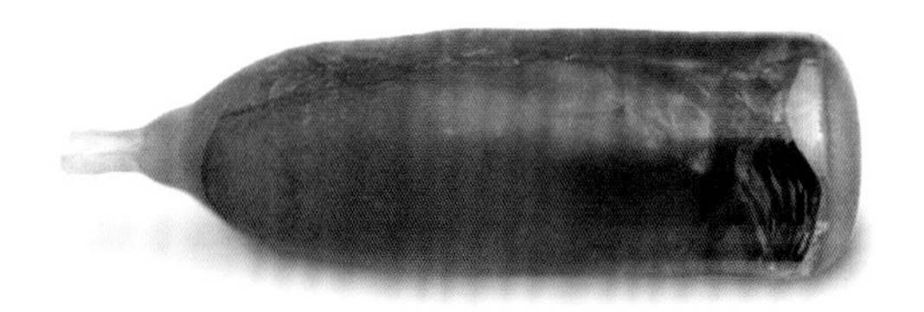

图 4-19　焰熔法合成尖晶石晶体
（图片来源：国家岩矿化石标本资源共享平台，www.nimrf.net.cn）

（二）助熔剂法

助熔剂法合成尖晶石与天然尖晶石化学成分一致，因此二者的折射率、相对密度等宝石学性质都十分相似。但助熔剂法合成尖晶石中常含金属包体及助熔剂残余，助熔剂残余颜色通常为深棕黄色至黑色，多呈锯齿状，有时呈面纱状、面网状或指纹状，形成无色至淡黄色的图案。助熔剂法合成尖晶石在冷却过程中有时会形成气泡，部分样品还可观察到被气体充填的应力裂隙，致使合成尖晶石在偏光镜下显示异常消光现象。

（三）提拉法

提拉法合成尖晶石折射率范围为 1.714 ~ 1.715，相对密度为 3.5，均与天然尖晶石十分相似，且在偏光镜下未见异常消光现象。

紫外荧光是鉴定提拉法合成尖晶石的重要手段，由于合成品的铬元素含量高并且缺失铁元素，因此它在紫外荧光灯下的反应要强于天然品。具体表现为在长波下可见强红色荧光，短波呈惰性。

提拉法合成尖晶石的内部可以观察到针点状气泡，有时可见成群的不透明矿物包体，进一步研究表明了这些颗粒是由于铱元素的聚集而形成的。在提拉法合成尖晶石中还可以观察到圆形尖晶石透明晶体以及云状色带。

三、尖晶石的相似品及其鉴别

尖晶石颜色丰富，与众多宝石品种的外观较为相似，可以从光性、折射率、多色性、相对密度、显微特征等方面进行鉴别（见本书附表），尖晶石最典型的鉴定特征为单折射，无多色性，硬度高，具有八面体负晶包体等。

第四节 尖晶石的质量评价

尖晶石的质量可以从颜色、净度、切工、重量等方面进行评价。

一、颜色

在尖晶石众多的颜色中，红色（图 4-20 ~图 4-23）、蓝色（图 4-24）、粉色、紫色是商业上最重要的四种颜色。其中红色价值最高，饱和度高的蓝色和紫（红）色（图 4-25）价值也不菲，粉色价值紧随其后。

图 4-20　红色尖晶石配钻石戒指
（图片来源：陈瑕提供）

图 4-21　红色尖晶石配钻石戒指
（图片来源：陈瑕提供）

图 4-22　红色尖晶石配钻石耳钉
（图片来源：陈瑕提供）

图 4-23　红色尖晶石配钻石手链
（图片来源：陈瑕提供）

图 4-24　蓝色钴尖晶石配蓝方石和钻石戒指
（图片来源：Omi Privé，omiprive.com）

图 4-25　紫红色尖晶石配变石和钻石胸坠
（图片来源：Omi Privé，omiprive.com）

二、净度

尖晶石中通常含有包体，肉眼观察不到包体者可视为高净度尖晶石。一般来说，含有的包体越少，其价值越高。但当尖晶石具有特殊的星光效应或颜色品质较高时，净度对其价值的影响相对较小。

三、切工

优质的尖晶石通常为刻面型切工，常见的形状与琢型有椭圆形、垫形及祖母绿琢型（图 4-26）。但有时为了保证成品的重量，尖晶石被切磨成不标准琢型，此时切磨比例是否合理将对其价值产生较大的影响。

a 椭圆形

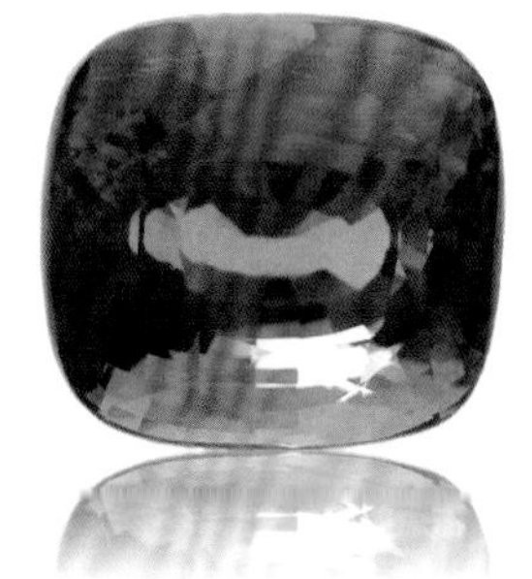

b 垫形

c 祖母绿琢型

图 4-26　尖晶石常见的琢型

四、重量

当尖晶石的颜色、净度、切工等因素相当时，其克拉数越大，价值越高。

第五节

尖晶石的产地与成因

一、尖晶石的产地

目前，在全球范围内，已发现的尖晶石集中产出地质体有 1000 多处，但宝石级尖晶石的产地却相对稀少，主要集中在缅甸、越南、坦桑尼亚、塔吉克斯坦等地。宝石级尖晶石主要产于冲积砂矿中，是红宝石、蓝宝石的伴生矿物，但实际上宝石级的尖晶石在自然界中可能比红宝石、蓝宝石还要稀有。

（一）缅甸

缅甸是最著名的尖晶石产地，缅甸尖晶石以其特有的浓郁红色（图 4-27）深受广大消费者的喜爱。缅甸的尖晶石矿床主要分布在抹谷（Mogok）和密支那（Myitkyina）地区。其中位于抹谷的尖晶石矿床是 20 世纪最主要的红色尖晶石矿床，也是中小颗粒纯正红色尖晶石的唯一产地。

抹谷矿区产出的尖晶石光泽明亮，色彩饱和度高且色调丰富，包括浅粉色到橘红色，紫红色到红色。抹谷尖晶石最显著的产地特征是其内部含有大量方解石、磷灰石矿物包体和八面体负晶。

密支那地区主要有两处矿床，分别是纳米亚（Namya）和育瓦迪（Ywathit）矿床。纳米亚矿区属于次生矿床，产出的尖晶石具有独特的亮粉色，俗称“绝地武士”尖晶石，多呈不规则状，产量十分不稳定。育瓦迪矿床属于冲积矿床，产出的尖晶石为淡粉色、紫色、橙色以及各种色调的红色。

（二）越南

越南尖晶石矿床主要分布在安沛省（Yen Bai）北部的陆安（Luc Yen）地区。越南宝石级尖晶石主要来源于砂矿，颜色丰富，橘红—粉红色、紫色均有产出，大部分为深红—紫红色调，最具特色的颜色是樱花粉色。越南还是优质蓝色尖晶石的主要产地。

天堂门（Cong Troi）矿区是越南最重要的尖晶石矿区，该矿床出产的尖晶石晶形完好，颜色丰富，包括紫—紫红色、粉色、帕德玛（Padparadscha）色（高亮度和低至中饱和度的粉橙色）、深蓝—灰蓝色。该矿区还发现了一种稀有的变色尖晶石，其变色效应表现为在日光下呈淡紫色，在白炽灯下呈粉色。

（三）坦桑尼亚

坦桑尼亚的马通博（Matombo）、马亨盖（Mahenge）、松盖阿（Songea）以及通杜鲁（Tunduru）地区均有尖晶石产出，主要产出粉—红色的尖晶石（图 4-28）。位于马亨盖附近的伊潘科（Ipanko）矿床是坦桑尼亚最重要的尖晶石矿床，该矿床主要出产高透明度的粉—红色尖晶石，该地还于 2007 年 8 月发现了四个 5 ~ 54 千克重的巨大尖晶石晶体，这些晶体中心不透明，但其透明部分的品质可达宝石级。

图 4-27　缅甸红色尖晶石戒面
（图片来源：Omi Privé，omiprive.com）

图 4-28　坦桑尼亚粉红色尖晶石戒面
（图片来源：www.palagems.com）

（四）塔吉克斯坦

塔吉克斯坦的库伊拉（Kuh i Lal）矿区位于巴达赫尚地区，是历史最悠久且最富神秘色彩的尖晶石矿区。据说早在 7 世纪该矿区就已经开始开采，是古代尖晶石的主要来源，著名的“黑王子红宝石”“帖木儿红宝石”等许多大颗粒的尖晶石都有可能来自该矿区。

（五）其他产地

斯里兰卡尖晶石主要产于冲积矿床，颜色有灰色、蓝色、绿色、紫色等多个色系。斯里兰卡尖晶石大多数颜色较浅，有时可见具星光效应和变色效应的特殊品种。

巴基斯坦最重要的尖晶石矿床位于罕萨（Hunza）山谷，该矿区产出的尖晶石净度高，颜色包括红色、紫罗兰色、蓝色等。

此外，肯尼亚、马达加斯加以及中国的云南、新疆也有尖晶石的产出。

二、尖晶石的成因

（一）原生矿床

尖晶石通常与红宝石、蓝宝石共生，其成因可分为变质岩型和岩浆岩型两种类型。变质岩型成因的尖晶石主要产于碳酸岩经接触变质作用和区域变质作用所形成的大理岩中（图 4-29），常与镁橄榄石、透辉石等共生；岩浆岩型成因的尖晶石主要产于富铝的基性岩浆岩中，常与辉石、橄榄石、磁铁矿、铬铁矿等共生。

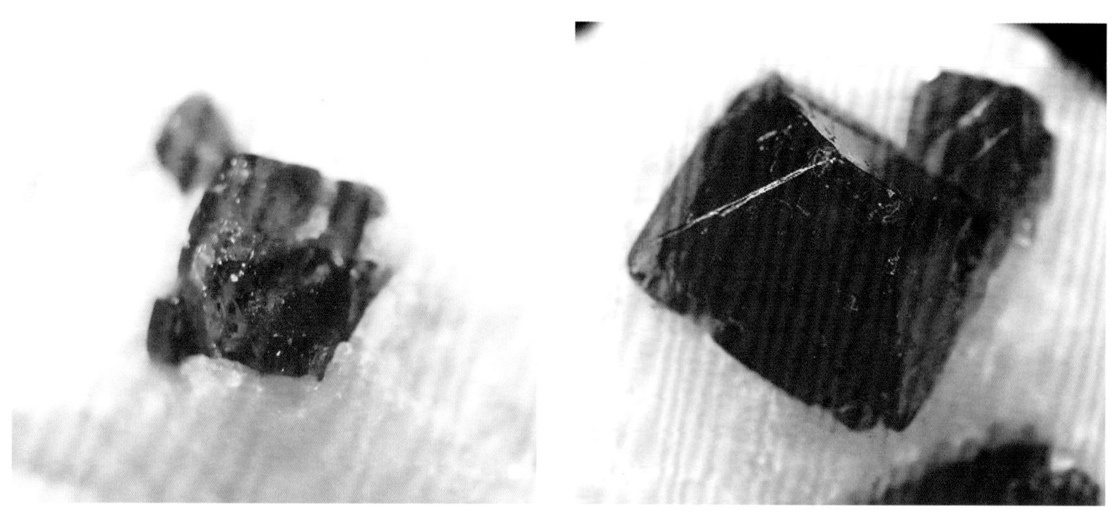

图 4-29 产于白色大理岩中的尖晶石晶体
（图片来源：Rob Lavinsky，iRocks.com，Wikimedia Commons，CC BY-SA 3.0 许可协议）

（二）次生矿床

尖晶石原生矿床在地表环境下经风化、侵蚀作用后，化学稳定性强的部分得以保留，在流水及重力的作用下，保留下来的部分被搬运一段距离后沉积下来，从而形成可开采的砂矿。

第五章

Chapter 5

橄榄石

橄榄石是世界上最古老的宝石品种之一，高贵的黄色与代表着希望的绿色自然融合，形成其独有的橄榄绿色（图 5-1）。橄榄石艳丽悦目，给人心情舒畅愉悦的感觉，又被誉为“幸福之石”。在西方传统文化中，橄榄石是八月的生辰石，象征着温和、聪敏和美满。

图 5-1　橄榄石原石及橄榄石配钻石胸坠

第一节

橄榄石的历史与文化

一、橄榄石的名称由来

橄榄石的矿物学英文名称为 Olivine，源自拉丁文 oliva 一词，意为“橄榄”。1790 年，德国矿物学家维尔纳（Abraham Gottlob Werner，1749—1817 年）因其特征的橄榄绿色将其命名为 Olivine。其中，为了纪念英国矿物学家和收藏家雅各布·福斯特（Jacob Forster），利维（A. Levy）于 1824 年将可用作宝石材料的镁橄榄石命名为 Forsterite；另一种可作宝石的亚种贵橄榄石 Chrysolite，源自希腊文 khrūsolithos，其中 khrūso 意为“金色的”，lithos 意为“石头”。

橄榄石的宝石学英文名称为 Peridot，该词起源于希腊文的橄榄石 Παιδέρως，由 παιδός（意为“男孩”）和 έρως（意为“爱”）复合而成，历经古典拉丁文 pæderōs/pæderōt、中古拉丁文 peridotus、盎格鲁－诺曼语 peridout，最终演变为中古英文 peridot，自 13 世纪起在英文中使用。关于 peridot 的起源还有另外两种说法：一是源于古阿拉伯语 faridat，意为 gem（宝石）；二是源于古法语 peritot，意为 unclear（不清晰的），推测是因为大颗粒橄榄石中常含包体。

二、橄榄石的历史与文化

橄榄石最早在公元前 1500 年被发现于古埃及红海中的蛇岛（Serpent Isle）。蛇岛因遍布多种可怕的蛇而得名，后因其常被大雾笼罩而充满神秘的气氛，更名为托帕焦斯（Topazios）岛。古人那时并不知道橄榄石为何物，还一度将黄玉和产自埃及托帕焦斯岛的黄绿色橄榄石统称为 Topaz。如今，该岛被人们称作圣·约翰岛（St. John's

Island）或扎巴贾德岛（Zabargad Island），其中Zabargad在阿拉伯语中有“橄榄石”之意。

据文字记载，古埃及人早在3500年前就将橄榄石用作饰物，人们称其为“太阳的宝石”，认为它代表着太阳神，能够驱除邪恶、降服妖魔，因此常将其镶在金子上作为护身符佩戴。现如今，埃及更是将橄榄石选作国石。在公元前37年托勒密时期的埃及首饰中，橄榄石常被制作成雕件和弧面宝石（图5-2）。当时屹立于亚历山大港的爱与美之女神阿佛洛狄忒（Aphrodite）人像，就是由橄榄石雕刻而成。公元200年的罗马时期，人们对彩色宝石的热爱程度逐渐增加。公元300—400年，古罗马人多将橄榄石用于制作戒指或其他类型首饰。在13世纪，英国人常佩戴刻有启蒙者或火炬标志的橄榄石，认为它可以带来财富；约17世纪的巴洛克时期，橄榄石一跃成为最流行的宝石；用橄榄石制作的小印章在18世纪经常出现；直至19世纪，橄榄石在美国和欧洲仍然很受欢迎，经常被镶嵌在精细的黄金花丝结构上，制作成头冠、项链、成对的手镯以及长耳坠等饰品，这些饰品可共同组合成为首饰套装。

在夏威夷人的传说中，橄榄石是火山女神佩蕾（Pele）流出的眼泪。世界上最大的一颗宝石级橄榄石产自红海的扎巴贾德岛，重达319克拉，现藏于美国史密森尼学会博物馆；中国河北省张家口市万全县大麻坪发现的橄榄石，重达236.5克拉，取名为“华北之星”，是中国最大的一颗橄榄石。

图5-2　橄榄石人像浮雕
（图片来源：Lisbet Thoresen，www.palagems.com）

第二节

橄榄石的宝石学特征

一、橄榄石的基本性质

（一）矿物名称

橄榄石的矿物名称为橄榄石（Olivine），属橄榄石族矿物。

（二）化学成分

橄榄石族矿物的化学通式为 $R_2[SiO_4]$，其中的 R 主要为 Mg^{2+}、Fe^{2+} 和 Mn^{2+}，其次还有 Ni^{2+}、Co^{2+} 和 Zn^{2+}，三价阳离子 Al^{3+} 和 Fe^{3+} 很少出现。R 中也可含较多 Ca^{2+} 而形成复盐，如钙镁橄榄石 $CaMg[SiO_4]$。在矿物学中，橄榄石族分为三个亚族：镍橄榄石 $Ni_2[SiO_4]$、橄榄石 $(Mg,Fe)_2[SiO_4]$ 和锰橄榄石 $Mn_2[SiO_4]$。宝石学中所指的橄榄石即橄榄石亚族 $(Mg,Fe)_2[SiO_4]$，主要为镁铁类质同象系列，按其中 $Mg_2[SiO_4]$ 的含量由高到低可分为六个亚种：镁橄榄石（100% ~ 90%）、贵橄榄石（90% ~ 70%）、透橄榄石（70% ~ 50%）、镁铁橄榄石（50% ~ 30%）、铁镁橄榄石（30% ~ 10%）和铁橄榄石（10% ~ 0）（表 5-1）。我们在市场上见到的橄榄石通常是指镁橄榄石和贵橄榄石。

表 5-1　橄榄石亚种的划分

	镁橄榄石 Forsterite	贵橄榄石 Chrysolite	透橄榄石 Hyalosiderite	镁铁橄榄石 Hortonolite	铁镁橄榄石 Ferrohortonolite	铁橄榄石 Fayalite
$Mg_2[SiO_4]$	100% ~ 90%	90% ~ 70%	70% ~ 50%	50% ~ 30%	30% ~ 10%	10% ~ 0
$Fe_2[SiO_4]$	0 ~ 10%	10% ~ 30%	30% ~ 50%	50% ~ 70%	70% ~ 90%	90% ~ 100%

（三）晶族晶系

橄榄石属低级晶族，斜方晶系。

（四）晶体形态

橄榄石晶体沿 *c* 轴呈柱状或短柱状，有时沿 {100} 呈板状，主要单形有斜方柱 *m*{101}、*n*{110}、*l*{120}、*g*{021}、*p*{011}，平行双面 *a*{001}、*b*{100}、*c*{010}，斜方双锥 *o*{111}（图 5-3），但完好晶形少见，常见他形粒状集合体。

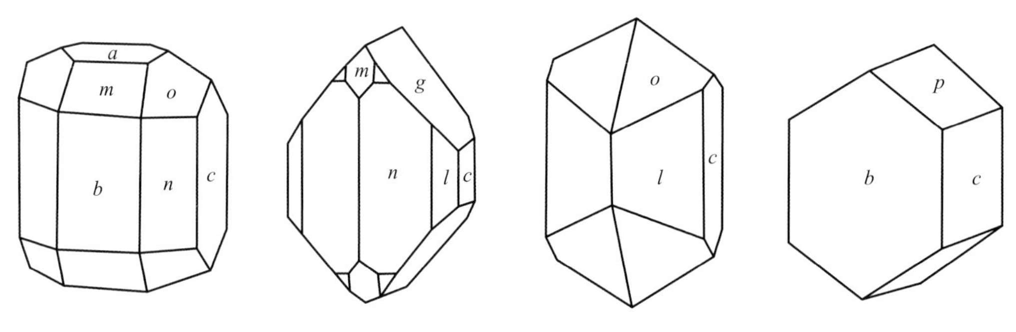

图 5-3　橄榄石的晶体形态

（五）晶体结构

橄榄石为单岛状结构，晶体结构的特点是硅氧骨干为孤立的硅氧四面体 [SiO_4]，氧离子平行（010）成近似的六方最紧密堆积，硅离子充填 1/8 的四面体孔隙，阳离子 Mg^{2+}、Fe^{2+} 充填 1/2 的八面体孔隙（图 5-4）。

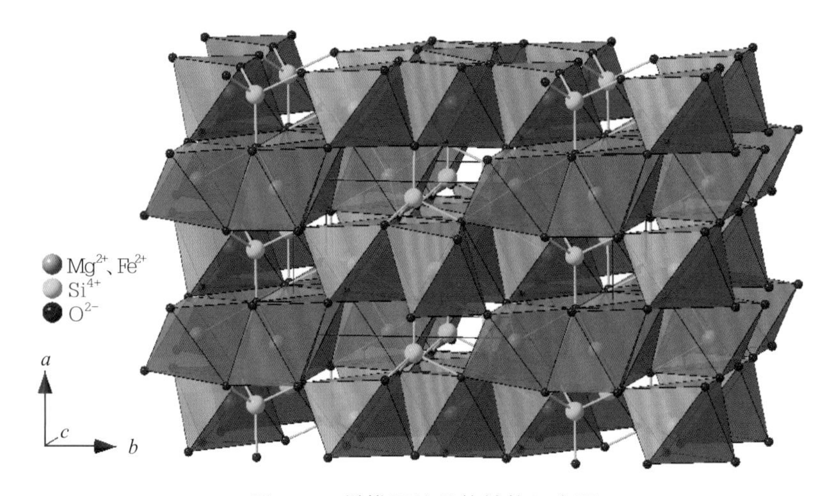

图 5-4　橄榄石的晶体结构示意图

（图片来源：秦善提供）

二、橄榄石的物理性质

（一）光学性质

1. 颜色

橄榄石是一种自色矿物，因其本身所含的铁等化学成分所致，颜色稳定，主要呈黄绿色（橄榄绿）（图 5-5）、绿黄色、绿色（图 5-6）和褐绿色等。色调随含铁（Fe）量的增加而越发深重。其褐色调可能是轻度水化引起的，也可能是微量成分锰（Mn）引起的。

图 5-5　黄绿色（橄榄绿）橄榄石戒面
（图片来源：Omi Privé，omiprive.com）

图 5-6　绿色橄榄石戒面

2. 光泽

橄榄石具玻璃光泽。

3. 透明度

橄榄石大多数呈透明，部分因含固态、液态、气态包体或密集排布的裂隙而呈半透明。

4. 折射率与双折射率

橄榄石的折射率为 1.654 ~ 1.690（±0.020），一般含铁量越高折射率越大。双折射率为 0.035 ~ 0.038，褐色橄榄石的双折射率可达 0.038。由于橄榄石的双折射率较大，所以通过切磨后的宝石台面可以非常清楚地看到对面棱线的重影（图 5-7）。

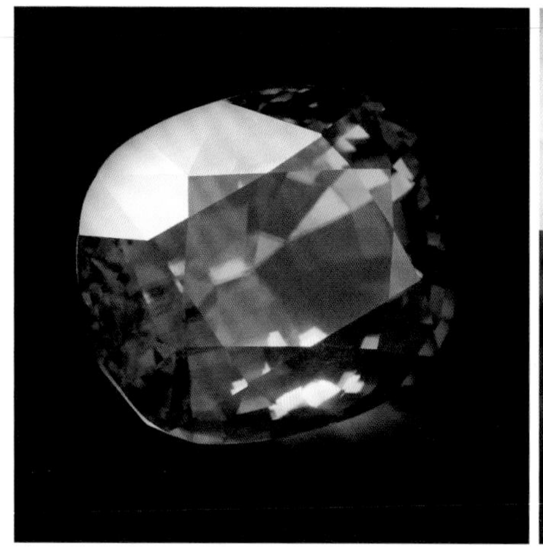
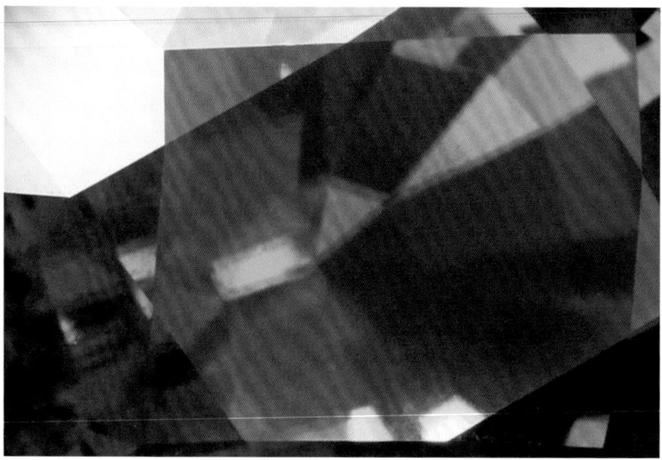

图 5-7 橄榄石戒面可见后刻面棱重影

5. 色散

橄榄石的色散值为 0.020，属中等色散。高品质切工可展现较好的火彩。

6. 光性

橄榄石为二轴晶，光轴角很大（2V = 82 ~ 134 度），故光性可正可负。当铁橄榄石分子含量少时为二轴晶正光性，当铁橄榄石分子大于 12% 时变为负光性。

7. 多色性

橄榄石的多色性通常较弱，借助二色镜可见微弱的三色性。橄榄石颜色越浅，三色性越不明显。

8. 吸收光谱

橄榄石吸收光谱通常在蓝区和蓝绿区呈现典型的铁的吸收特征：位于 453 纳米、477 纳米、497 纳米的三个等距吸收窄带。部分橄榄石的谱线可能较难观测，仅可见两个或三个非常微弱的吸收“边缘”（图 5-8）。

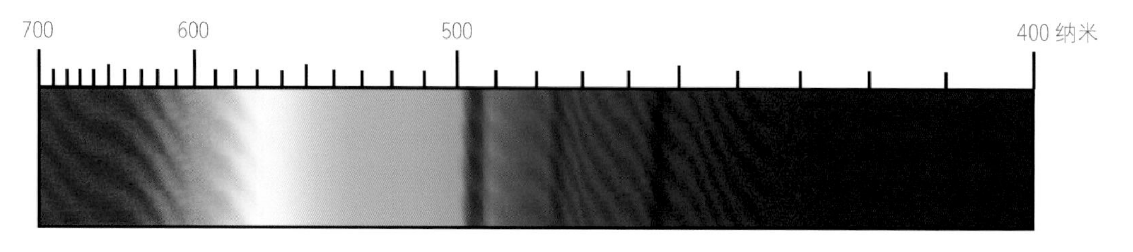

图 5-8 橄榄石的吸收光谱

9. 紫外荧光

橄榄石在长、短波紫外灯下均无荧光和磷光反应，主要由橄榄石自身含铁所致。

10. 特殊光学效应

橄榄石由于内部包体的特殊分布可以产生罕见的星光效应和猫眼效应。

早在 1960 年，美国《宝石和宝石学》(*Gems & Gemology*) 杂志曾报道重约 3 克拉的星光橄榄石，描述其具有完美的四射星光，但仅限文字描述并无图片记载。1987 年，美国宝石学院（GIA）发现重达 15.73 克拉的星光橄榄石，其中两条星线较为明显，另两条较为微弱、模糊，因此当年称为“橄榄石猫眼”(图 5-9)。2009 年夏季，一颗重达 22.21 克拉、呈现明显四射星光的椭圆形弧面橄榄石，出现在《宝石和宝石学》杂志上（图 5-10）；同年 9 月，耿云瑛在《宝石和宝石学》杂志上报道发现迄今最大的星光橄榄石，这颗橄榄石重达 36.38 克拉，产自缅甸，内部无裂隙且具有完整四射星光。

图 5-9　橄榄石猫眼
（图片来源：www.gia.edu）

图 5-10　星光橄榄石
（图片来源：www.gia.edu）

（二）力学性质

1. 摩氏硬度

橄榄石的摩氏硬度为 6.5 ~ 7，硬度随含铁量的增加而略有增大。

2. 密度

橄榄石的密度为 3.34（+0.14，−0.07）克 / 厘米 ^{3}，其密度随含铁量的增加而相应地增大。

3. 解理及断口

橄榄石具 {010} 中等解理，{001} 不完全解理，多呈贝壳状或不平坦状断口。

4. 韧性及脆性

橄榄石的韧性为中等至良好，脆性较大。

三、包裹体特征

（一）固态包裹体

由于橄榄石大部分为岩浆成因，因此最常见的包体为固态晶体包体，主要包括透辉石（图 5-11）、褐色或褐红色的铬尖晶石（图 5-12、图 5-13）、黑色的铬铁矿（图 5-14）、石墨、方解石，还可见锆石晕。含云母片的橄榄石略带浅褐色调；产自巴基斯坦的橄榄石具有特征的硼镁铁矿针状包体。

橄榄石中还常见负晶（图 5-15），其周围往往伴随有圆盘状裂隙和气液包体。

橄榄石最具典型特征的包体为以固态晶体包体或负晶为核心，周围伴随圆盘状应力裂隙或气液包体所共同构成的睡莲叶状或水百合花状包体（图 5-16）。

图 5-11　吉林橄榄石中的透辉石包裹体

图 5-12　吉林橄榄石中的铬尖晶石包裹体

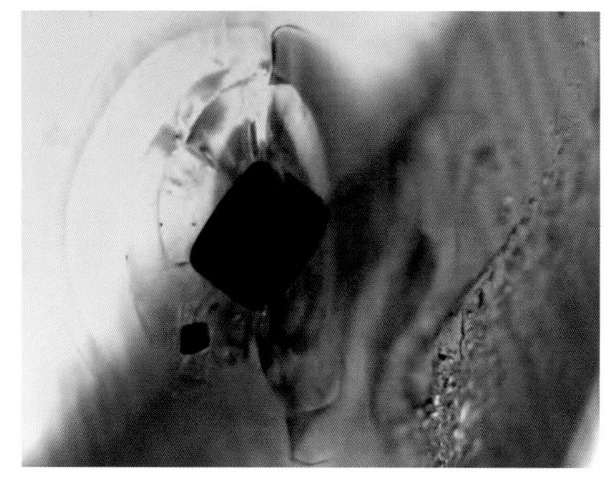

图 5-13　橄榄石中的尖晶石包裹体
（图片来源：Nguyen Thi Minh Thuyet，2016）

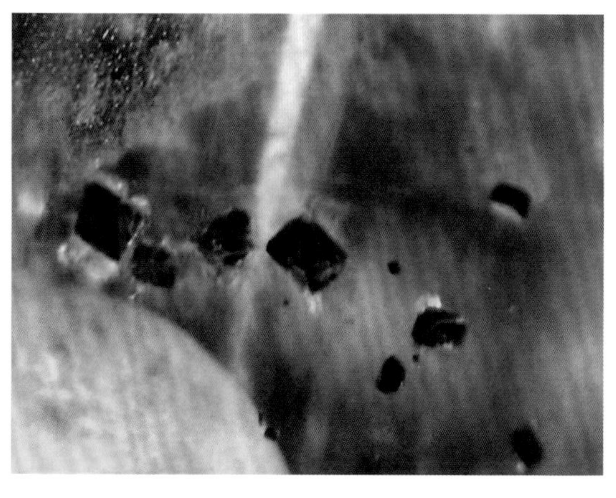

图 5-14　橄榄石中的铬铁矿包裹体
（图片来源：John I. Koivula，1981）

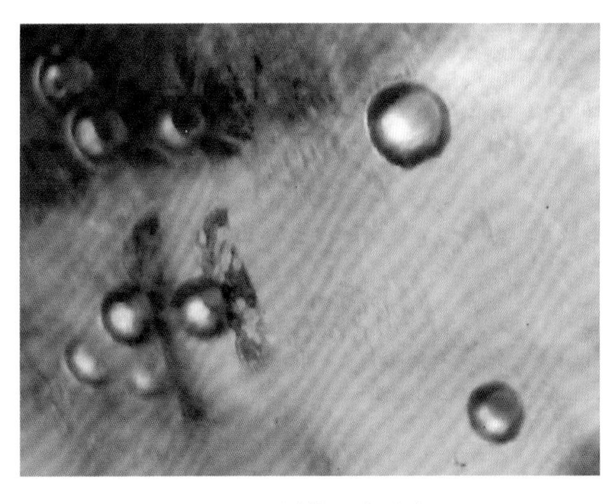

图 5-15　橄榄石中的负晶
（图片来源：John I. Koivula，1981）

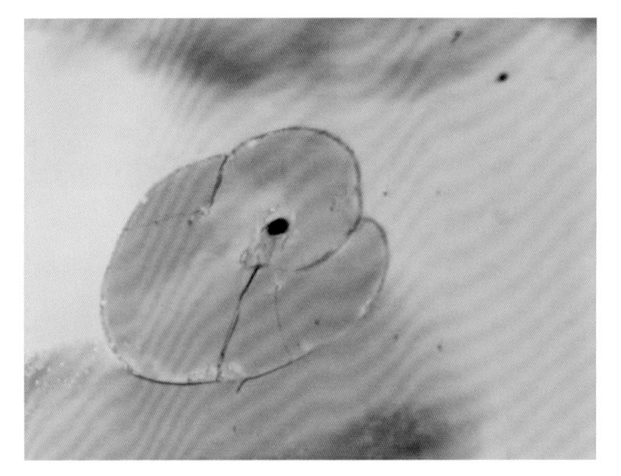

图 5-16　橄榄石中的睡莲叶状包裹体
（图片来源：Nguyen Thi Minh Thuyet，2016）

（二）液态包裹体

橄榄石中可见一些拉长的纺锤式针状液态包体；两相玻璃质熔体包体或流体包体，如含二氧化碳（CO_2）流体熔融包体等。产自夏威夷的橄榄石含小气泡状玻璃质微珠。

（三）气态包裹体

许多乳白色半透明状的橄榄石均含有大量云雾状包体，这些包体由气泡集合体组成，可能是由于位错或是因橄榄石随玄武岩进入地表后，温度骤降进而发生固 - 液不混溶所造成。

第三节

橄榄石的合成与相似品

一、合成橄榄石及其鉴别

合成含铬的镁橄榄石，由于晶体个头较大，在商业上常被用作激光材料，部分酷似天然橄榄石。早在 1994 年，合成橄榄石便生长成功，但大多只用于实验室研究，这种材料与天然橄榄石近乎相同，目前还没有发现于珠宝市场。

二、橄榄石的相似品及其鉴别

与橄榄石相似的宝石品种主要有硼铝镁石、绿色碧玺、绿色锆石、绿色透辉石、金绿宝石、钙铝榴石、绿色玻璃等，可以从折射率、多色性、相对密度、显微特征等方面进行鉴别（见本书附表），橄榄石最典型的鉴定特征是橄榄绿色晶体及较强的双折射。

第四节
橄榄石的质量评价

一、颜色

橄榄石的颜色主要有纯净的绿色、带黄色调的绿色、带绿色调的黄色以及它们之间的过渡色。

一般来说，橄榄石的颜色越纯正价格越高。纯正的中至深绿色，不夹杂任何黄色、棕色色调，给人一种绒绒的温和感，为橄榄石中最佳的颜色（图 5-17）。然而纯正的绿色橄榄石十分稀少，大多数橄榄石为带黄色调的绿色（图 5-18），棕、褐色调的掺杂会使橄榄石的价值降低。

二、净度

根据美国宝石学院（GIA）的彩色宝石净度分级标准，橄榄石属于Ⅱ型宝石，即具有正常数量杂质包体的宝石。

图 5-17　纯正绿色橄榄石戒面

图 5-18　黄绿色橄榄石戒面

优质的橄榄石通过肉眼观察，内含物一般不可见，放大镜下可见极微小的黑色点状包体或极小的矿物晶体包体，净度高且颗粒大的橄榄石极少，因此十分珍贵（图5-19）。当肉眼可见的黑色矿物包体出现，会影响橄榄石的价值。

在橄榄石中常见具反射能力的、如同太阳光芒的睡莲叶状包体，这是橄榄石的特征包体。一般情况下包体的存在会降低橄榄石的价值，但也要考虑包体对其美观性和耐久性的影响，若睡莲叶状包体形状别致、排列有序，反而增加了橄榄石的美观度，其价值将会有所提升。

图 5-19　橄榄石配紫水晶戒指、项链和耳钉套装

三、切工

橄榄石首饰成品具有各种各样的琢型，包括圆形、椭圆形、梨形、垫形、三角形和马眼形等。橄榄石的切工评价主要从切工比例、对称性、轮廓和抛光度四个方面进行，切工精良的橄榄石要求比例精准、刻面对称、轮廓均衡、抛光细致，这样才可以充分展现橄榄石的颜色与光彩，大大提升其美观度与价值（图 5-20、图 5-21）。

图 5-20　橄榄石配钻石戒指
（图片来源：Omi Privé，omiprive.com）

图 5-21　橄榄石配钻石胸坠

四、重量

图 5-22　橄榄石配钻石戒指和项链套装

橄榄石戒面的重量大多在 3 克拉以下，小克拉橄榄石的价格很亲民，每克拉一般在几十元以内。3 ~ 10 克拉重量的橄榄石较为少见，价格较高，每克拉可超过 300 元。净度高、颜色艳丽的大颗粒橄榄石更是少之又少，重量超过 10 克拉的橄榄石则实属罕见，价值不菲（图 5-22）。

第五节

橄榄石的产地与成因

一、橄榄石的产地

优质大颗粒的宝石级橄榄石多产自缅甸和巴基斯坦，美国是目前市场上小颗粒优质橄榄石的主要产出国。其他如埃及、中国、澳大利亚、巴西、肯尼亚、墨西哥、缅甸、挪威、沙特阿拉伯、南非、斯里兰卡和坦桑尼亚等国家也是十分重要的产地来源。

橄榄石最著名的产地是地处埃及靠近红海的扎巴贾德岛，它位于北回归线以北16千米，北纬23度，公元前1500年便开始挖掘，曾发现过非常漂亮的深绿色橄榄石晶体。传说岛上有许多毒蛇，埃及国王便下令根除毒蛇并派重兵把守，由于国王十分喜爱这种宝石，那时只有王室成员才可以登陆小岛。时至今日，小岛上最为古老的矿区已停止开采，新矿区也仅有少量橄榄石产出。

缅甸抹谷是目前世界上宝石级橄榄石的重要产地（图5-23、图5-24），重达数百克拉的宝石级橄榄石令其声名远扬。在抹谷平冈（Pyaung Gaung）矿山发现的高品质

图5-23　地下矿洞中可见产于橄榄岩中的宝石级橄榄石
（图片来源：Bill Larson / © GIA）

图5-24　用酒桶将橄榄石矿石运送至地表
（图片来源：Bill Larson / © GIA）

橄榄石呈深绿色，透明度很高且颗粒很大，被认为是世界上最好的橄榄石。

巴基斯坦曼塞赫拉（Mansehra）北部的萨帕（Sapat）橄榄石矿床，是20世纪90年代发现的新近的橄榄石矿床，这里产出的橄榄石同缅甸抹谷的橄榄石极为相似，品质大致相同。

美国橄榄石的主要产地为亚利桑那州阿帕奇印第安人（Apache Indians）的保留地圣卡洛斯（San Carlos），该地产出亮柠檬绿—棕绿—深棕色的小颗粒宝石级橄榄石，重量多在0.5 ~ 3克拉，超过3克拉者少见，5克拉以上者则更是罕见，被视为收藏级别。除此之外，阿肯色州、夏威夷州、内华达州和新墨西哥州也均有开采。其中，夏威夷州的橄榄石沙滩因呈独特奇妙的绿色而备受游人喜爱。

在中国，河北、吉林、山西、内蒙古等地均有橄榄石产出。中国东部地区广泛分布着新生代玄武岩，其中部分携带着地幔包体（橄榄岩捕虏体），形成了橄榄石宝石矿床。中国著名的橄榄石宝石矿床主要有两个，位于河北省张家口市万全县大麻坪村的产于汉诺坝组的橄榄石矿床和位于吉林敦化—蛟河一带的产于船底山组的橄榄石矿床，这些矿床的发现在中国宝石矿产资源中占有重要地位。

河北大麻坪橄榄石矿石以橄榄岩包体的形式赋存于碱性玄武岩中，产出的橄榄石具有新鲜、颗粒大的特点，适合露天开采与手工选矿（图5-25、图5-26）。吉林蛟河大石河橄榄石矿由敦化市鑫昌橄榄石矿业有限公司早期开发，为露天开采（图5-27）；吉林敦化意气松橄榄石矿由延边富丽橄榄石矿业有限公司于2016年开发，为地下房柱式开采（图5-28）。敦化—蛟河一带的矿体赋存于新近系船底山组中部富含橄榄岩包体的碱性玄武岩中，另有部分单晶橄榄石以捕虏晶的形式赋存于玄武岩中（图5-29），产出的橄榄石颜色鲜绿、色泽明亮、净度高，且多为大粒径宝石（图5-30），经专业切磨加工得到高品质戒面（图5-31、图5-32），化身为精美的橄榄石首饰。

图5-25　河北大麻坪橄榄石矿采场

图5-26　产自河北大麻坪玄武岩中的橄榄岩包体

图 5-27　吉林蛟河大石河矿区露天开采全景

图 5-28　吉林敦化意气松矿区矿洞开采全景

图 5-29　产自吉林大石河玄武岩中的橄榄石捕虏晶和橄榄岩包体

图 5-30　分离出的大颗粒橄榄石原石

图 5-31　橄榄石原石磨制过程

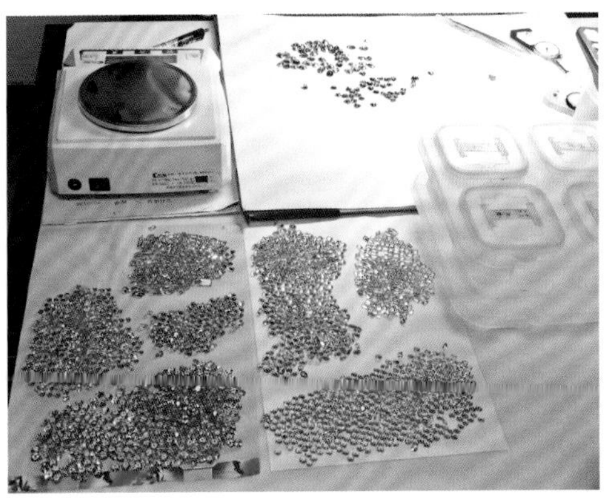

图 5-32　橄榄石戒面称重分级

二、橄榄石的成因

贫铁的镁橄榄石常见于镁矽卡岩；含铁量中等和较高的橄榄石（含宝石级橄榄石）可见于各种基性和超基性岩浆岩和变质岩；富铁的铁橄榄石可见于酸性和碱性火山岩中。橄榄石受岩浆期后热液作用（蛇纹石化）常转变为蛇纹石。

宝石级橄榄石的成因主要有两种类型：第一种是常赋存于碱性—过碱性玄武岩（以碧玄岩和橄榄石玄武岩为主）中的橄榄岩包体（图 5-33、图 5-34），分布在火山口附近，它是玄武岩流从地球深部携带到地表的幔源包体，包体种类繁多，但以尖晶石二辉橄榄岩为主，其次是石榴石二辉橄榄岩和纯橄榄岩等，我国河北大麻坪和吉林蛟河所产的橄榄石均属于该类型。第二种多见于超基性岩浆岩—橄榄岩的热液型脉体中，橄榄石集合体呈网脉状形式分布，部分晶体生长在张性裂隙中，最著名的红海扎巴贾德岛就是这种类型的矿床。

图 5-33　产自吉林大石河含大量橄榄岩包体的玄武岩

图 5-34　产自吉林大石河含宝石级橄榄石的橄榄岩包体

值得注意的是，橄榄石不仅仅是组成上地幔的主要矿物之一，它还是陨石和月岩的主要矿物成分。橄榄石石铁陨石是一种包裹有宝石级橄榄石的石铁陨石（图 5-35），它来源于由铁镍金属和硅酸盐组成的小行星。金黄—绿黄色的橄榄石镶嵌在银色的铁镍基质中，经切片后显现出一幅幅天然的“图画”（图 5-36），它独特的艺术性和不可再生的稀有性，使得其具有极高的观赏价值与科学价值。1749 年，德国地质学家彼得·西蒙·帕拉斯（Peter Simon Pallas）对发现于西伯利亚的石铁陨石进行了历史上的首次描述。人们可以从石铁陨石中将橄榄石晶体提取出来，制成美丽的小刻面宝石，其重量一般不超过 0.5 克拉。

图 5-35　橄榄石石铁陨石切片

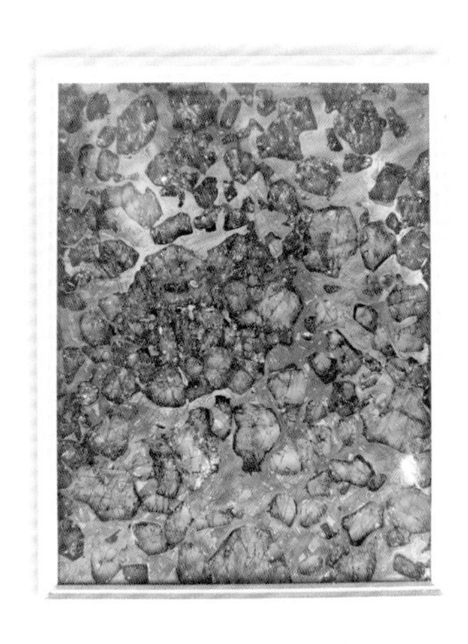

图 5-36　橄榄石呈镶嵌状分布于铁镍金属基质中

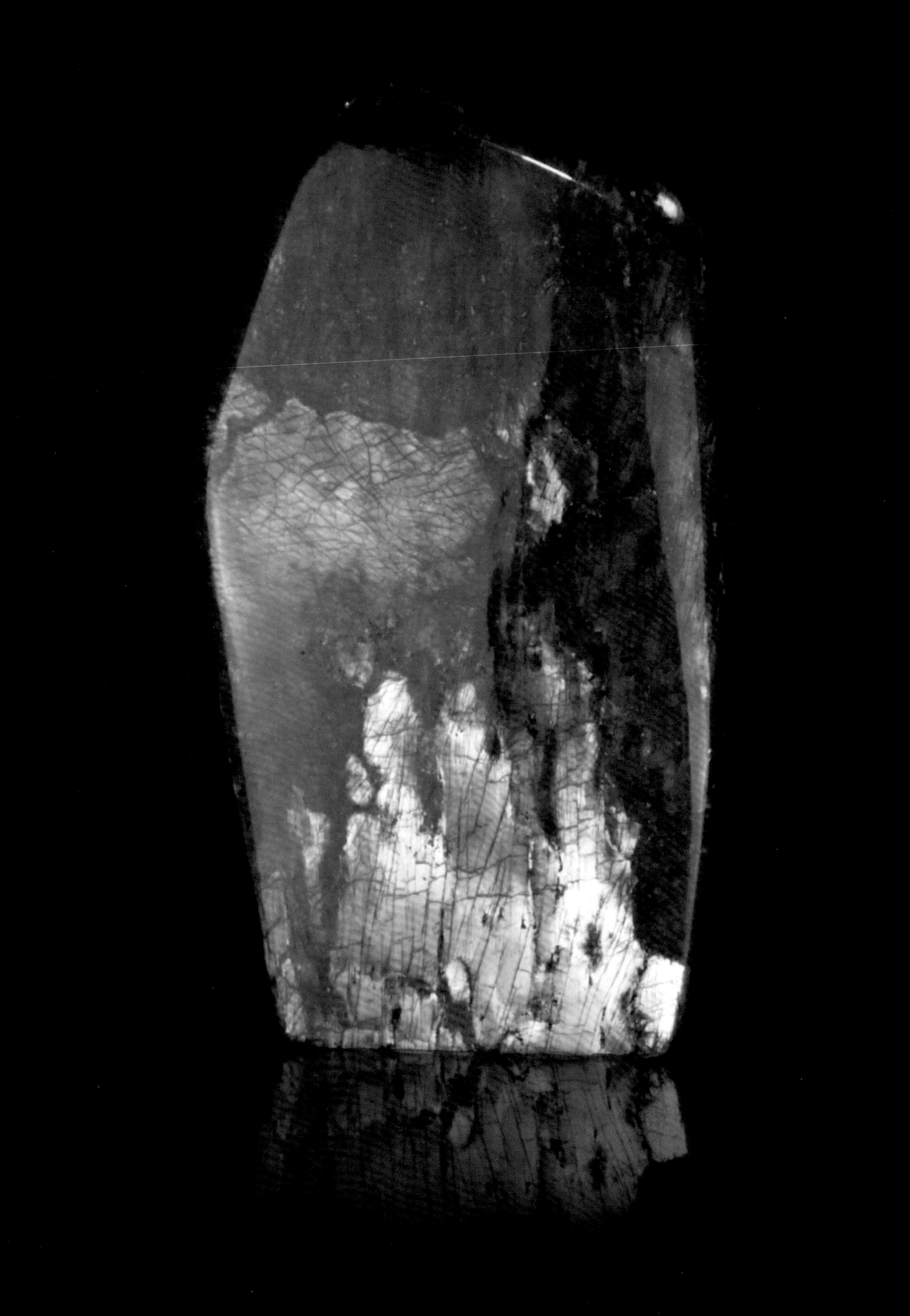

第六章

Chapter 6

长　石

长石在矿物学中是长石族矿物的总称，它是地壳中最常见的造岩矿物，颜色美丽、透明度高的长石常被切磨为宝石以作饰用。自 1770 年在加拿大拉布拉多地区发现晕彩拉长石至今，越来越多的宝石级长石被人们发现和使用，如月光石、日光石、天河石、正长石、冰长石、透长石、培长石。

第一节

长石族宝石的历史与文化

一、长石的名称由来

长石的英文名称为 Feldspar（也写作 Feldspath），源于德文单词 Feldspath（现写作 Feldspat），由德文单词 feld（意为“矿区、矿田”）和 spath（意为“晶石”）组合而成，后因受到英文单词 spar（意为“一种具有明显解理的透明矿物”）拼写的影响，-spat 转变为 -spar。

二、长石族宝石的历史与文化

（一）月光石

月光石是一种正长石与钠长石层状交互生长的具有月光效应的宝石。月光石朦胧柔美，似夜空中皎月的月晕，其名称也正是源于这种特殊的光学效应——月光效应。月光石的英文名称为 Moonstone，意指像月亮的石头。自古以来，月光石就因朦胧柔和的外观而备受青睐。1912 年，美国宝石学院（GIA）将其列为六月生辰石。1970 年，美国佛罗里达州立法机关将其列为佛罗里达州的州石以及肯尼迪航天中心登月事件的纪念石。

月光石是一种常被珠宝首饰设计师运用于作品中的材料。19 世纪后半叶，许多艺术家将月光石作为创作的主要材料，制成纯手工的银制饰品。20 世纪是新艺术珠宝非常流行的时期，著名的法国金器商人、首饰设计师勒内·拉利克（Rene Lalique）及美国艺术家、首饰设计师路易斯·康福特·蒂法尼（Louis Comfort Tiffany）均对月光石表现出独有的喜爱，制作出诸多广受市场欢迎的月光石首饰（图 6-1）。1905 年的

图 6-1　赫奈·拉里科设计的蜻蜓女士胸针
（图片来源：Wikimedia Commons，CC BY 3.0 许可协议）

圣诞节，黑塞大公恩斯特·路德维希（Ernst Ludwig，Grand Duke of Hesse）将一款以月光石和绿松石为主石、钻石为配石镶嵌的铂金材质皇冠作为礼物送给他的妻子埃莉诺公主（Princess Eleonore），这顶皇冠现保存于世界上最大的装饰和设计艺术馆——位于伦敦的维多利亚和阿尔伯特博物馆（Victoria and Albert Museum）。

（二）日光石

日光石是一种主要成分为奥长石的宝石品种，也被称作“砂金石”“日长石”“太阳石”等，翻译自英文名 Sunstone，因其随着宝石在光源下的转动，表现出闪耀着红色或金色的光芒效应——砂金效应，闪烁如太阳一般而得名。传说日光石的红色闪光是由一名被箭刺伤的伟大战士的鲜血浇铸而成，日光石蕴含着的这种顽强不屈的精神力量，给人以鼓舞和激励。

19 世纪初期，日光石被认为是一种稀有、昂贵的小众宝石，并不为人所熟知。之后，随着在挪威、俄罗斯西伯利亚和美国俄勒冈州华纳谷（Warner Valley）荒漠地区等地的相继发现，日光石渐渐被人们所了解。

（三）天河石

天河石是绿色至蓝绿色的微斜长石变种，具有鲜艳的颜色和独特的格子状色斑，又名“亚马孙石”，为其英文名 Amazonite 音译而来，该名源于 Amazon River（亚马孙河）的变形。

自新石器时代以来，天河石就以其独特、艳丽的颜色赢得了我国先民的喜爱。考古研究证明，早在公元前 5000 多年的查海文化时期，先民们就已使用天河石琢磨成各种器物。此后，天河石逐渐转变为玉礼器，被琢磨成各种祭天求雨、驱除瘟疫病魔和祈盼衣食丰足的精美礼器，作为女神、巫觋与上天沟通的工具，同时也成为了至高无上的权力与地位的象征。例如，1985 年吉林左家山二期文化出土的具有男子象征性配饰的天河石小斧子（公元前 4000 多年）（图 6-2）；红山文化曾出土用于巫觋装饰、象征延年益寿的天河石小龟背形器（图 6-3）；祈求风调雨顺、人畜兴旺的礼器——红山文化天河石猪龙（图 6-4）；蚌埠双墩一号春秋墓主人钟离国国君“柏”胸前所佩戴的天河石串

图 6-2 左家山二期文化天河石小斧子
（图片来源：李欧，2010）

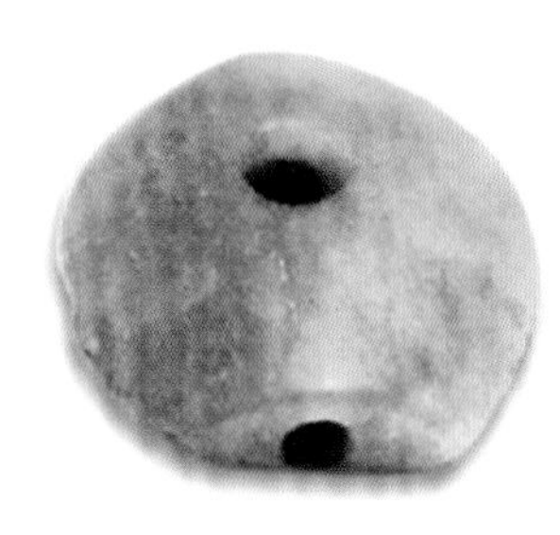

图 6-3 红山文化天河石小龟背形器
（图片来源：李欧，2010）

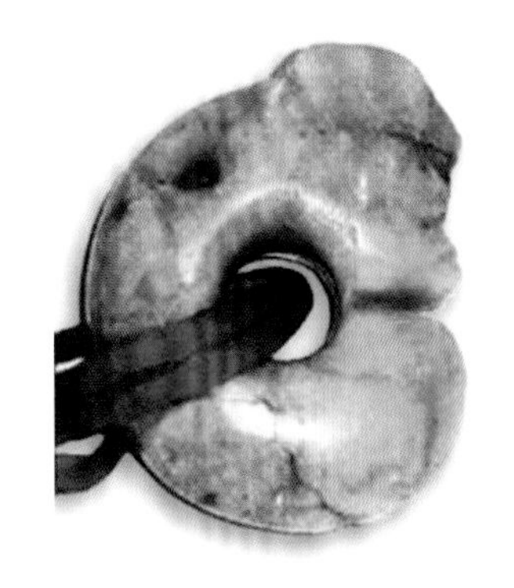

图 6-4 红山文化天河石猪龙
（图片来源：李欧，2010）

图 6-5 双墩一号春秋墓出土的天河石串珠
（图片来源：李欧，2010）

珠（图 6-5）等。

此外，在各个历史时期的世界其他地区，如非洲、西亚的两河流域以及北美洲等地，天河石装饰品也十分流行。苏丹喀土穆地区的卡德罗（Kadero）遗址曾出土新石器时代早期（前 5000 年）用天河石和孔雀石制成的小型块状私人装饰品。在古代埃及，曾发现前王朝时代到罗马时代（前 4000—前 100 年）诸多用天河石制作的珠子、护身符和镶嵌物，例如著名法老图坦卡蒙（Tutankhamun）（前 1341—前 1323 年）的项链上就镶嵌有天河石。玛雅人、腓尼基人、新大陆阿芝台克人以及委内瑞拉、巴西、特立尼达岛、威斯康星州和加利福尼亚州的土著居民也都曾使用过天河石。此外，公元前 800 年的新亚述时期也曾发现有天河石珠及印章。

（四）拉长石

拉长石的英文名称为 Labradorite，因发现于加拿大拉布拉多省（Labrador）的保罗小岛（Isle of Paul）而得名。当地居住在海岸边的因纽特人（Inuit，即北美爱斯基摩人）和岛上的土著伊努人（Innu）将这种带有鲜艳外观的石头称为 Firestone（意为“火石”）或 Fire Rock（意为“火岩”），并认为其具有神秘的特质，用力敲击拉长石可以使束缚于其中的祖先的精神得以解放。

18 世纪晚期以来，拉长石不仅被用作珠宝首饰，还被用于制造玻璃、陶瓷或建筑材料等。晕彩拉长石的广泛使用得益于 18 世纪晚期的摩拉维亚（Moravian）教传教士，他们认为这种色彩斑斓的石头作为饰用极具潜力，于 1771 年将保罗小岛（Isle of Paul）的晕彩拉长石和相关的地质学资料送至摩拉维亚教代表团大臣手中，成功将这一宝石引入欧洲。

第二节

长石的宝石学特征

一、长石的基本性质

（一）矿物名称

长石，在矿物学中是长石族矿物的总称。矿物学中将长石族分为：钾长石（钾钠长石，也称碱性长石）、斜长石、钡长石三个亚族，与宝石学相关的主要是前两个亚族。

（二）化学成分及分类

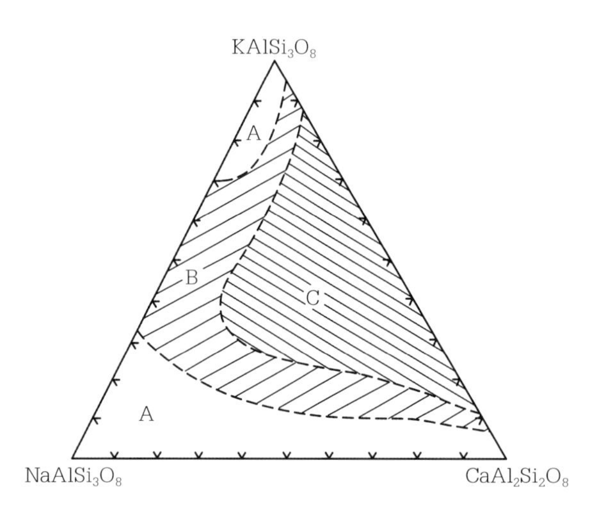

图 6-6　钾长石（Or）—钠长石（Ab）—钙长石（An）系混溶性相图

（资料来源：王濮，1982）

（注：A—在任何温度下矿物是稳定的；B—仅在高温下矿物是稳定的；C—混溶间隙，矿物在任何温度下都不稳定）

从长石族矿物的化学成分上来看，大多数长石族矿物可以看作是由钾长石（Or）、钠长石（Ab）、钙长石（An）三种端员成分组成的混溶矿物，钾长石与钠长石、钠长石与钙长石在不同的条件下可形成完全类质同象，构成钾长石系列 $KAlSi_3O_8$—$NaAlSi_3O_8$ 和斜长石系列 $NaAlSi_3O_8$—$CaAl_2Si_2O_8$，而钾长石和钙长石几乎不能混溶（图 6-6）。

钾长石系列：即钾钠长石系列，也称碱性长石系列，是由钾长石和钠长石在高温下混溶形成的完全类质同象系列，根据化学成分可分为透长石、正长石、微斜长石和歪长石。其中属于宝石品种的主要有正长石、月光石、天河石、冰长石（钾长石的低温变种）和透长石。

斜长石系列：即钠钙长石系列，是由钠长石和钙长石完全混溶形成的连续类质同象系列，根据化学成分可分为钠长石、奥长石、中长石、拉长石、培长石和钙长石。其中属于宝石品种的主要有日光石（属于奥长石）、拉长石和培长石（图 6–7）。

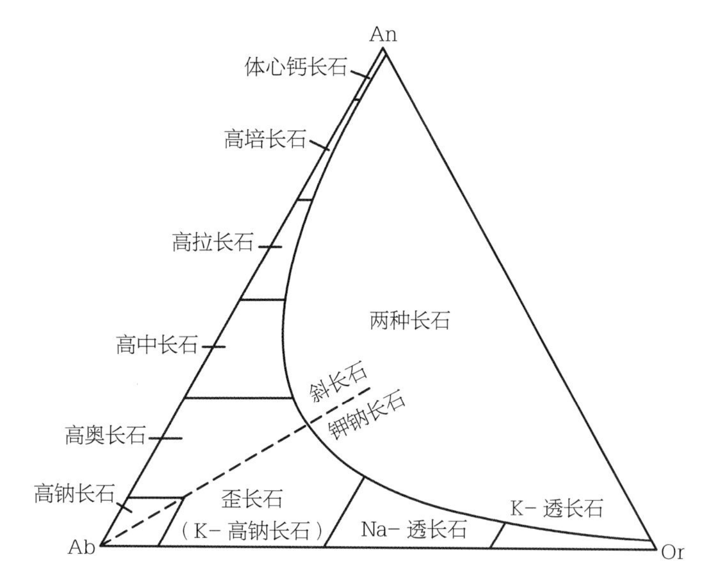

图 6–7 高温钾长石和高温斜长石的划分
（资料来源：王濮，1982）

（三）晶族晶系

长石族宝石均属低级晶族，其中月光石、正长石和透长石单斜晶系，拉长石、日光石、天河石和培长石属于三斜晶系。

（四）晶体形态

长石多呈厚板状或短柱状，常见斜方柱 $m\{110\}$、平行双面 $c\{001\}$、$b\{010\}$、$x\{10\bar{1}\}$、$y\{\bar{2}01\}$ 等单形（图 6–8、图 6–9）。长石族宝石常发育有卡式双晶、聚片双晶、格子状

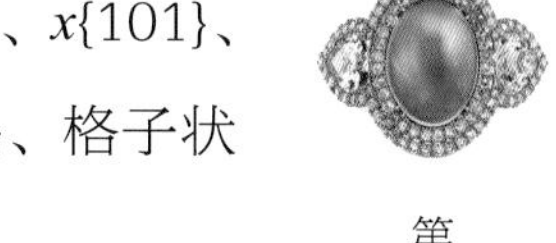

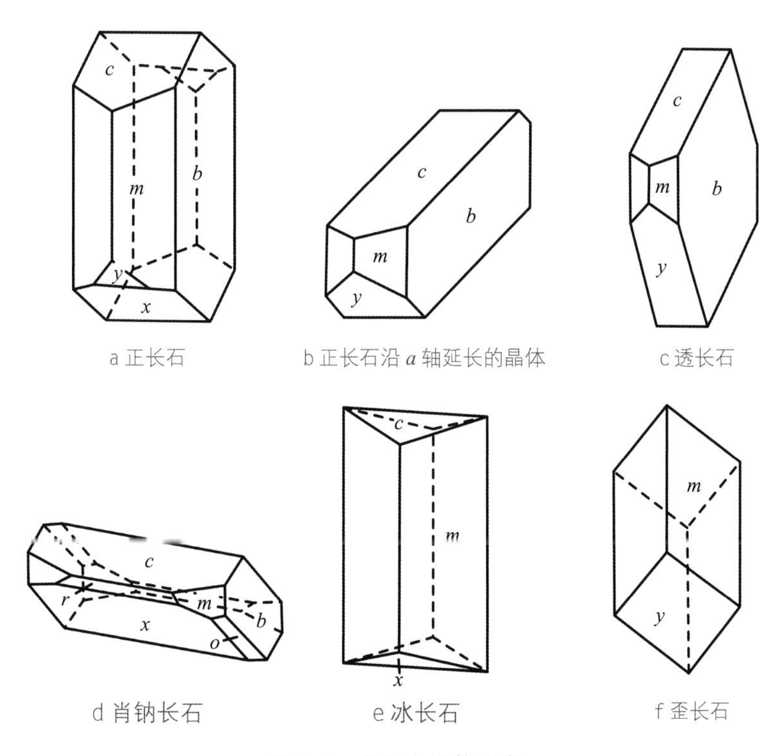

a 正长石　b 正长石沿 *a* 轴延长的晶体　c 透长石

d 肖钠长石　e 冰长石　f 歪长石

图 6–8 长石的晶体形态

双晶等（图 6-10、图 6-11）。斜长石（如日光石、拉长石、培长石等）多发育聚片双晶，钾长石（如正长石、月光石、天河石、冰长石、透长石等）多发育卡式双晶和格子双晶。

图 6-9　产自奥地利萨尔茨堡陶恩山脉劳里斯谷的短柱状钠长石晶体
（图片来源：Stephan Wolfsried，www.mindat.org）

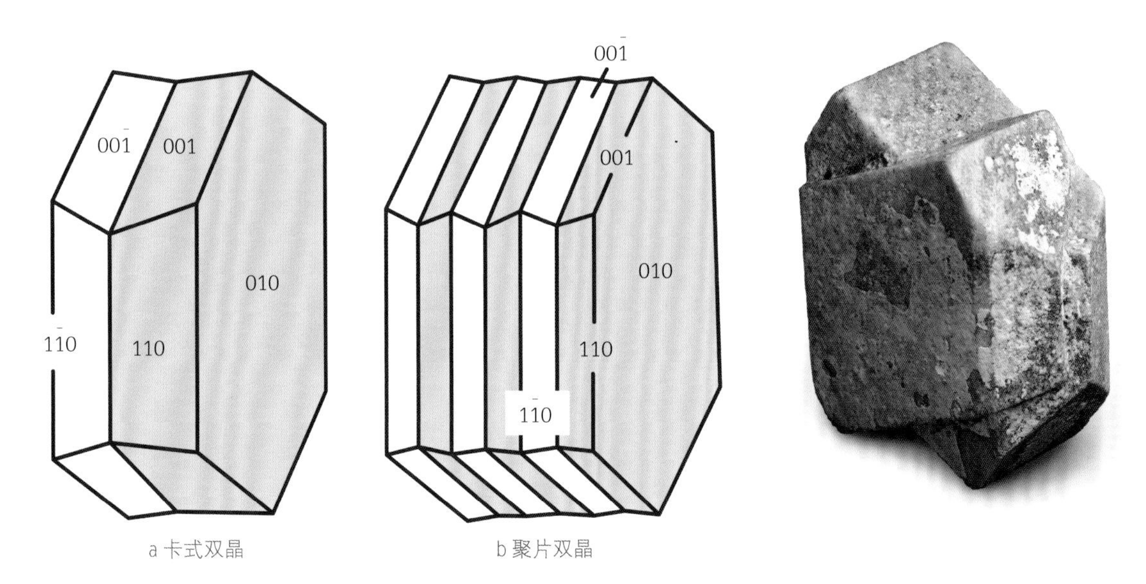

图 6-10　长石常见的卡式双晶与聚片双晶

图 6-11　长石卡式双晶
（图片来源：吴大林提供）

（五）晶体结构

长石的结构是由四个［TO_4］四面体共角顶连成的四元环之间再次共角顶连接而形

成的沿 a 轴延伸的曲折状链，链体有一定程度的扭曲，链与链之间再通过角顶共用连成三维骨架结构。链体间的共角顶连接构成了由四个四元环组成的八元环，阳离子 Na^+、K^+、Ca^{2+} 等便占据这些八元环中间的空隙，配位数为 9（图 6-12、图 6-13）。

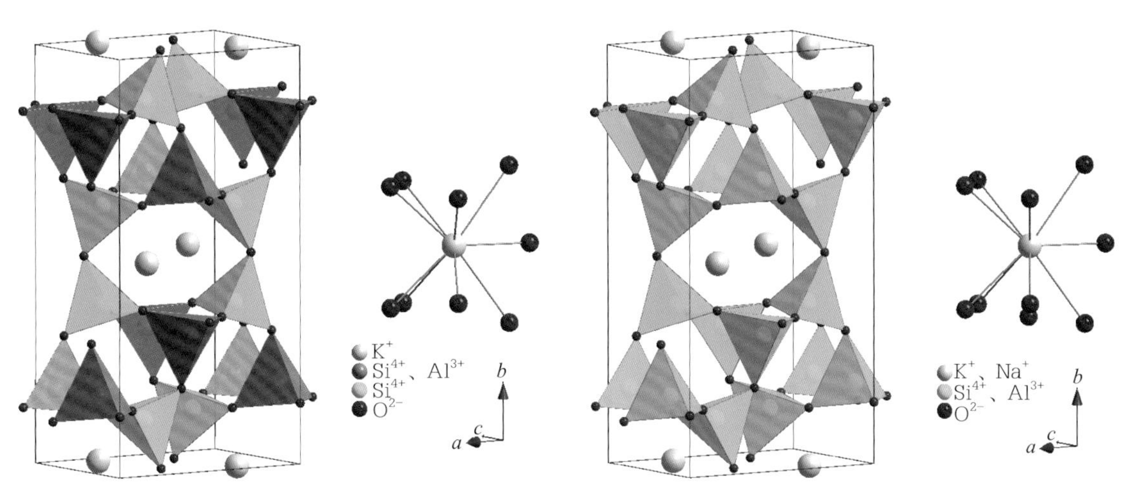

图 6-12　正长石的晶体结构示意图
（图片来源：秦善提供）

图 6-13　透长石的晶体结构示意图
（图片来源：秦善提供）

二、长石的物理性质

（一）光学性质

1. 颜色

长石常呈无色、浅黄至褐色、橙色、绿色、蓝色等。长石的颜色主要与其所含微量元素有关，部分品种与包体及特殊光学效应相关。

2. 光泽

长石通常呈玻璃光泽，断口具珍珠或油脂光泽。

3. 透明度

大多数长石宝石品种为透明至半透明，天河石透明度较低，常为不透明。

4. 折射率与双折射率

长石的折射率依品种的不同而异，钾长石系列的折射率较低，为 1.518 ~ 1.533，双折射率为 0.005 ~ 0.007；斜长石系列的折射率较高，为 1.529 ~ 1.588，双折射率为 0.007 ~ 0.013。

长石常见品种的各参数详见表 6-1。

表 6-1 长石主要宝石品种基本性质及鉴定特征对比

品种	晶系	光性	折射率	双折射率	比重	颜色	UV		包裹体
							LWUV	SWUV	
月光石	单斜晶系	B−	1.520 ~ 1.525	0.005 ~ 0.008	2.55 ~ 2.61	无—白色（蓝、黄、白色晕彩）	蓝色	橙色	针状包体，指纹状包体，“蜈蚣”状包体
正长石	单斜晶系	B−	1.520 ~ 1.530	0.006 ~ 0.007	2.57	浅黄、金黄色	弱，橙红色	弱，橙红色	气液包体，双晶，解理
冰长石	三斜或似单斜晶系	B−	1.518 ~ 1.526	0.006	2.56	无色、乳白色	无	无	
透长石	单斜晶系	B−	1.518 ~ 1.532	0.005 ~ 0.007	2.57 ~ 2.58	无色、粉褐色	无—弱，粉红色或橙红色	无—弱，粉红色或橙红色	
天河石	三斜晶系	B−	1.522 ~ 1.530	0.008	2.56	蓝—绿	无—弱黄绿色	无	网格状色斑，解理
日光石	三斜晶系	B±	1.537 ~ 1.547	0.007 ~ 0.010	2.65	金黄、黄、橙红、棕色	无	无	片状赤铁矿、针铁矿包体定向排列，解理，双晶
拉长石	三斜晶系	B+	1.559 ~ 1.568	0.009	2.7	淡黄—黄色，晕彩拉长石：灰、灰黄、橙、棕、蓝色	无—弱	无—弱	针状包体，聚片双晶，解理
培长石	三斜晶系	B±	1.563 ~ 1.584	0.009 ~ 0.010	2.739	浅黄、红色			

5. 色散

长石的色散值为 0.12。

6. 光性

长石属非均质体，二轴晶，钾长石系列（宝石品种如月光石、天河石、正长石、冰长石、透长石等）通常为负光性，斜长石系列中的钠长石和拉长石（宝石品种如晕彩拉长石）为正光性，其他品种中正负光性均可能出现。

7. 紫外荧光

长石在紫外灯下常可见无至弱白色、紫色、黄色、粉红色、黄绿色、橙红色等颜色的荧光。

8. 特殊光学效应

部分品种的长石宝石具有月光效应、晕彩效应、砂金效应，分别出现于月光石、晕彩拉长石和日光石中。猫眼效应和星光效应较为少见，某些月光石、产自缅甸的正长石以及具有大量定向针状钛铁矿包体并切磨为素面磨砂底的拉长石可出现猫眼效应，这种拉长石一般呈暗黑色并具有蓝色晕彩，也被称为黑色月光石；星光效应可见于某些月光石中，但十分罕见。

（二）力学性质

1. 摩氏硬度

长石的摩氏硬度为 6 ~ 6.5。

2. 密度

长石的密度在 2.55 ~ 2.75 克 / 厘米 ^{3} 范围内，不同品种的长石密度略有不同，钾长石系列宝石品种通常低于斜长石系列宝石品种。

3. 解理及断口

长石具有 {001} 和 {010} 两组完全解理，呈直角或近直角分布，有时还可见到 {100}、{110} 和 {201} 的不完全解理。其断口呈不平坦状或阶梯状。

三、包裹体特征

放大检查时，长石中可见气液包体、解理纹、聚片双晶纹及少量固态矿物包体如赤铁矿、磁铁矿等。

某些长石品种还具有一些特征的包体，例如，月光石中的蜈蚣状包体，日光石中定向排布的片状赤铁矿或针铁矿包体，拉长石中的针、板状包体，天河石中的网格状色斑等。

第三节
长石族的主要宝石品种

虽然长石在自然界中广泛存在，但能达到色泽艳丽、透明度高、块度适中等宝石级条件的较少，主要有月光石、正长石、冰长石、透长石、天河石、日光石、拉长石、培长石等。

一、钾长石系列宝石品种

（一）月光石

月光石是正长石与钠长石呈层状交互的宝石矿物，常呈板状、短柱状，发育卡式双晶和格子状双晶。体色通常呈无色至白色，还有红棕色、绿色、暗褐色等，并常带有蓝色、无色或黄色等晕彩。月光石具玻璃光泽，透明至半透明，折射率为 1.518 ~ 1.526（±0.010），双折射率为 0.005 ~ 0.008，相对密度为 2.58（±0.03）。

月光石内部的交叉应力裂纹或解理可能形成明显的近直角状图案，形似蜈蚣，被称作蜈蚣状包体（图 6–14），常见于斯里兰卡出产的月光石中，此外还可见指纹状包体、针状包体等。

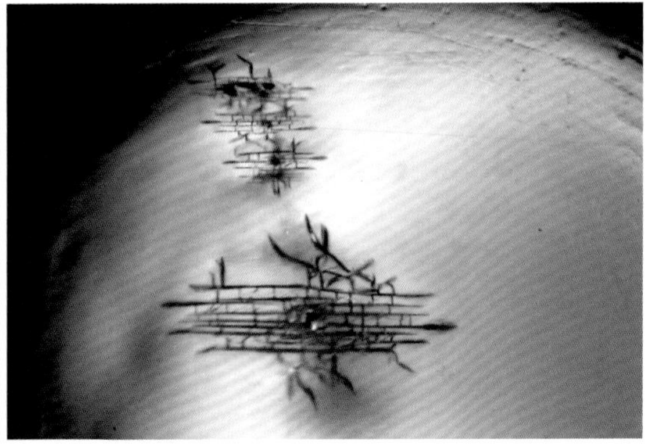

图 6–14　月光石的蜈蚣状包裹体
（图片来源：Anthony de Goutière 提供）

月光效应指当月光石与光源产生相对位移时，宝石呈现白至蓝色的晕色效应，仿佛朦胧的月光。当钠长石沿（601）方向出溶于正长石中，形成隐纹共格出溶结构，二者形成的共生交替层使光发生散射或散射与干涉的综合作用，从而形成月光效应，其色调由两种长石共格出溶条纹的厚度所决定。

部分月光石中具有纤维状晶体包体，如缅甸产的某些月光石，当其被加工成弧面琢型后可以产生猫眼效应。

月光石的质量评价因素中最为重要的是月光效应，当其表现为晕彩鲜亮的蓝色时最佳（图 6–15、图 6–16），若表现为白色或黄色则价值较低。此外，还需考虑净度、块度、切工等因素，净度越好、块度越大、切工越完美的月光石价值越高，对于椭圆弧面型切割的月光石，要求长轴方向平行晶体的长轴，弧面宽、厚度适中，月光晕彩位于弧面正中，方能充分展示它的美丽（图 6-17）。

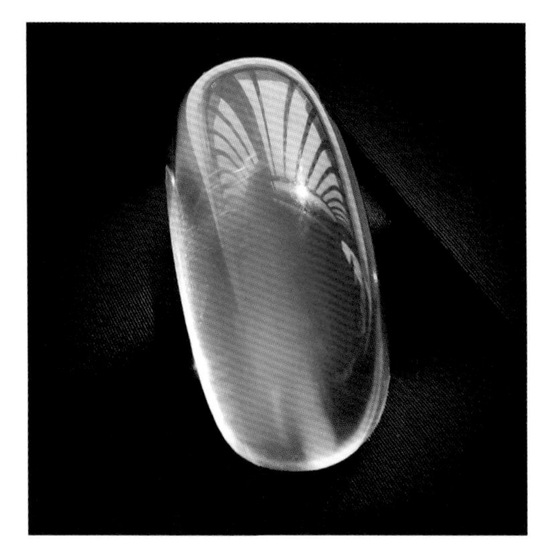

图 6-15　带有鲜亮蓝色月光效应的月光石
（图片来源：郑曦和提供）

图 6-16　月光石配帕拉伊巴碧玺和钻石戒指
（图片来源：Omi Privé，omiprive.com）

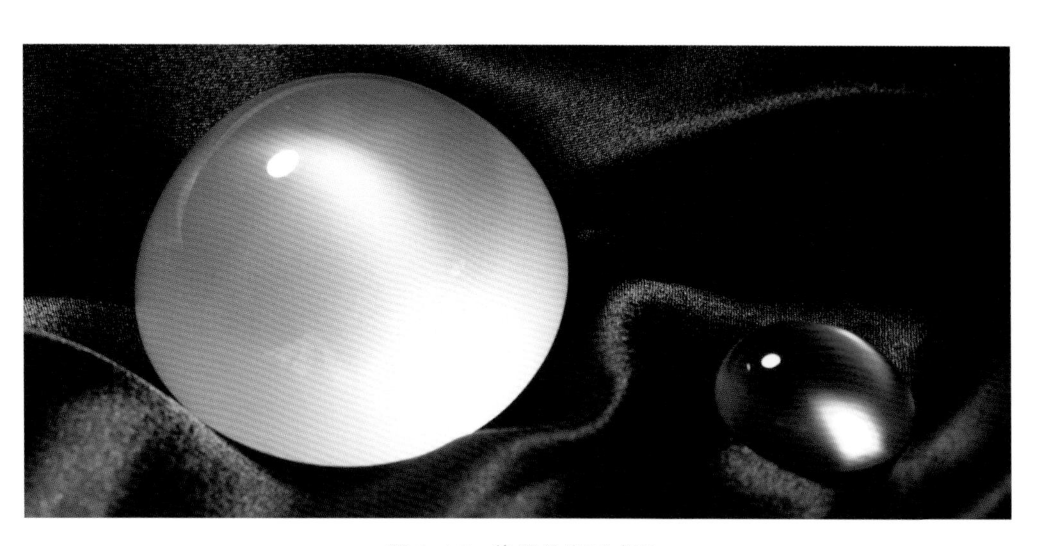

图 6-17　优质月光石戒面

月光石的主要产地有斯里兰卡、缅甸、印度、澳大利亚、马达加斯加、坦桑尼亚、美国及巴西。其中，斯里兰卡是月光石最重要的产地，其产自斯里兰卡中部当巴拉（Dumbara）和康提（Kandy）地区的岩脉以及南部安伯朗戈德（Ambalangoda）地区的宝石砾中（图 6-18）。印度产出的月光石体色多样，包括白色、红棕色、蓝色和绿色等。中国内蒙古、河北、安徽、四川、云南等地也有月光石的产出。月光石主要产于低温热液岩脉中。

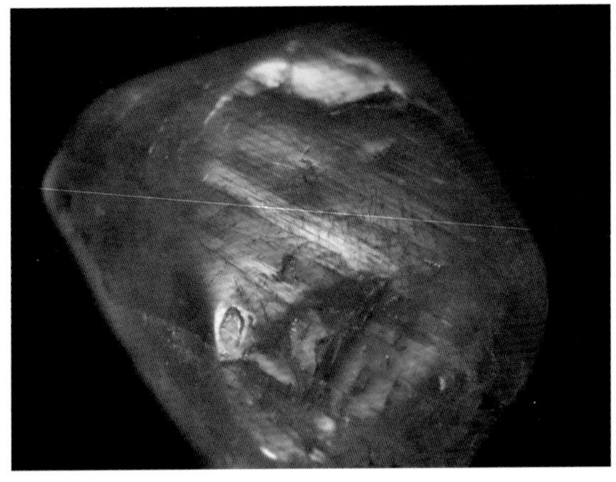
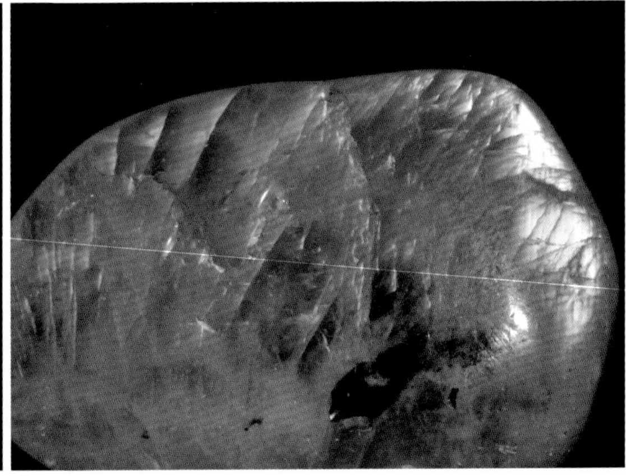

图 6-18 产自斯里兰卡南部省的月光石原石
（图片来源：Wikimedia Commons，CC0 许可协议）

（二）天河石

天河石是钾长石系列中微斜长石的绿色至蓝绿色变种，且含有铁（Fe）、铷（Rb）、铯（Cs）和铅（Pb）。其晶体呈短柱状或板状（图 6-19），常发育卡氏双晶和格子状双晶。天河石常呈深浅不同的明亮绿色、蓝绿色至浅蓝色，其独特的绿色由空穴色心致色。天河石具有玻璃光泽，透明至半透明，折射率为 1.522 ~ 1.530（±0.004），双折射率为 0.008（通常不可测），相对密度为 2.56（±0.02），具有两组近直角的完全解理。

呈绿色的微斜长石内部因含钠长石的聚片双晶或穿插双晶，常见绿色和白色的网格状、条纹状或斑纹状的色斑（图 6-20），并可见解理面的闪光。

图 6-19 短柱状天河石原石
（图片来源：国家岩矿化石标本资源共享平台，www.nimrf.net.cn）

图 6-20 天河石的条纹状色斑
（图片来源：国家岩矿化石标本资源共享平台，www.nimrf.net.cn）

天河石的质量评价最关键的因素是颜色，天河石以纯正蓝色为佳（图 6-21），若略带绿色调则价值相对较低。净度、透明度是影响其价值的重要因素，优质的天河石质地均匀，透明度、净度较高（图 6-22）。此外，块度越大，其价值越高，现陈列于北京菜市口百货公司的天河石巨晶，重达 339 千克，其自形程度极高至近理想晶体形态，实属世界罕见的宝石矿物晶体类观赏石，具有极高的科学价值和观赏价值（图 6-23）。

图 6-21　纯正天蓝色的天河石胸坠

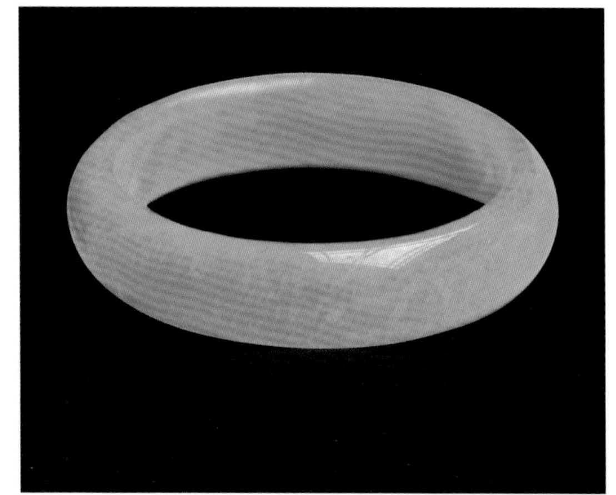

图 6-22　透明度较高的天河石手镯

图 6-23　重达 339 千克的天河石巨晶

天河石的主要产地有印度的克什米尔（Kashmir）、巴西、美国的科罗拉多州、加拿大的安大略（Ontario）湖、俄罗斯的米斯克和乌拉尔山脉、马达加斯加、南非、坦桑尼亚、莫桑比克、撒哈拉沙漠和澳大利亚等。中国新疆阿勒泰地区以及云南西北贡山县至泸水县间的福贡附近也有宝石级天河石产出。天河石主要产于伟晶岩中。

（三）正长石

宝石级正长石（Orthoclase）呈无色至柠檬黄，由于富含铁元素而致色。其折射率为 1.518 ~ 1.526，双折射率为 0.005 ~ 0.008，相对密度为 2.68（±0.03）。分光镜观察可具有 420 纳米强吸收带、448 纳米弱吸收带，在长短波紫外灯下均呈弱橙红色荧光，在 X 光下呈强橙红色。

正长石的主要产地有马达加斯加（图 6-24、图 6-25）、缅甸、斯里兰卡等国家。其中，缅甸产的正长石可具有猫眼效应。德国莱茵兰（Rhineland）地区也发现呈无色—粉褐色、玻璃状的正长石变种。产于伟晶岩中的正长石通常块度较大。

图 6-24　产自马达加斯加的正长石晶体
（图片来源：rruff.info）

图 6-25　产自马达加斯加的正长石戒面
（图片来源：www.minfind.com）

（四）冰长石

冰长石（Adularia）是钾长石的低温变种，其钠含量较低，属于三斜或单斜晶系。通常呈无色（图 6-26），有时呈乳白色，透明，折射率为 1.5218 ~ 1.526，双折射率为 0.006，相对密度 2.55 ~ 2.63。

图 6-26　产自瑞士勒什蒂尼地区的无色冰长石晶体
（图片来源：Enrico Bonacina，www.mindat.org）

（五）透长石

透长石（Sanidine）属于钾长石中的稀有品种，常见无色（图 6-27）、粉褐色，呈透明至半透明。

德国科布伦茨（Kovlenz）附近产出棕色透明的透长石，折射率为 1.516 ~ 1.525，双折射率为 0.007，相对密度为 2.57 ~ 2.58；马达加斯加 Itrongahy 村（属于贝特鲁卡市）产出黄色透明的透长石（图 6-28），个体较大，呈浑圆状，折射率为 1.522 ~ 1.527，双折射率为 0.005，相对密度为 2.56。

图 6-27 产自德国埃菲尔地区的无色透长石戒面
（图片来源：www.minfind.com）

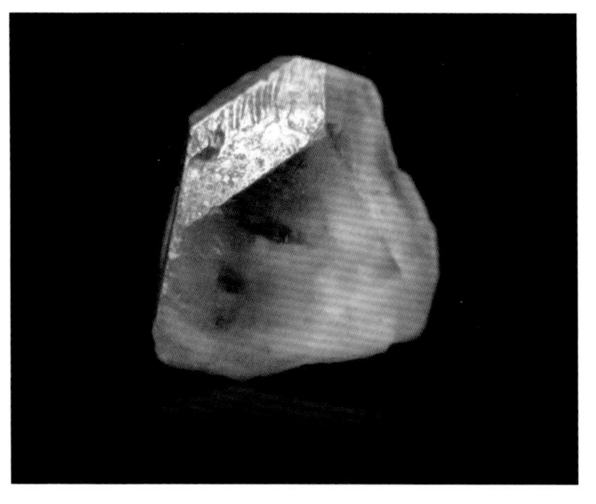

图 6-28 产自马达加斯加的黄色透长石晶体
（图片来源：戴雪萍提供）

二、斜长石系列宝石品种

（一）日光石

日光石是以奥长石为主要成分且具有砂金效应的宝石品种。多呈无色、黄至金黄色、橙色、棕色色调，具玻璃光泽，透明至半透明，折射率为 1.537 ~ 1.547（+0.004，-0.006），双折射率为 0.007 ~ 0.010，相对密度为 2.65（±0.03），在紫外灯下呈惰性，但在 X 光下发白光。

日光石的砂金效应（图 6-29）是由内部定向排列的片状或板状金属包体（图 6-30）对光的反射而呈现红或金色的反光，这些金属包体多数为六边形赤铁矿或针铁矿等。日光石的内部除了具有片状金属包体外，还可能出现解理纹、双晶纹等包体。在俄罗斯发现一种具有猫眼效应的日光石，其猫眼效应是由薄层状、彼此交错的长石所组成的纤维状结构造成的（图 6-31）。此外，市场上还存在具有四射星光效应的日光石。

日光石的质量评价主要考虑颜色、砂金效应、块度及切工等因素。日光石的颜色以金黄色为佳，颜色偏浅或偏暗都会影响其价格；砂金效应明显、闪耀，块度大且切工良好的日光石价值较高（图 6-32）。

图 6-29　日光石的砂金效应
（图片来源：www.flickr.com，CC BY-ND 2.0 许可协议）

图 6-30　日光石内的片状包裹体
（图片来源：www.gemselect.com）

图 6-31　具猫眼效应的日光石猫眼戒面
（图片来源：www.palagems.com）

图 6-32　具明显砂金效应的优质日光石戒面

日光石的主要产地有挪威南部的特维德斯兰特（Tvedestran）市镇、俄罗斯贝加尔湖地区、美国宾夕法尼亚州特拉华的米德尔敦镇（Middletown Township）、俄勒冈州的普拉斯（Plush）、北卡罗莱州的斯泰茨维尔（Statesville）。此外，加拿大、印度南部和美国的缅因州、新墨西哥州、纽约州等地也有日光石产出。日光石主要产于片麻岩中的石英脉、伟晶岩中。

（二）俄勒冈日光石

与以奥长石为主要成分的日光石相比，俄勒冈日光石（Oregon Sunstone）的化学性质更接近拉长石，组成成分约为70％钙长石和30％钠长石。由于内部所含金属铜片包体使其具有砂金效应（图6-33），且仅产自美国俄勒冈州中南部莱克县（Lake County）的普拉斯（Plush）矿和西北部哈尼县（Harney county）的庞德洛萨（Ponderosa）矿，因而得名。1985年，俄勒冈州议会宣布将其用作州石。

俄勒冈日光石颜色丰富，呈无色、浅黄、橙黄、粉橙、粉红、橙红、深红、浅绿及蓝绿色（图6-34），折射率为1.563 ~ 1.572，双折射率为0.009，相对密度为2.71。部分红色及绿色俄勒冈日光石具强烈的多色性，一些均匀的红色体色晶体不具有绿色方向，而所有绿色体色晶体都至少具有一个红色方向，多色性特征可用于区分俄勒冈日光石与其他相似宝石。俄勒冈日光石因含有铜的沉淀物，当温度和压力降低时，会析出具有特征的铜片包体，铜片包体含量越多，宝石的体色越深。

图6-33　具砂金效应的俄勒冈日光石
（图片来源：Wikimedia Commons，CC BY 2.0许可协议）

图6-34　颜色丰富的俄勒冈日光石
（图片来源：Wikimedia Commons，CC0许可协议）

（三）拉长石

宝石级拉长石（Labradorite）的品种有晕彩拉长石（图6-35）和透明拉长石。宝石级拉长石常为无色或具黄色、棕色或灰色调，玻璃光泽，透明至半透明，折射率为1.565 ~ 1.572，双折射率为0.009，相对密度为2.70（±0.05），可具有两组近直角的完全解理。

晕彩拉长石是最重要的拉长石宝石品种，具有光谱色的晕彩效应，也被称为“光谱石”。其体色呈灰—灰黄色、橙—棕色、棕红色及绿色，具有蓝色、绿色、红色、橙色、黄色及紫色的晕彩效应（图 6-36、图 6-37），其中蓝、绿色晕彩最为常见。这些晕彩是由于光透过拉长石聚片双晶薄层之间时相互干涉，或由于其内部的细微片状、针状包体对光产生的干涉效应造成的。含针状包体的拉长石还可以产生猫眼效应，当猫眼效应和蓝色晕彩同时出现时，该种拉长石又被称为“黑色月光石”。

晕彩拉长石的透明度一般不佳，内部常见黑色的针状或片状钛铁矿包体，常具有定向性，加以正确切磨有时可呈现猫眼效应。此外，还可见到解理、裂隙等包体（图 6-38）。

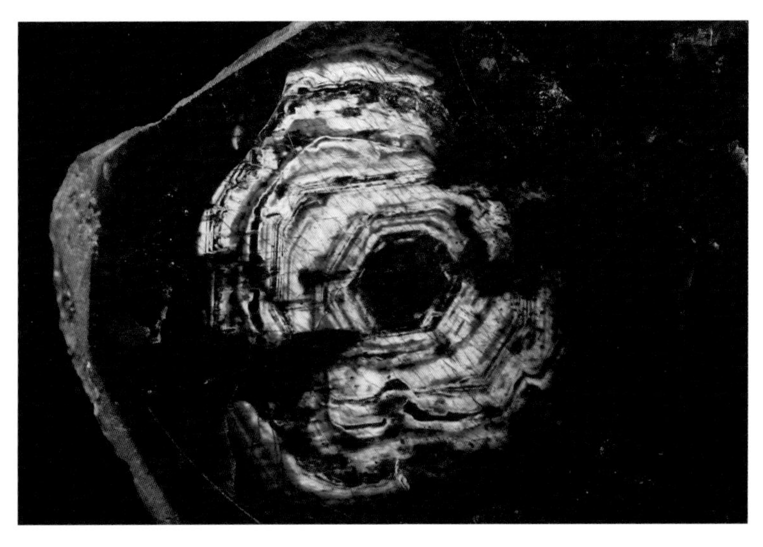

图 6-35　具环带结构的晕彩拉长石

（图片来源：国家岩矿化石标本资源共享平台，www.nimrf.net.cn）

图 6-36　具蓝绿色晕彩效应的拉长石

（图片来源：www.flickr.com，CC0 许可协议）

图 6-37　具橙色和紫红色晕彩效应的拉长石

（图片来源：Wikimedia Commons，CC BY-SA 4.0 许可协议）

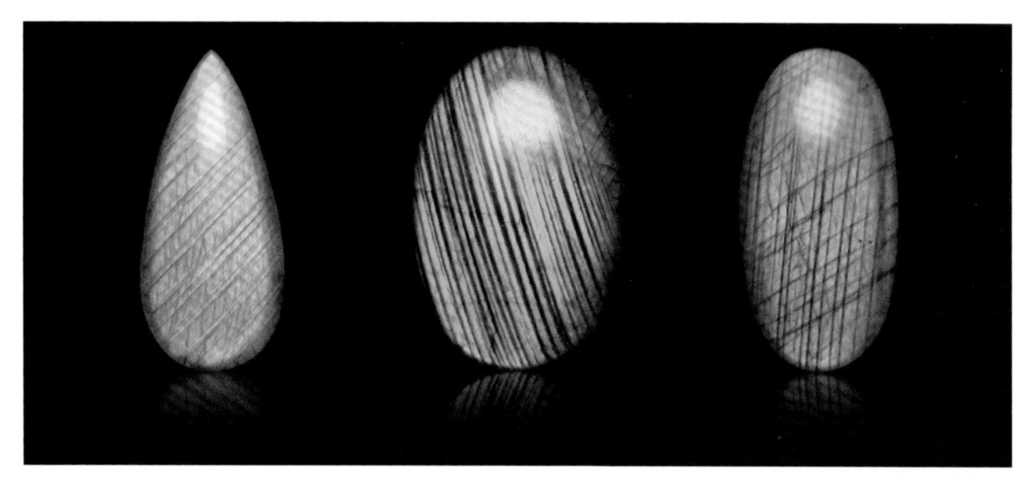

图 6-38　拉长石解理导致的平行花纹

透明的拉长石品种也可作为宝石，如美国米勒瑞（Millary）县发现的一种近无色至浅黄色无晕彩效应的拉长石，其相对密度为 2.68，折射率为 1.565 ~ 1.572，墨西哥和澳大利亚也发现有类似的拉长石材料。这些透明的拉长石在紫外灯下可见弱荧光，在 X 光下发亮绿色的光。

拉长石的质量高低与颜色、净度、透明度、块度及切工有关，颜色鲜艳、净度良好、透明度高、块度大且切工优良的拉长石品质较高。对于晕彩拉长石，还需考虑其晕彩效应，当晕彩拉长石具有蓝色的波浪状晕彩或同时具有红、橙、黄、绿、蓝等多色晕彩时价值较高（图 6-39）。

优质宝石级晕彩拉长石产于加拿大、澳大利亚、芬兰、马达加斯加、墨西哥、俄罗斯、乌克兰和美国等国家。芬兰拉彭兰塔（Lappeenranta，Finland）的伊拉马（Ylamaa）采石场出产有颜色最丰富鲜艳的样品（图 6-40），而最重要的矿区则是加拿

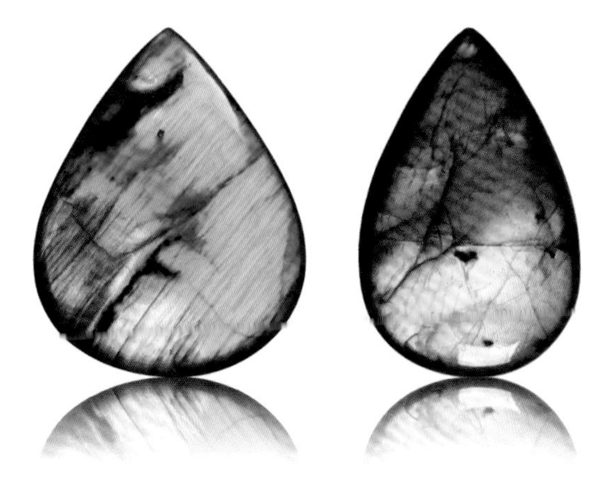

图 6-39　集多色晕彩于一体的晕彩拉长石

图 6-40　产自芬兰伊拉马的晕彩拉长石

大拉布拉多（Labrador）的内恩（Nain）和塔波尔岛（Tabor Island）。拉长石主要产于辉长岩、斜长岩、辉绿岩、玄武岩及辉长伟晶岩中。

（四）培长石

美国俄勒冈州普拉斯（Plush）矿发现有浅黄色、红色的培长石（Bytownite），折射率为 1.56 ~ 1.57，相对密度为 2.739。此外，在美国的蒙大拿州和亚利桑那州、加拿大的安大略省和魁北克省及挪威、墨西哥等地均有发现（图 6-41、图 6-42）。

图 6-41　产自墨西哥的培长石戒面
（图片来源：Kosnar Gem Co.，www.gemdat.org）

图 6-42　产自墨西哥的培长石戒面
（图片来源：Brian Kosnar，www.gemdat.org）

（五）中长石

宝石级别的中长石（Andesine）呈黄色（图 6-43）至红色（图 6-44），研究表明，其黄色调是由 Fe^{3+} 和 Fe^{2+} 之间的电子跃迁造成。中国内蒙古自治区包头市固阳县产出

图 6-43　产自刚果的橙黄色中长石戒面
（图片来源：www.gemselect.com）

图 6-44　产自刚果的橙红色中长石戒面
（图片来源：www.gemselect.com）

浅黄白色、强黄褐色至酒黄色的宝石级中长石，折射率为 1.555 ~ 1.563，双折射率约为 0.008，相对密度为 2.650 ~ 2.730，摩氏硬度为 6.0 ~ 6.4。该地产出的少数中长石还具有乳光、猫眼和变彩效应。

第四节

长石的优化处理与相似品

一、长石的优化处理及其鉴别

（一）充填处理

由于长石表面多有解理、裂隙，为增强其耐久性，常使用浸蜡或注胶的方式来充填。目前市场上的天河石多经过浸蜡处理，还发现有对磨成珠型的晕彩拉长石进行注胶处理。对浸蜡处理的鉴定可通过肉眼观察充填物质与宝石本体的光泽差异，利用热针探测充填部位可见蜡熔化，通过红外光谱测定也可得到其浸蜡处理的证据。对注胶处理的晕彩拉长石进行鉴定，放大检查可发现其表面具网脉纹，此外，在紫外灯下还可见异于平常的荧光效应，且自裂隙中发出。

（二）覆膜处理

在长石的表面覆上蓝色或黑色薄膜增强其晕彩效应，可通过放大观察见到薄膜与主体宝石间的气泡或薄膜脱落的痕迹。

（三）底衬处理

月光石及晕彩拉长石的底部有时被加以暗色底衬，用于增加其光学效应；同时还存在下层为拉长石以提供蓝色晕彩，上层为透明玻璃以放大蓝色晕彩效果的弧形拼合石，用来模仿优质的月光石。这类处理从侧面观察很容易见到拼合缝，且上下两层的包体截然不同。

（四）辐照处理

通常将白色微斜长石经过辐照处理以得到蓝色，较难检测。此外，将天河石加热至300摄氏度左右即会褪色。有实验表明，如果加热温度不高，天河石未完全失去水，还可再次通过辐照处理恢复原色，若加热到500摄氏度使天河石失去杂质水，再辐照则只能使其变为烟色。

（五）扩散处理

前人通过对市场上出现的一种红色长石进行实验和研究，认为大多数“西藏红色长石”是将黄色的长石在高温氧化的条件下经过铜扩散处理所得。

二、长石的相似品及其鉴别

与月光石相似的宝石品种主要有黄晶、绿柱石、玉髓等，可以从折射率、相对密度、光性和显微特征等方面进行鉴别（见本书附表），月光石最主要的鉴定特征为折射率较低且具有典型的蜈蚣状包体。

与日光石相似的宝石品种主要有东陵石、人造砂金玻璃，可以从光性和显微特征等方面进行鉴别（见本书附表），日光石最典型的鉴定特征为二轴晶晶体，在正交偏光镜下转动出现四明四暗的现象，具呈六边形且定向排布的金属片状包体。

与晕彩拉长石相似的宝石品种主要有欧泊、月光石、彩斑菊石、鲍鱼贝等，可以从折射率、相对密度、光性和显微特征等方面进行鉴别（见本书附表），晕彩拉长石最典型的鉴定特征为晕彩效应，以及暗黑色包体和两组夹角近90度的解理。

与天河石相似的宝石品种主要有绿柱石、翡翠、绿松石等，可以从颜色外观、折射率、相对密度和显微特征等方面进行鉴别（见本书附表），天河石最典型的鉴定特征为具有独特的白、绿色相间的格子状、波纹状或条纹状图案。

与正长石相似的宝石品种主要有水晶、绿柱石及方柱石，可以从折射率、相对密度、光性和显微特征等方面进行鉴别（见本书附表），正长石最典型的鉴定特征是折射率较低，为二轴晶，具有两组典型的近90度夹角解理。

第七章
Chapter 7
坦桑石

坦桑石，矿物名称为黝帘石，因产量稀少，且有着无可比拟的产地集中度以及艳丽的湛蓝色，自问世以来就广为流传，被誉为“20 世纪的宝石”。在西方传统文化中，坦桑石与绿松石、锆石并列为十二月的生辰石，它象征着灵气、治愈、爱与永恒。

第一节

坦桑石的历史与文化

一、坦桑石的名称由来

坦桑石的英文名称为 Tanzanite。1960 年，马赛族人首次在坦桑尼亚北部的梅勒拉尼（Mererani）山发现了一种美丽的蓝紫色宝石。1962 年，美国宝石学院和哈佛大学的矿物学家将其鉴定为 Blue Zoisite（蓝色黝帘石）。随后，这种新型蓝色宝石因产地单一、产量稀少的特性，赢得了蒂芙尼公司的关注。但由于 Blue Zoisite 发音类似 Blue Suicide（自杀），对其推广产生了一定的负面影响，故在 1968 年，蒂芙尼公司以产出地坦桑尼亚之名将该宝石重命名为 Tanzanite，并沿用至今。

二、坦桑石的历史与文化

1968 年，蒂芙尼公司在其高级珠宝系列发布会上宣称，“坦桑石是两千多年以来发现的拥有‘最美丽蓝色’的宝石，而全世界只有两个地方能找到坦桑石——坦桑尼亚和蒂芙尼”，为坦桑石增添了美丽与神秘的色彩，并将其推向了国际珠宝市场。其后，拥有海洋般湛蓝色的坦桑石引发了美国女性的热烈追捧，尚美巴黎（CHAUMET）、海瑞·温斯顿（Harry Winston）等诸多高级珠宝品牌也纷纷推出各类坦桑石的首饰（图 7-1）。

1997 年，好莱坞电影《泰坦尼克号》上映，杰克与罗丝凄美的爱情故事打动了无数的观影者。影片中，女主角佩戴的“海洋之心”（Heart of the Ocean）项链也让坦桑石一夜之间风靡全球（图 7-2），人们将之称为“20 世纪的宝石”，认为坦桑石是纯真爱情以及自信与成熟的象征。

图 7-1　海瑞·温斯顿推出的坦桑石配钻石胸针
（图片来源：Greyloch，www.flickr.com，CC BY-SA 2.0 许可协议）

图 7-2　“海洋之心”坦桑石项链
（图片来源：Josh vergara，Wikimedia Commons，CC BY-SA 4.0 许可协议）

第二节
坦桑石的宝石学特征

一、坦桑石的基本性质

（一）矿物名称

坦桑石的矿物名称为黝帘石（Zoisite），属绿帘石族矿物。

（二）化学成分

坦桑石为钙铝的硅酸盐矿物，其晶体化学式为 $Ca_2Al_3[Si_2O_7][SiO_4]O(OH)$，可含有钒（V）、铬（Cr）、锰（Mn）、铁（Fe）、镁（Mg）、钛（Ti）等微量元素。

（三）晶族晶系

坦桑石属低级晶族，斜方晶系。

（四）晶体形态

坦桑石晶体呈柱状，沿 *b* 轴延长，常见单形有平行双面 *a*{100}、斜方柱 *n*{101}、平行双面 *c*{001} 和斜方柱 *m*{210} 等（图 7-3、图 7-4），常有平行柱状的条纹，横断面近于六边形，也呈柱状晶粒集合体。

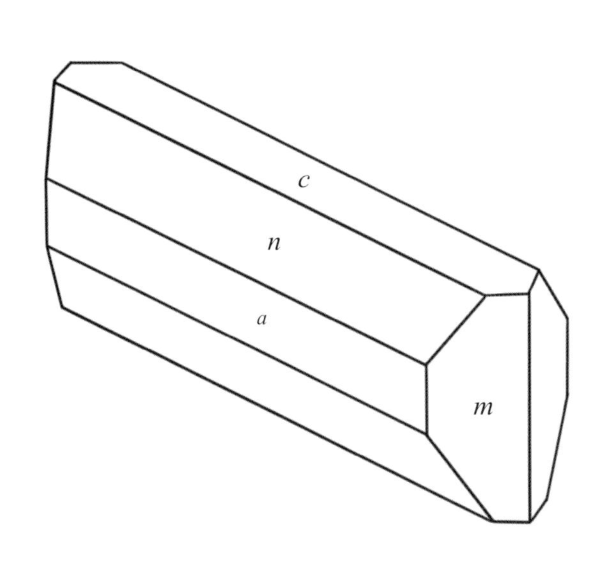

图 7-3　坦桑石的晶体形态

图 7-4　重达 3226.5 克拉的柱状蓝紫色坦桑石晶体

（五）晶体结构

在坦桑石的晶体结构中，存在两种不同的 Al-O 八面体，即 $[Al_{(I,II)}(O,OH)_6]$ 和 $[Al_{III}O_6]$。它们共棱连接成平行于 *b* 轴的链，链间以 $[Si_2O_7]$ 硅氧双四面体和 $[SiO_4]$ 硅氧四面体连接，其间所构成的大空隙被 Ca_I 和 Ca_{II} 占据，配位数皆为 7，铁、钛、铬等代替 $[Al_{III}O_6]$ 八面体中的铝（Al）的位置（图 7-5）。

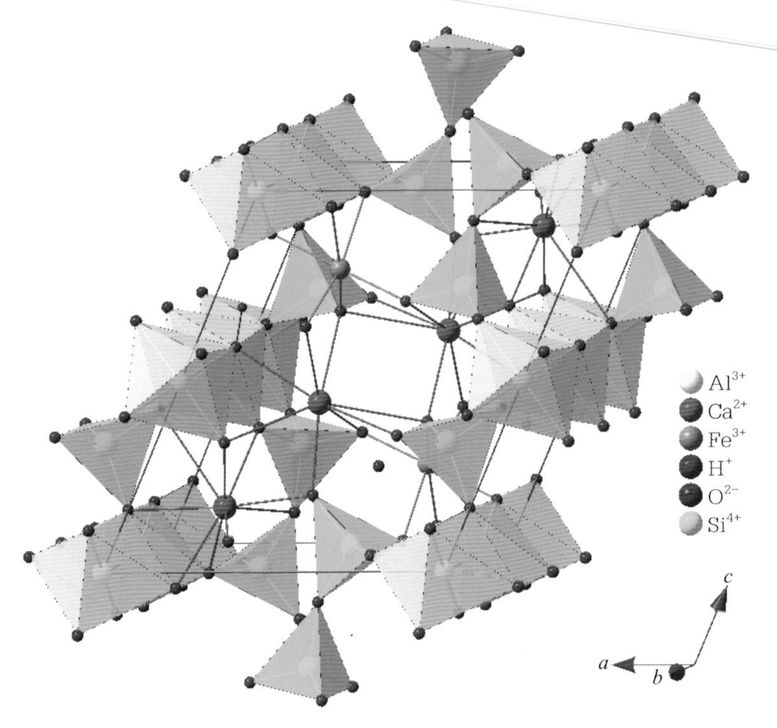

图 7-5　坦桑石的晶体结构示意图
（图片来源：秦善提供）

二、坦桑石的物理性质

（一）光学性质

1. 颜色

坦桑石常为带褐色调的绿蓝色（图 7-6）、蓝色（图 7-7）、蓝紫色（图 7-8）。其他颜色的黝帘石，如黄、粉红和褐色等，经热处理后，可变成令人喜爱的蓝紫色。

图 7-6　重达 17 克拉带褐色调的绿蓝色坦桑石戒面
（图片来源：Gemwriter，Wikimedia Commons，CC BY-SA 3.0 许可协议）

图 7-7　蓝色坦桑石戒面

图 7-8　蓝紫色坦桑石戒面

2. 光泽

坦桑石具玻璃光泽。

3. 透明度

坦桑石通常呈透明至半透明。

4. 折射率与双折射率

坦桑石的折射率为 1.691 ～ 1.700（±0.005），双折射率为 0.008 ～ 0.013。

5. 色散

坦桑石的色散值为 0.021。

6. 光性

坦桑石为二轴晶，正光性。

7. 多色性

坦桑石具有强三色性，蓝绿色坦桑石的多色性表现为蓝色、绿黄色、紫红色，黄绿色黝帘石的多色性为暗蓝色、黄绿色、紫色；经热处理后的蓝色坦桑石则表现强二色性，为深蓝色、紫色。

8. 吸收光谱

蓝色坦桑石的吸收光谱在595纳米处有一吸收带，528纳米有一弱吸收带（图7–9）。黄色黝帘石的吸收光谱在 455 纳米处有一吸收线（图 7–10）。

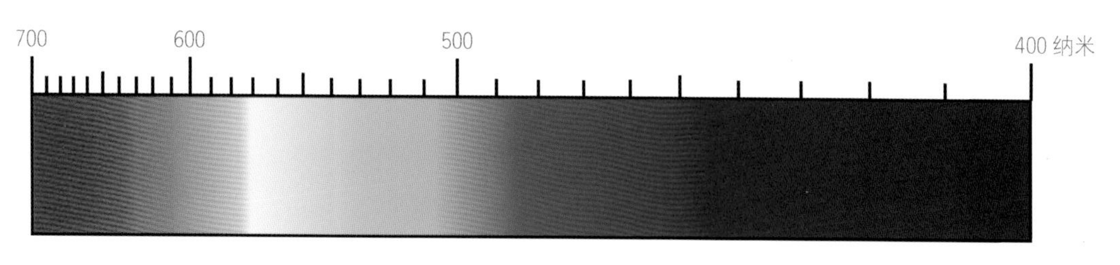

图 7–9　蓝色坦桑石的吸收光谱

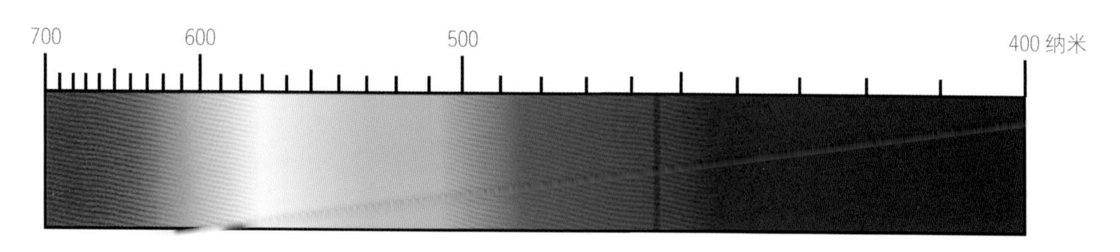

图 7–10　黄色黝帘石的吸收光谱

9. 紫外荧光

坦桑石在长、短波紫外灯下均呈荧光惰性。

10. 特殊光学效应

当坦桑石中具有定向排列的管状包体时，可出现猫眼效应，坦桑石猫眼十分少见。

（二）力学性质

1. 摩氏硬度

坦桑石的摩氏硬度为 6 ~ 7。

2. 密度

坦桑石的密度为 3.35（+0.10，−0.25）克 / 厘米 ^{3}。

3. 解理及断口

坦桑石具有 {100} 完全解理，{001} 不完全解理，断口呈贝壳状或参差状。

三、包裹体特征

坦桑石可具两相包体（图 7−11）、气 − 液 − 固三相包体、指纹状流体包体（图 7−12）、针管状包体（图 7−13），并可见阳起石、十字石、石墨、透闪石、方解石、石膏等矿物包体。

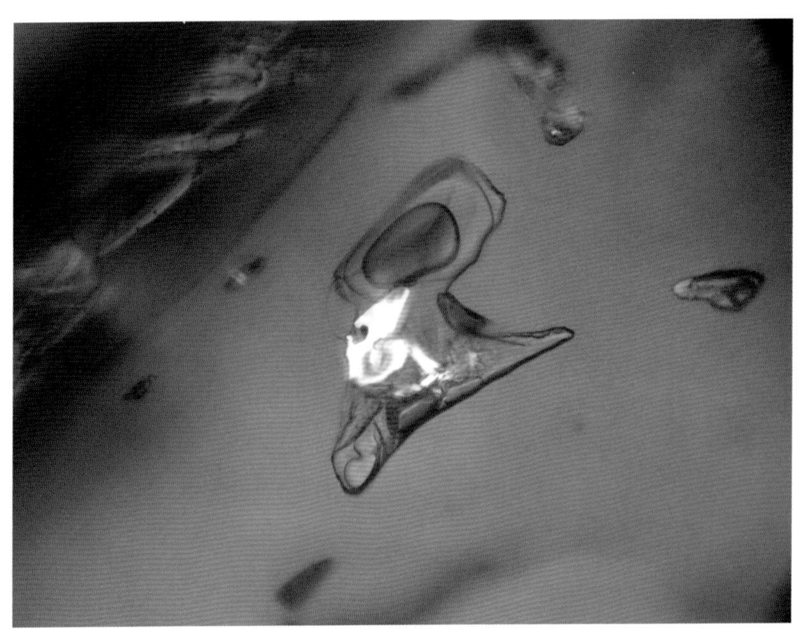

图 7−11　坦桑石中的气 − 液两相包裹体

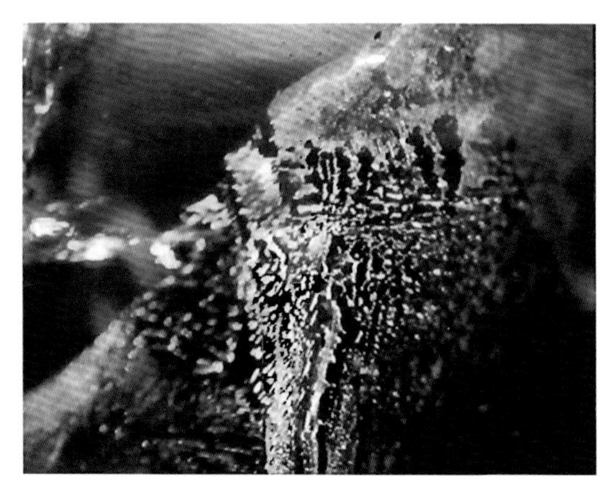

图 7-12　坦桑石中的指纹状包裹体
（图片来源：Barot N，1992）

图 7-13　坦桑石中的针管状包裹体
（图片来源：Barot N，1992）

第三节
坦桑石的优化处理与相似品

一、坦桑石的优化处理及其鉴别

（一）热处理（优化）

大部分未经处理的坦桑石都是棕黄色的。据前人研究，在 600 ~ 650 摄氏度的温度下加温，使坦桑石中的 V^{3+} 变为 V^{4+}，可将棕色、黄色、绿色坦桑石转变成蓝色，目前市场上大约 95% 的紫蓝色坦桑石都是经过热处理而成。热处理在坦桑石中非常常见，热处理之后的坦桑石颜色稳定，部分经热处理后其多色性会从天然的三色性变为二色性。

（二）覆膜处理（处理）

覆膜处理是在坦桑石的表面镀上一层有色薄膜以改善其颜色，膜层可含钴、锌、锡、钛等元素，鉴定特征有：覆膜坦桑石通常为鲜艳的紫蓝—蓝紫色，亭部为伴有虹彩的亚金刚光泽，与冠部的玻璃光泽形成明显对比；亭部膜层在棱线处有明显脱落现象，或膜层无明显异常，但在 60 倍以上放大观察时，可见大量小孔；亭部的钛元素含量明显偏高；紫外—可见光吸收光谱检测可见亭部缺失天然坦桑石的 528 纳米吸收带，且存在以 595 纳米为中心的吸收带偏移至 620 纳米的现象。

二、坦桑石的相似品及其鉴别

与坦桑石相似的宝石品种主要有蓝宝石、海蓝宝石、蓝色碧玺、堇青石、蓝晶石、蓝锥矿等，可以从多色性、折射率、相对密度、显微特征等方面进行鉴别（见本书附表），坦桑石最典型的鉴定特征是具有强多色性。

第四节 坦桑石的质量评价

坦桑石成品的质量一般从颜色、净度、透明度、克拉重量和切工等方面来进行评价。颜色均匀、饱和度高、纯净而透明的蓝色和蓝紫色坦桑石（图 7–14）质量为佳，如若切工精良，克拉重量大，则其价值就更高（图 7–15）。若具有少见的猫眼效应，其价值

图 7–14　由莫伊希金（Moiseikin）设计的“天使之翼”坦桑石戒指

（图片来源：Viktor V. Moiseikin IP, Wikimedia Commons, CC BY-SA 4.0 许可协议）

图 7–15　重达 112.7 克拉的切工精良的坦桑石戒面

也会相应地增加。坦桑石具有强多色性，在切磨时，常选择台面垂直 a 轴方向进行切磨，以展现坦桑石最优美的颜色。

第五节 坦桑石的产地与成因

一、坦桑石的产地

黝帘石的主要产地有坦桑尼亚、肯尼亚、美国、墨西哥、格陵兰、奥地利、瑞士等。坦桑尼亚是坦桑石（宝石级黝帘石）的主要出产国。

坦桑尼亚的坦桑石矿，位于乞力马扎罗山山麓区域的梅勒拉尼（Merelani）山，靠近阿鲁沙镇（Arusha）。矿区长约 5 千米，宽约 1 千米，于 1967 年被正式发现，1971 年被坦桑尼亚政府收归国有，1990 年被政府划分为 A、B、C、D 四个区域，A 区和 C 区的采矿权外租给了大型运营商，B 区和 D 区的采矿权属于当地矿主。2005 年，坦桑尼亚政府以 4000 万美元的价格将 C 区的采矿权卖给了坦桑一号矿业公司（Tanzanite One Mining Ltd）。

二、坦桑石的成因

坦桑尼亚的坦桑石为区域变质和热液蚀变的产物，其矿床位于大型褶皱的山顶上，被巨大的断层隔开，由白云质灰岩、片岩、片麻岩等变质岩组成，属中温热液型矿床，热液沿着区域断裂或裂隙活动，经交代和充填形成坦桑石富集带。该矿区的坦桑石多产于云母石墨片麻岩中方向各异、形体不规则的含长英质岩脉中，常与钙铝榴石共生，主要为白色、灰色、灰绿色、褐色，少数为蓝色，大多数具有强的多色性，经热处理可变为微带紫色调的蓝色透明坦桑石，粒径一般为 0.5 ~ 3 厘米，有些重量可达 25 克，原料主要用以磨制刻面型宝石。

在原生矿床采区附近，由于表生作用发生的风化剥蚀，形成了规模较大的残坡积砂矿带，可产出不少晶体颗粒较大、价值较高的宝石级坦桑石原料。

第八章

Chapter 8

托帕石

托帕石，又名黄玉，是一种典型的岛状硅酸盐矿物，主要赋存于花岗伟晶岩和次生砂矿中。托帕石颜色美、硬度高、性质稳定，自古就深受人们的喜爱，同时它作为十一月的生辰石，还象征着和平、友爱、幸福和希望。

第一节

托帕石的历史与文化

一、托帕石的名称由来

托帕石，英文名称为 Topaz。大部分学者认为 Topaz 之名源于古希腊语 topazios，原意是指埃及红海上一个偏远的、盛产橄榄石的、现名为宰拜尔杰德（Zabargad）的小岛，这是因为 Topaz 在中世纪时是所有黄色宝石的统称，在现代矿物学发展以后，Topaz 才特指含氟的铝的硅酸盐矿物。有些学者则认为 Topaz 之名是由梵文“topas”或“tapaz”演变而来，原意为“热”和“火”，意指托帕石具有鲜艳的色彩（红橙色）和较高的亮度。

二、托帕石的历史与文化

托帕石自古以来就深受人们喜爱，被赋予了很多美好的寓意。古希腊时期，人们认为托帕石可以赐予人力量、智慧和勇气；文艺复兴时期，欧洲人认为托帕石可以解除魔咒、消除愤怒；印度人认为托帕石是长寿、魅力以及智慧的象征。

《圣经·新约》记载：圣城耶路撒冷的城墙，有十二块基石，每一块基石都是一种宝石，其中的第九块基石就是托帕石。

早在 15—20 世纪，欧美就将托帕石作为十一月的传统生辰石（图 8-1），有古诗为证：“第一次降临这个世界的人，在十一月的雾和雪的笼罩下，应该珍视托帕石的琥珀色彩，这是友谊的象征和忠诚的爱。”1912 年，美国将托帕石作为十一月唯一的生辰石；1969 年，美国犹他州将托帕石定为其州石，并沿用至今。

图 8-1　18 世纪的托帕石胸花（现藏于里斯本国家古代艺术博物馆）

第二节

托帕石的宝石学特征

一、托帕石的基本性质

（一）矿物名称

托帕石的矿物名称为黄玉（Topaz），属黄玉族矿物。

（二）化学成分

托帕石为含氟（F）和羟基的铝（Al）的硅酸盐矿物，晶体化学为 $Al_2SiO_4(F, OH)_2$，可含有锂（Li）、铍（Be）、镓（Ga）、铊（Ti）、铌（Nb）等微量元素。托帕石中的附加阴离子 F^- 可被 OH^- 部分替代，二者的比值随托帕石的形成条件（如温度）而异，从伟晶岩→

云英岩→热液脉，n（F^-）/n（OH^-）比值从大到小（约3∶1→1∶1），该比值的变化直接影响托帕石的折射率、密度等物理性质，折射率与F^-的含量成反比，密度与F^-的含量成正比。

（三）晶族晶系

托帕石属低级晶族，斜方晶系。

（四）晶体形态

托帕石常呈短柱状，常见单形有斜方柱 *m*{110}、*l*{120}、*j*{021}、*k*{041}，斜方双锥 *n*{111}、*o*{221}、*p*{223}、*q*{431}，平行双面 *c*{001}、*b*{010}，此外有时还可见斜方柱 *R*{201}、*s*{043}、*t*{051} 等（图8-2）。托帕石通常以柱状产出（图8-3、图8-4），晶

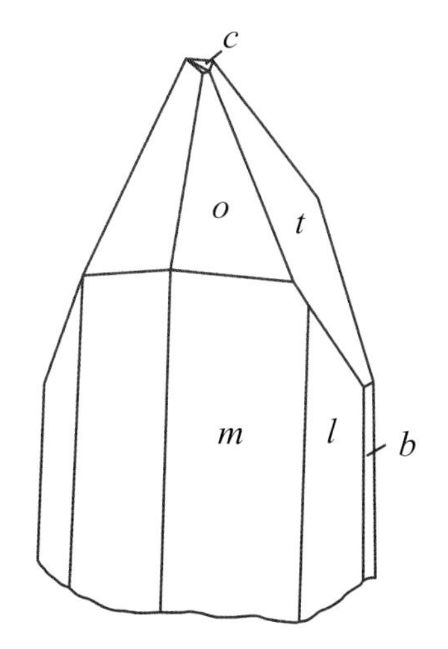

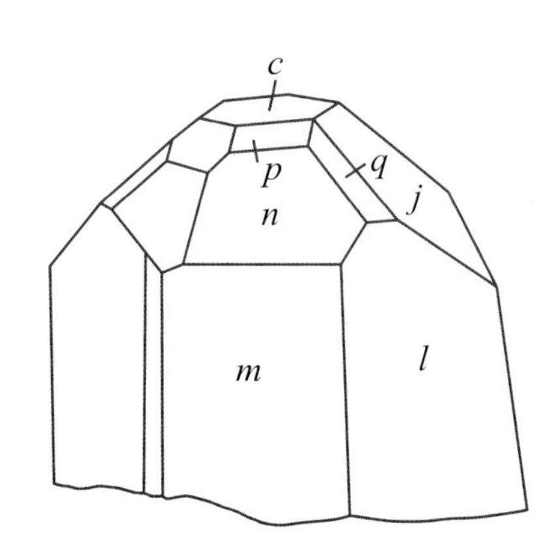

图8-2　托帕石的晶体形态

图8-3　产自美国的黄色托帕石晶体
（图片来源：Rob Lavinsky，iRocks.com，Wikimedia Commons，CC BY-SA 3.0许可协议）

图8-4　产自中国云南省的托帕石晶体
（图片来源：国家岩矿化石标本资源共享平台，www.nimrf.net.cn）

形完好，体积较大，柱面常发育晶面纵纹，此外也可见不规则粒状或水蚀卵石状。

（五）晶体结构

托帕石属岛状硅酸盐矿物，其晶体结构中存在成对的［AlO_4F_2］八面体连接成的弯曲链，该链沿 *c* 轴延伸，链与链之间由［SiO_4］四面体联结。［AlO_4F_2］八面体配位体中有四个 O^{2-} 和两个 F^-，氟经常部分地被羟基所替代。托帕石的晶体结构也可视为 O^{2-}、F^-、OH^- 共同平行于 {001} 作 ABCB 的四层最紧密堆积，Al^{3+} 占据八面体空隙，Si^{4+} 占据四面体空隙，孤立的四面体［SiO_4］借助八面体［AlO_4F_2］相联系（图 8-5）。

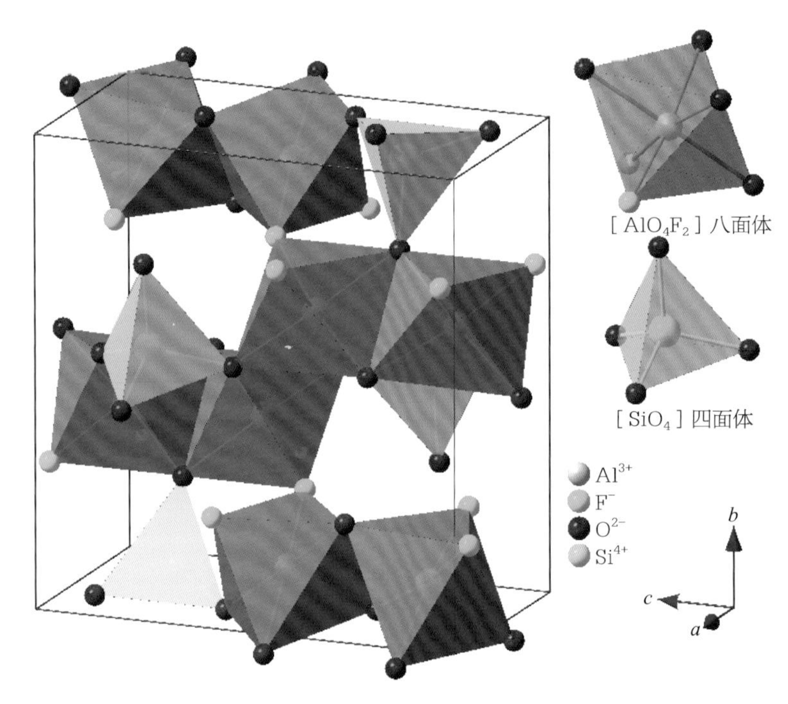

图 8-5　托帕石的晶体结构示意图
（图片来源：秦善提供）

二、托帕石的物理性质

（一）光学性质

1. 颜色

托帕石颜色非常丰富，最常见的是无色（图 8-6）和棕色，还有各种色调和饱和度的蓝色、绿色、黄色（图 8-7）、橙色、红色、粉色、紫色。

图 8-6　产自中国云南省的托帕石晶体
（图片来源：国家岩矿化石标本资源共享平台，www.nimrf.net.cn）

图 8-7　产自中国内蒙古自治区的托帕石晶体
（图片来源：国家岩矿化石标本资源共享平台，www.nimrf.net.cn）

2. 光泽

托帕石具有玻璃光泽。

3. 透明度

托帕石为透明至半透明。

4. 折射率与双折射率

托帕石的折射率为 1.619 ~ 1.627（±0.010），双折射率为 0.008 ~ 0.010。托帕石的折射率一般与氟的含量成反比。

5. 色散

托帕石的色散值为 0.014。

6. 光性

托帕石为二轴晶，正光性。

7. 多色性

托帕石具弱—中等多色性，不同颜色的托帕石多色性变化不同。黄色托帕石：褐黄或黄色—橙黄色；褐色托帕石：黄褐色—褐色；蓝色托帕石：不同色调的蓝色；粉色、红色托帕石：浅红或橙红色—黄色；绿色托帕石：蓝绿色—浅绿色。

8. 紫外荧光

托帕石在长波紫外灯下可见无—中等荧光，短波可见无—弱荧光。无色托帕石在长波下通常无荧光，有时也可呈很弱的绿黄色荧光；浅褐色托帕石在长波下可见橙色—黄色荧光；粉红色托帕石在长波下可见橙色—黄色荧光；蓝色托帕石在长波下通常无荧光，有时也可呈很弱的绿黄色荧光。

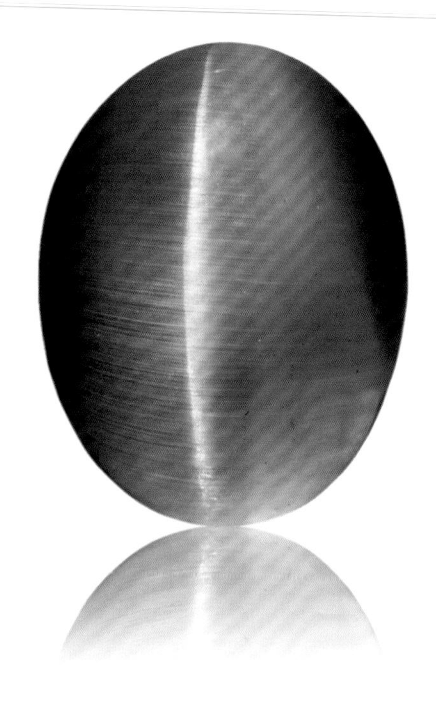

图 8-8　产自巴西的托帕石猫眼
（图片来源：吕林素，2016）

9. 特殊光学效应

当托帕石中具有大量平行排列的管状包体时，可形成猫眼效应（图 8-8）。

（二）力学性质

1. 摩氏硬度

托帕石的摩氏硬度为 8，为摩氏硬度计的标准矿物。

2. 密度

托帕石的密度一般为 3.53（±0.04）克 / 厘米^3，随晶体中 F^- 被 OH^- 代替的增加而减小。

3. 解理

托帕石具 {001} 一组完全解埋，常见平行于底轴面的解理面，而不见两端完整的晶体形态。

4. 脆性

托帕石具有较大的脆性。

三、包裹体特征

托帕石中包体相对较少，可见气 - 液两相包体、两种或两种以上不混溶的流体包体（图 8-9）、平行 c 轴的管状包体（图 8-10）和负晶。矿物包体有云母、钠长石、电气石、赤铁矿、辉钼矿（图 8-11）、闪锌矿（图 8-12）、磷铁锰矿等。

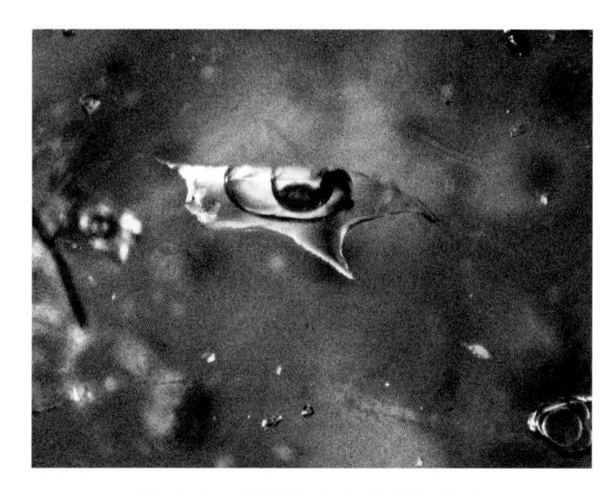

图 8-9　托帕石中的多相包裹体
（图片来源：Anthony de Goutière 提供）

图 8-10　产自乌克兰的托帕石猫眼具平行管状包裹体
（图片来源：KS，2004）

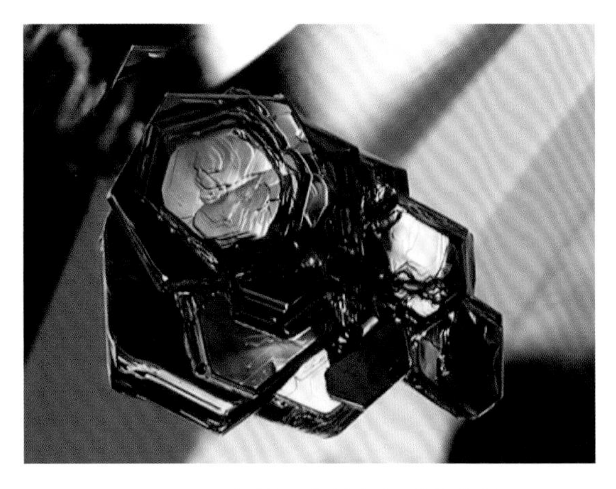

图 8-11　托帕石中的辉钼矿包裹体
（图片来源：John I. Koivula，2015）

图 8-12　托帕石中的闪锌矿包体
（图片来源：Jonathan Muyal，2016）

第三节

托帕石的优化处理与相似品

一、托帕石的优化处理及其鉴别

（一）辐照加热处理

辐照改色技术是利用电子束或中子对无色托帕石进行辐照，使其产生色心，再经热处理实现色心转型，从而使其呈现美丽颜色的方法。辐照加热处理改色后的托帕石常为不同色调的蓝色，少数为粉色或红色，颜色鲜艳，分布均匀，透明度高，一般粒度较大。

辐照加热改色的托帕石（图 8-13）颜色稳定，在高温或低温下均可存放较长时间，酸、碱、盐溶液中浸泡无影响。改色前后的托帕石除颜色发生变化外，硬度、密度、折射率、双折射率等物理和化学性质均与天然蓝色托帕石一致，但改色后的蓝色托帕石一般无紫外荧光或具很弱的荧光，且其阴极发光强度明显弱于天然托帕石。

图 8-13　经辐照加热处理的托帕石戒面

（二）扩散处理

市面上常见的扩散处理托帕石主要为钴扩散形成蓝色，其特征为视觉上呈蓝绿色调，但内部无色，蓝绿色调仅限于表层，表面有不均匀的聚集斑点及颜色浓集，滤色镜下呈橙红色，具有弱吸收钴谱等。

（三）镀膜处理

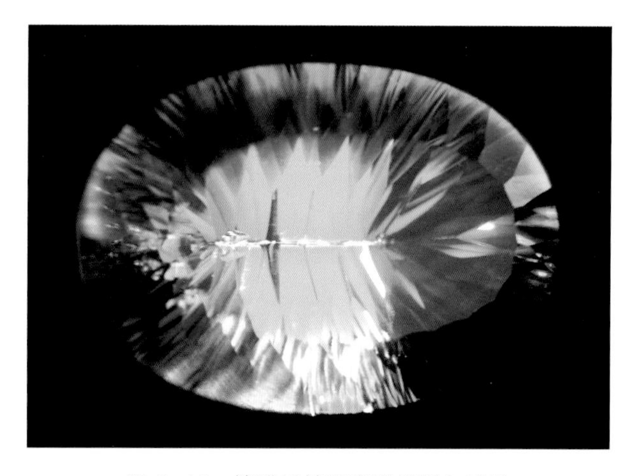

图 8-14　镀膜托帕石表面的彩色反光
（图片来源：Sandy Roberts，www.flickr.com，CC BY 2.0 许可协议）

在浅色托帕石表面喷镀金属膜，可使其产生单色或虹彩效应（图 8-14），镀膜托帕石结构分为单层结构、双层结构和三层结构。膜层成分不同，可使托帕石颜色发生不同的变化。镀膜托帕石的亭部硬度较低、折射率不可测，放大观察可见亭部刻面棱的膜被磨损，从而出现颜色变浅的痕迹，且其在紫外荧光和阴极发光下都通常呈惰性。

二、托帕石的相似品及其鉴别

与托帕石相似的宝石品种主要有海蓝宝石、碧玺、赛黄晶、磷灰石和红柱石等，可通过光性、力学性质、内部包体等特征观察进行鉴别（见本书附表）。托帕石最典型的鉴定特征是硬度和比重较大，且具有一组完全解理。

第四节

托帕石的品种与质量评价

一、托帕石的品种

托帕石通常依据其颜色、特殊光学效应和包体特征进行分类和命名，有无色托帕石、黄色托帕石、粉红色托帕石、蓝色托帕石、绿色托帕石、双色托帕石、托帕石猫眼等（图 8-15），此外，还有一些特殊的商业品种，如“帝王托帕石”。

无色托帕石：无色透明，形似水晶，产量大，价值较低，常作为改色材料。

图 8-15 各种颜色的托帕石戒面
（图片来源：Michelle Jo，Wikimedia Commons，CC BY 3.0 许可协议）

黄色托帕石：黄色透明（图 8-16），形似黄水晶，产量较大。

粉红色托帕石：呈粉红（图 8-17）、浅红到浅紫红色，产量稀少，多为黄褐色托帕石热处理而成。

图 8-16　黄色托帕石戒面
（图片来源：Mauro Cateb，Wikimedia Commons，CC BY-SA 4.0 许可协议）

图 8-17　产自巴基斯坦的粉色托帕石晶体
（图片来源：Didier Descouens，Wikimedia Commons，CC BY-SA 3.0 许可协议）

蓝色托帕石：呈浅蓝或深蓝色（图 8-18），多为无色或褐黄色托帕石辐照和热处理而成。

绿色托帕石：呈淡绿或灰绿色（图 8-19），稀少罕见。

双色托帕石：指在同一颗托帕石晶体上同时呈现两种不同的颜色，如黄色—橙色、淡蓝—淡黄色、亮粉红色—橙黄色或橙褐色—紫色，稀少罕见。

托帕石猫眼：当托帕石晶体中所含的微小的气 - 液两相充填的管状包体平行密集排列或针状包体定向排列时，切磨成弧面型，可产生猫眼效应，稀少罕见。

帝王托帕石（Imperial Topaz）：属于商业俗称，据彼得・C・凯勒（Peter C. Keller）和理查德・B・德鲁克（Richard B. Drucker），指浓艳的黄色、黄橙色、红橙色托帕石（图 8-20），主要产自巴西米纳斯吉拉斯州的欧鲁普雷图（Ouro Prêto）地区。

二、托帕石的质量评价

托帕石的质量优劣一般从颜色、净度、重量和切工等方面进行评价。

图 8-18　蓝色托帕石晶体
（图片来源：Roy Goldberg，Wikimedia Commons，CC BY-SA 4.0 许可协议）

图 8-19　产自美国的绿色托帕石晶体
（图片来源：Rob Lavinsky，iRocks.com，Wikimedia Commons，CC BY-SA 3.0 许可协议）

图 8-20　产自巴西米纳斯吉拉斯的帝王托帕石晶体
（图片来源：Madereugeneandrew，Wikimedia Commons，CC BY-SA 4.0 许可协议）

托帕石以天然、均匀、饱和度高的红色、粉色托帕石，杂质裂隙少，高透明度，高亮度，大颗粒者为优（图 8-21），蓝色、黄色托帕石次之，无色托帕石价值相对较低。托帕石由于具有 {001} 完全解理，故在切磨时，应避免主刻面平行于解理面，这样能降低加工难度，并使托帕石展现最好的光泽。

图 8-21　高品质帝王托帕石戒指
（图片来源：Omi Privé，omiprive.com）

第五节

托帕石的产地与成因

一、托帕石的产地

宝石级托帕石的主要产出国有巴西、加拿大、俄罗斯、阿富汗、德国、巴基斯坦、意大利、日本、澳大利亚、墨西哥、美国和缅甸等，中国广西、广东、内蒙古、江西、云南等地也有宝石级的托帕石产出。

（一）巴西

巴西米纳斯吉拉斯是宝石级托帕石最重要的产地。巴西的托帕石形成在富氟的成矿热液中，与白云母、正长石和石英几乎同时形成，托帕石在伟晶岩矿区常与石英、高岭土、镜铁矿晶体相伴生。巴西米纳斯吉拉斯的欧鲁普雷图地区目前是帝王托帕石的唯一产地，有多个矿点，产出黄橙色和红橙色（富铬）的帝王托帕石。

（二）中国

中国托帕石产于广西、广东、内蒙古、江西等地。

广西桂东的托帕石产于钨锡石英脉型矿床中，分布于脉体近内带或中心部位，多为无色、透明至半透明，常与白云母、萤石、锡石、石英、毒砂等共生。

广东台山的托帕石主要产于砂矿中，主要为磨圆和次磨圆状，粒度大小由几毫米至几十厘米不等，绝大多数为无色，少部分呈浅棕红色和浅水蓝色。

内蒙古锡林郭勒盟的托帕石产于白云母型和二云母型花岗伟晶岩中，主要有无色、蓝色、浅绿色、浅黄色等，常与绿柱石、独居石等矿物共生。

江西的托帕石产于钨矿中，属高温热液成因，主要富集于矿脉较细的支脉内，与石英、白云母、长石、黑钨矿、绿柱石等共生。

二、托帕石的成因

托帕石是一种典型的气成热液矿物，主要产于花岗伟晶岩、云英岩、高温气成热液矿脉、酸性火山岩的气孔中，还可以产于砂矿中。

托帕石常产于铌（Nb）－钇（Y）－氟（F）型和锂（Li）－铯（Cs）－钽（Ta）型伟晶岩矿床中，在铌（Nb）－钇（Y）－氟（F）型矿床中，托帕石常与云母、萤石、电气石、绿柱石等伴生；在锂（Li）－铯（Cs）－钽（Ta）型矿床中，则与锂云母、铬铁矿、钽铁矿、萤石、电气石、绿柱石等伴生。

云英岩型矿床中，托帕石是由富硅富氟的高温热液与铝反应形成，常与石英、电气石、磷灰石、萤石、钨矿以及硫化物等伴生。

热液型矿床中，托帕石可以在各种围岩中形成，成矿温度为 250 ~ 400 摄氏度，矿化作用与围岩的成分和热液的温压条件有关。当高温时，脉石矿物以石英和长石为主；当低温时，脉石矿物以石英为主。

第九章
Chapter 9
辉　石

辉石，是一种重要的单链硅酸盐矿物，是辉石族矿物的总称。辉石的英文名称为Pyroxene，由法国矿物学家阿雨（René-Just Haüy，1743—1822年）命名，来源于希腊语中的“火”和“外来者”两个词。辉石存在于火山熔岩中，有时被视为镶嵌在火山玻璃中的晶体，人们认为它们是火山玻璃中的杂质，因此得名。辉石族常见的宝石品种有锂辉石、透辉石、顽火辉石、普通辉石等。

第一节

辉石族宝石的基本性质

一、化学成分及分类

辉石族矿物的化学通式为 XY（T_2O_6），X 为 Ca^{2+}、Mg^{2+}、Fe^{2+}、Mn^{2+}、Na^+、Li^+ 等；Y 为 Mg^{2+}、Fe^{2+}、Mn^{2+}、Fe^{3+}、Al^{3+}、Cr^{3+}、Ti^{4+} 等；T 代表 Si^{4+}、Al^{3+}，少数情况下为 Fe^{3+}、Cr^{3+}、Ti^{4+} 等。上述的各组阳离子的等价或异价、完全或不完全的类质同象替代十分广泛，主要构成镁铁类质同象系列如 $Mg_2[Si_2O_6]$—$Fe_2[Si_2O_6]$、$CaMg[Si_2O_6]$—$CaFe[Si_2O_6]$，铝铁类质同象如 $NaAl[Si_2O_6]$—$NaFe[Si_2O_6]$ 等几个类质同象系列。

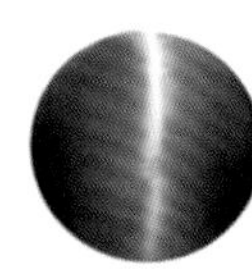

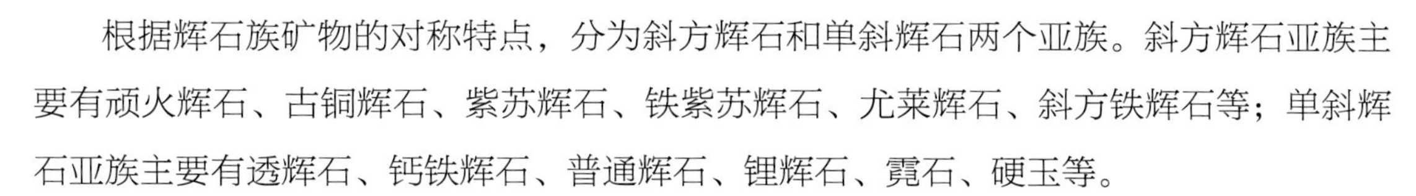

根据辉石族矿物的对称特点，分为斜方辉石和单斜辉石两个亚族。斜方辉石亚族主要有顽火辉石、古铜辉石、紫苏辉石、铁紫苏辉石、尤莱辉石、斜方铁辉石等；单斜辉石亚族主要有透辉石、钙铁辉石、普通辉石、锂辉石、霓石、硬玉等。

二、晶体形态

辉石常呈平行于链延伸方向的柱状、短柱状晶形，主要单形有斜方柱、平行双面，横截面呈近正方形或近八边形。可具平行（001）和（100）的简单双晶和聚片双晶。常见板柱状、粒状、块状集合体。

三、晶体结构

在辉石族矿物的晶体结构中，$[SiO_4]$ 四面体各以两个角顶与相邻的 $[SiO_4]$ 四面体

共用形成沿 *c* 轴方向无限延伸的单链。每两个［SiO_4］四面体为一个重复周期，在 *a* 轴和 *b* 轴方向上［SiO_4］链以相反取向交替排列，由此形成平行{100}的似层状，以及在 *a* 轴方向上端氧与端氧相对形成 M_1 位，桥氧与桥氧相对形成 M_2 位。M_1 位和 M_2 位阳离子均为 6 配位。在晶体结构中，X 阳离子占据 M_2 位置，Y 占据 M_1 位置，T 占据硅氧骨干中的四面体位置。由于结构中 M_2 位置上的阳离子种类不同，对晶体结构产生显著的影响，使辉石族的矿物呈现不同的晶系。当 M_2 位主要为 Fe^{2+}、Mg^{2+} 等小阳离子时，一般为斜方晶系；当 M_2 位主要为 Ca^{2+}、Na^{+}、Li^{+} 等大阳离子时，为单斜晶系。

四、物理性质

辉石族矿物的颜色随成分变化而不同，从无色、白色、黄色、紫色、灰色或绿色到绿黑、褐黑以及黑色，含有铁（Fe）、钛（Ti）、锰（Mn）者，颜色变深。辉石族矿物呈现玻璃光泽，透明至半透明，摩氏硬度为 5 ~ 6，相对密度为 3.10 ~ 3.96，随铁（Fe）含量增高而增大。辉石族矿物 *b* 轴方向链的连接力较弱，因此发育平行于链延伸方向的{210}、{110} 两组解理，解理夹角接近于 90 度。

第二节
锂辉石

锂辉石（Spodumene），其英文名称来源于希腊文 spodoumenos，意为“烧成灰烬”（burnt to ashes），用于指代工业锂辉石晶体的灰白色、不透明外观。锂辉石为含锂的铝硅酸盐，是当今工业使用锂及其化合物的重要来源之一。锂辉石的颜色很丰富，在宝石商贸中，有些颜色有其特定的商贸名称，如含 Mn^{2+} 者呈粉红色至蓝紫红色，称为紫锂辉石；含 Cr^{3+} 者呈翠绿色，称为翠绿锂辉石。

一、锂辉石的基本性质

（一）矿物名称

锂辉石的矿物名称为锂辉石（Spodumene），属辉石族矿物。

（二）化学成分

锂辉石为含锂的铝硅酸盐，晶体化学式为 $LiAlSi_2O_6$，常有少量 Mn^{3+} 和 Fe^{3+} 代替 6 次配位的铝（Al），可含有铬（Cr）、钛（Ti）、镓（Ga）、钒（V）、钴（Co）、镍（Ni）、铜（Cu）、锡（Sn）等微量元素。

（三）晶族晶系

锂辉石属低级晶族，单斜晶系。

（四）晶体形态

锂辉石单晶体常呈柱状，柱面具有纵纹。主要单形有平行双面 $a\{100\}$、$b\{010\}$，斜方柱 $m\{110\}$、$n\{021\}$、$o\{\bar{2}21\}$、$c\{001\}$（图 9-1）；集合体常呈板柱状、棒状、块状等。

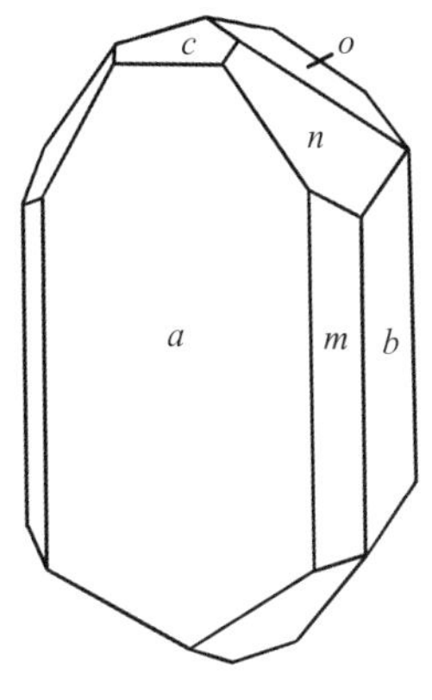

图 9-1　锂辉石的晶体形态

二、锂辉石的物理性质

（一）光学性质

1. *颜色*

锂辉石颜色丰富，可呈粉红色至蓝紫红色（图 9-2）、绿色（图 9-3）、黄色至黄绿色、无色、灰白色、蓝色等，通常色调较浅。

图 9-2　紫锂辉石戒面

图 9-3　翠绿锂辉石戒面

2. 光泽

锂辉石具玻璃光泽。

3. 透明度

锂辉石为透明。

4. 折射率与双折射率

锂辉石的折射率为 1.660 ~ 1.676（±0.005）；双折射率为 0.014 ~ 0.016。色散值为 0.017。

5. 光性

锂辉石为二轴晶，正光性。

6. 多色性

粉红—蓝紫红色锂辉石具有中等至强的三色性，表现为浅紫红 / 粉红 / 近无色；翠绿锂辉石具有中等强度的三色性，表现为深绿 / 蓝绿 / 淡黄绿色。

7. 吸收光谱

翠绿锂辉石在 686 纳米、669 纳米和 646 纳米处有铬的吸收线，620 纳米附近有一宽吸收带（图 9–4）；由铁致色的绿色至黄绿色锂辉石，在 433 纳米、438 纳米有吸收线（图 9–5）。

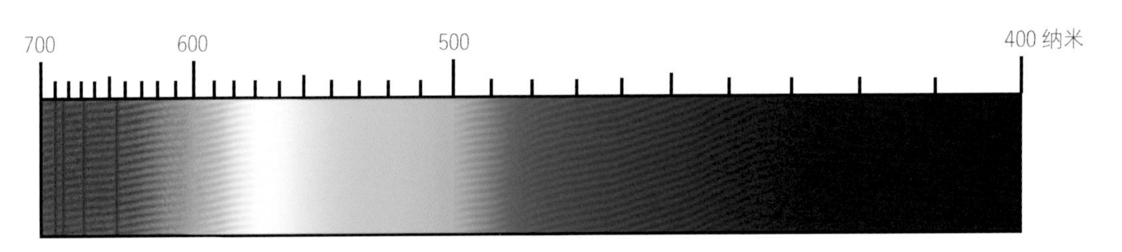

图 9–4　翠绿锂辉石的吸收光谱

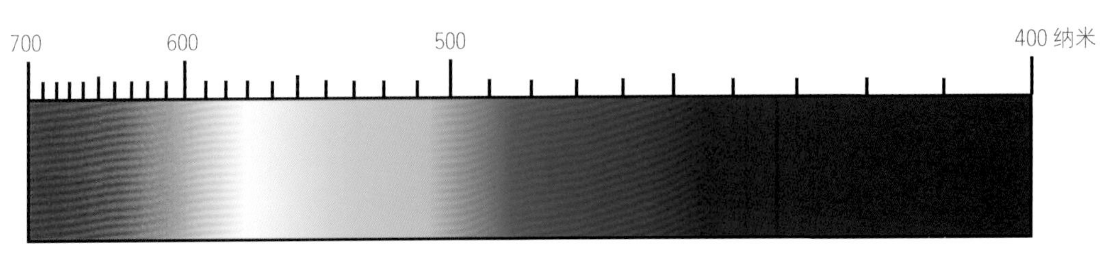

图 9–5　黄绿色锂辉石的吸收光谱

8. 紫外荧光

粉红—蓝紫红色锂辉石在长波紫外灯下可见中—强粉红色至橙色荧光，短波可见弱—中的粉红色至橙色荧光。绿色至黄绿色锂辉石在长波紫外灯下可见弱橙黄色荧光，短波下荧光极弱。

9. 特殊光学效应

锂辉石可出现星光效应和猫眼效应。

（二）力学性质

1. 摩氏硬度

锂辉石的摩氏硬度为 6.5 ～ 7。

2. 密度

锂辉石的密度为 3.18（ ±0.03 ）克 / 厘米 ^{3}。

3. 解理及断口

锂辉石具两组完全解理，近垂直，集合体通常不可见；断口呈参差状。

三、包裹体特征

锂辉石内部常见气液包体，管状、纤维状包体，也可见一些固体包体。

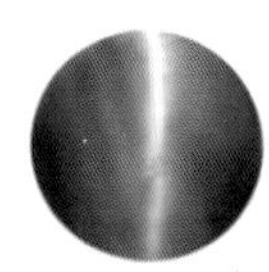

四、锂辉石的主要品种

（一）紫锂辉石

紫锂辉石颜色为粉红色—蓝紫红色，因含 Mn^{2+} 而致色（图 9–6 ）。具有中等至强的三色性，表现为浅紫红 / 粉红 / 近无色。无特征吸收光谱。在长波紫外灯下可见中—强粉红色至橙色荧光，短波可见弱—中的粉红色至橙色荧光。在强光照射或加热时会褪色。

图 9–6 紫锂辉石胸坠

（二）翠绿锂辉石

翠绿锂辉石颜色为翠绿色（ 图 9–7 ），因含 Cr^{3+} 而致色。具有中等强度的三色性，表现为深绿 / 蓝绿 / 淡黄绿色。

（三）绿色—黄绿色锂辉石

绿色—黄绿色锂辉石因含铁而致色，显示铁

图 9-1　产自阿富汗努里斯坦的翠绿锂辉石晶体
（图片来源：Parent Géry，iRocks.com，Wikimedia Commons，CC BY-SA 3.0 许可协议）

的吸收谱线，在长波紫外灯下可见弱橙黄色荧光，短波下荧光极弱。

五、锂辉石的优化处理与相似品

（一）锂辉石的优化处理及其鉴别

锂辉石常见的优化处理方式为辐照处理，辐照处理可以创造或者改善颜色，粉红色或紫红色锂辉石转变为暗绿色，但颜色都极不稳定，稍加热或见光就会褪色。但某些经中子辐照后转变为橙色、橙黄色、黄色、黄绿色的锂辉石，则颜色稳定。粉色的锂辉石在加热到 500 摄氏度的时候颜色会消失，可以通过辐照处理加热恢复，使无色或近无色的锂辉石转变为粉色。

（二）锂辉石的相似品及其鉴别

与紫锂辉石相似的宝石品种有浅粉红色电气石、绿柱石、紫水晶等，可以从折射率、双折射率、多色性等方面来鉴别（见本书附表）。紫锂辉石最典型的鉴定特征是具有明显的三色性，呈粉红色 / 紫色 / 无色，长波紫外灯下可见强粉红色至橙色荧光，短波可见强粉红色至橙色荧光，X 射线下可见橙色荧光。

与翠绿锂辉石相似的宝石品种有祖母绿、亮绿或淡黄色的碧玺、金绿宝石、透辉石，可以从折射率、双折射率、紫外荧光等方面来鉴别（见本书附表）。翠绿锂辉石最主要的鉴定特征是翠绿锂辉石具有中等强度的三色性，表现为深绿 / 蓝绿 / 淡黄绿色，在 686 纳米、669 纳米和 646 纳米处有铬的吸收线，620 纳米附近有一宽吸收带。

六、锂辉石的质量评价

锂辉石的质量评价可从颜色、净度、切工及重量等方面进行。

对颜色的评价要看其颜色的色调、深浅程度及分布的均匀程度。其中，紫锂辉石颜色以浓郁的粉红色和紫罗兰色为最佳，翠绿锂辉石颜色以浓绿色最佳。净度上要求其内部包体尽量少，净度越高，价值越高。一般肉眼可见的包体在很大程度上都会影响锂辉石的价值，但有些包体若充分利用，可增加其价值。如锂辉石中含有定向排列的管状或针状包体时，琢磨成弧面型可显示猫眼效应；若包体较少时，琢磨成随形或刻面形宝石，均会增加其价值。由于锂辉石具有两组完全解理和强多色性，选择宝石颜色最佳的方向作为台面进行切磨，切出的宝石价值较高。此外，颗粒大者，价值较高。

七、锂辉石的产地与成因

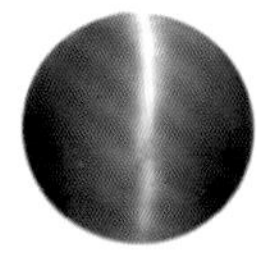

锂辉石的主要产地有巴西米纳斯吉拉斯州、美国北卡罗来纳州和加利福尼亚州、马达加斯加、缅甸、阿富汗、中国新疆等。其中，巴西是紫锂辉石及绿色至黄绿色绿辉石的重要产地，翠绿锂辉石多产于美国北卡罗来纳州。锂辉石主要见于富锂的花岗伟晶岩中，共生矿物有石英、钠长石、透锂长石、锂云母等。

第三节
透辉石

透辉石（Diopside）于 1800 年首次被发现，其英文名称为 Diopside，来源于希腊语 dis 和 opsis，dis 意为“双的”，opsis 意为“影像”，合二为一意为“双影”，形象地描述了透辉石由于较大的双折射率而出现的后刻面棱重影现象。

一、透辉石的基本性质

（一）矿物名称

透辉石的矿物名称透辉石（Diopside），属辉石族矿物。

（二）化学成分

透辉石的化学成分为 $CaMg[Si_2O_6]$，属于辉石族 $CaMg[Si_2O_6]$ $-CaFe[Si_2O_6]$ 类质同象系列，Mg^{2+} 可被 Fe^{2+} 完全替代形成钙铁辉石，可含少量 Cr^{3+}、Fe^{2+}、V^{3+}、Mn^{2+} 等。

（三）晶族晶系

透辉石属低级晶族，单斜晶系。

（四）晶体形态

透辉石晶体常呈短柱状或板柱状，也可见晶体碎块、水蚀卵石，主要单形为斜方柱{110}、{111}，平行双面{100}、{010}。集合体呈粒状、放射状。

二、透辉石的物理性质

（一）光学性质

图 9-8　黄绿色透辉石戒面

1. 颜色

透辉石常见蓝绿色至黄绿色（图 9-8）、褐色、黑色、紫色、无色至白色。随铁含量增多，颜色由浅至深。

2. 光泽

透辉石具玻璃光泽。

3. 透明度

透辉石为透明至半透明。

4. 折射率与双折射率

透辉石折射率为 1.675 ~ 1.701（+0.029，-0.010），点测常为 1.68，折射率随铁含量增多而增大；双折射率为 0.024 ~ 0.030。色散值弱，为 0.013。

5. 光性

透辉石为二轴晶，正光性。

6. 多色性

透辉石为弱至强的多色性，颜色越深，三色性越明显。铬透辉石的三色性表现为黄色 / 浅绿色 / 深绿色。

7. 吸收光谱

透辉石具 505 纳米吸收线（图 9–9），铬透辉石在 690 纳米有双线，670 纳米、655 纳米和 635 纳米处可有吸收线（图 9–10）。

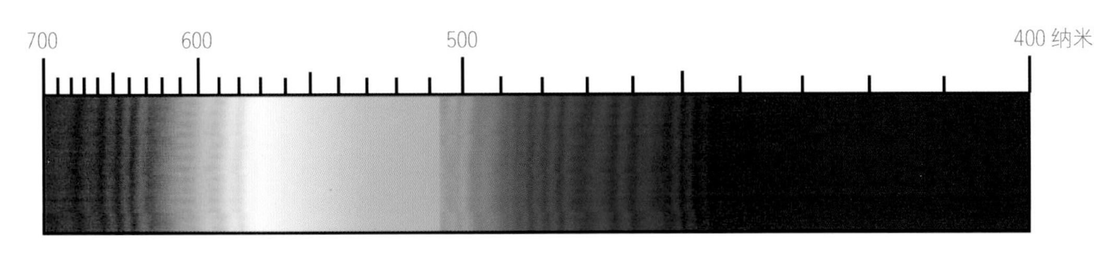

图 9–9　透辉石的吸收光谱

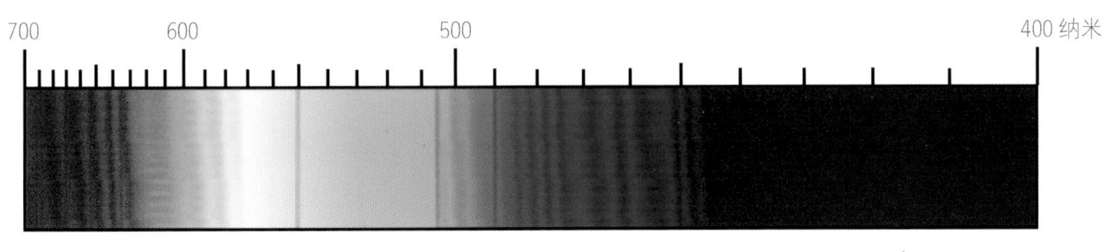

图 9–10　铬透辉石的吸收光谱

8. 紫外荧光

透辉石通常在长、短波紫外灯下都呈惰性。其中绿色透辉石在长波紫外灯下可见绿色荧光，短波呈惰性。

9. 特殊光学效应

透辉石可出现星光效应和猫眼效应。

（二）力学性质

1. 摩氏硬度

透辉石的摩氏硬度为 5 ～ 6。

2. 密度

透辉石的密度为 3.29（+0.11，−0.07）克 / 厘米 ^{3}。

3. 解理及断口

透辉石具两组完全解理，近垂直；断口呈贝壳状至参差状。

三、包裹体特征

透辉石内部可见气液包体及矿物包体（图 9-11），可呈定向排列的串珠状或指纹状。若含有大量定向排列的管状、片状包体时，可形成猫眼和四射星光，如星光透辉石中可见黑色的拉长状磁铁矿包体。铬透辉石内部可见深色矿物包体、流体包体、解理以及大量的片状裂隙等（图 9-12）。

图 9-11　铬透辉石内部气液包裹体和黑色矿物包裹体

图 9-12　铬透辉石内部解理及裂隙

四、透辉石的主要品种

图 9-13　铬透辉石

（图片来源：Rob Lavinsky，iRocks.com，Wikimedia Commons，CC BY-SA 3.0 许可协议）

（一）铬透辉石

铬透辉石呈绿色，比一般透辉石更要鲜活、明亮，由 Cr^{3+} 致色（图 9-13）。主要特征是具有强三色性，表现为黄色 / 浅绿色 / 深绿色。铬透辉石可见铬的吸收谱线。

（二）星光透辉石

星光透辉石一般呈浓黑绿色至黑褐色，是镁被铁较多置换的结果。显示四射星光，交角为 75 度和 105 度，放大可见定向排列的针状磁铁矿包体（图 9-14）。相对密度稍高，可达 3.35。

（三）透辉石猫眼

透辉石猫眼常呈绿色，一般以微透明至不透明为主，其眼线细、直、明亮，放大可见长纤维包体（图 9–15）。缅甸产的铬透辉石常具猫眼效应。

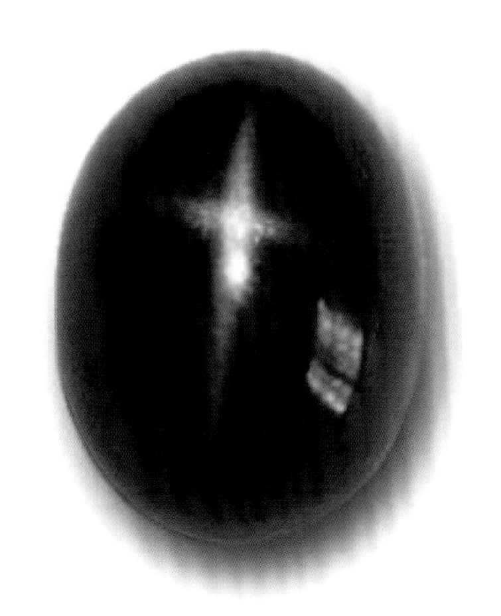

图 9–14　四射星光透辉石
（图片来源：Ktmsgroup，iRocks.com，Wikimedia Commons，CC BY-SA 3.0 许可协议）

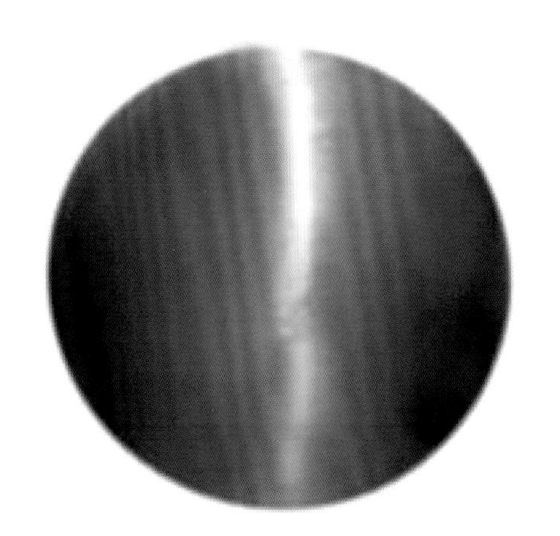

图 9–15　透辉石猫眼
（图片来源：张蓓莉，2006）

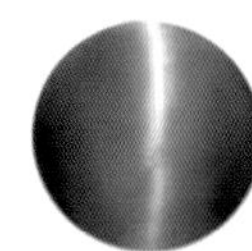

（四）紫色透辉石

紫色透辉石为紫色的块状品种，可作玉雕材料。

五、透辉石的相似品及其鉴别

与透辉石相似的宝石品种有橄榄石、翠榴石、铬钒钙铝榴石、顽火辉石、电气石、金绿宝石、祖母绿和绿帘石等，可通过双折射率、吸收光谱等特征来鉴别（见本书附表）。透辉石的主要鉴定特征为具有弱—中等多色性，放大观察可见后刻面棱重影及晶体包体，星光透辉石可见黑色的磁铁矿包体。

六、透辉石的质量评价

透辉石颜色越鲜艳、质地越纯，价值越高，具有星光、猫眼等特殊效应时，价值更高。当透辉石含有铬元素时，称作为铬透辉石，极品的铬透辉石原石经过精心切割琢磨后，能与祖母绿的光彩相媲美，但二者由于硬度和稀缺性的本质区别，价格区间相差很大。

七、透辉石的产地与成因

透辉石是基性岩、超基性岩及镁矽卡岩中主要矿物，宝石级透辉石产于缅甸抹谷和斯里兰卡的砾岩中。铬透辉石主要商业产地为俄罗斯西伯利亚东部萨哈共和国区域，在巴基斯坦、阿富汗、意大利、芬兰、奥地利、坦桑尼亚、马达加斯加、缅甸和印度也有产出。星光透辉石和透辉石猫眼主要产于美国、芬兰、马达加斯加及缅甸。

第四节
顽火辉石

顽火辉石（Enstatite）的英文名称来自希腊语 enstates，意为“对抗”，指代其具有极好的耐火性。

一、顽火辉石的基本性质

（一）矿物名称

顽火辉石的矿物名称为顽火辉石（Enstatite），属辉石族矿物。

（二）化学成分

顽火辉石的化学成分为（$(Mg,Fe)_2Si_2O_6$），可含钙（Ca）、铝（Al）、钛（Ti）、锰（Mn）、铬（Cr）、镍（Ni）等元素。铁（Fe）的质量分数低于 5% 时是顽火辉石，5% ~ 13% 时为古铜辉石，高于 13% 为紫苏辉石。

（三）晶族晶系

顽火辉石属低级晶族，斜方晶系。

（四）晶体形态

顽火辉石常呈短柱状，平行 c 轴延长，横截面近正方形或正八边形。主要单形为平行双面 $a\{100\}$、$b\{010\}$，斜方柱 $h\{101\}$、$z\{210\}$ 较发育（图 9-16）。有时具（100）简单双晶或聚片双晶。

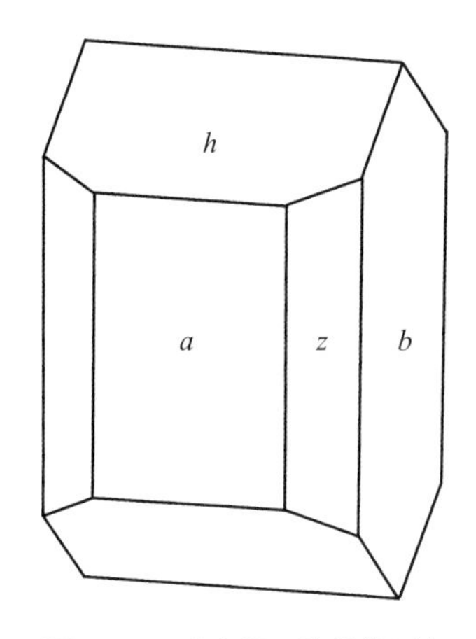

图 9-16　顽火辉石的晶体形态

二、顽火辉石的物理性质

（一）光学性质

1. 颜色

顽火辉石呈暗红褐色至褐绿色（图 9-17）或黄绿色，偶见灰或无色。

2. 光泽

顽火辉石具玻璃光泽。

3. 透明度

顽火辉石为透明至半透明。

4. 折射率与双折射率

顽火辉石的折射率为 1.663 ~ 1.673（±0.010），折射率高低与成分中铁的含量有关，成分中铁含量越高折射率越大；双折射率为 0.008 ~ 0.011。

5. 光性

顽火辉石为二轴晶，正光性。

图 9-17　褐绿色顽火辉石晶体
（图片来源：Rob Lavinsky，iRocks.com，Wikimedia Commons，CC BY-SA 3.0 许可协议）

6. 多色性

顽火辉石为弱—中等的三色性，表现为褐黄 / 黄至绿 / 黄绿色。

7. 吸收光谱

顽火辉石在 505 纳米处有一强吸收线，550 纳米处有一较弱吸收线（图 9–18）。

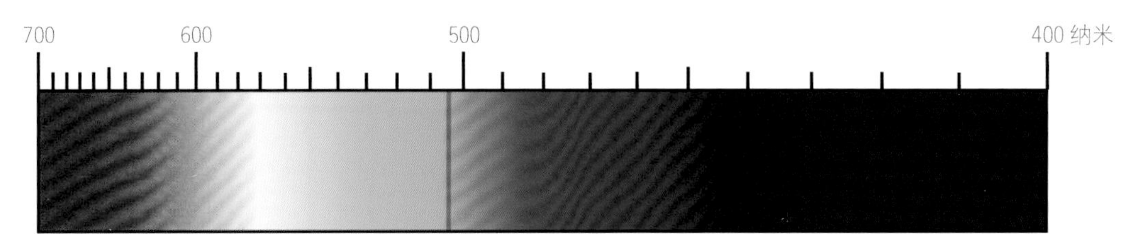

图 9–18　顽火辉石的吸收光谱

8. 紫外荧光

顽火辉石在紫外荧光下呈惰性。

9. 特殊光学效应

当顽火辉石含有大量定向排列的针状包体时，可形成猫眼。具猫眼效应的顽火辉石一般呈棕褐色调，半透明。

（二）力学性质

1. 摩氏硬度

顽火辉石的摩氏硬度为 5 ～ 6。

2. 密度

顽火辉石的密度为 3.25（+0.15，−0.02）克 / 厘米 ^{3}。

3. 解理及断口

顽火辉石具两组完全解理，平行底面方向常有裂理；断口呈参差状。

三、包裹体特征

顽火辉石内部常见气液包体及矿物包体。

四、顽火辉石的主要品种

顽火辉石包含古铜辉石、紫苏辉石、铬顽火辉石三个品种，古铜辉石为较特征的古铜色，有纤维状包体时，使其产生古铜状光泽，往往含有赤铁矿和针铁矿等杂质。紫苏辉石常为灰绿色，铁的质量分数很高。铬顽火辉石常为深绿色，富含铬。

五、顽火辉石的相似品及其鉴别

与顽火辉石相似的宝石品种有金绿宝石、碧玺、橄榄石、透辉石等，可通过折射率、双折射率、吸收光谱、多色性等区分开（见本书附表）。顽火辉石的最典型的鉴定特征是在 505 纳米处有一强吸收线，550 纳米处有一较弱吸收线；弱一中的三色性，表现为褐黄 / 黄至绿 / 黄绿色；含有大量定向排列的针状包体时，可形成猫眼效应。

六、顽火辉石的质量评价

宝石级顽火辉石要求其颜色纯正，透明度好，无裂纹及其他缺陷。粒径或块度较大者为佳。某些晶体即使透明度较差，具有猫眼效应也能提升其价值。

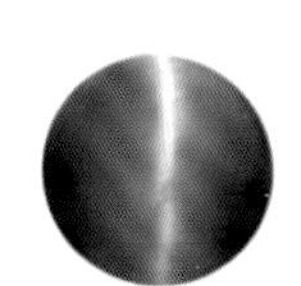

七、顽火辉石的产地与成因

顽火辉石主要产于基性和超基性岩及层状侵入岩、火成岩、变质岩等岩石中。宝石级顽火辉石大多以水蚀卵石形式出现，产于缅甸抹谷、坦桑尼亚和斯里兰卡，顽火辉石猫眼主要产于缅甸和南非等地。

第五节
普通辉石

普通辉石的英文名称 Augite 来自希腊语 auge，意为“明亮的”，用于描述普通辉石因具有两组完全解理面而闪闪发光的特点。

一、普通辉石的基本性质

（一）矿物名称

普通辉石的矿物名称为普通辉石（Augite），属辉石族矿物。

（二）化学成分

普通辉石的主要化学成分为（Ca，Mg，Fe)$_2$（Si，Al)$_2$O$_6$，次要成分有钠（Na）、铬（Cr）、镍（Ni）、锰（Mn）等。在普通辉石中铝（Al）替代硅（Si）数量稍大，多数超过5%。

（三）晶族晶系

普通辉石属低级晶族，单斜晶系。

（四）晶体形态

普通辉石晶体多呈短柱状、板状，沿 *c* 轴延伸，常见单形有平行双面 *a*{100}、*b*{010}，斜方柱 *m*{110}、*e*{011}（如图 9-19），可见（001）和（100）所成的简单接触双晶和聚片双晶，集合体常呈粒状。

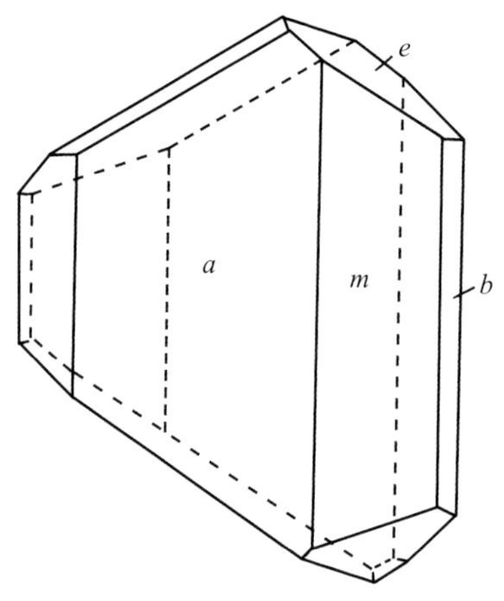

图 9-19　普通辉石的晶体形态

二、普通辉石的物理性质

（一）光学性质

1. 颜色

普通辉石常呈灰褐、褐、紫褐、绿黑色。

2. 光泽

普通辉石具玻璃光泽。

3. 透明度

普通辉石为透明至半透明。

4. 折射率与双折射率

普通辉石折射率为 1.670 ~ 1.772；双折射率为 0.018 ~ 0.033。

5. 光性

普通辉石为二轴晶，正光性。

6. 多色性

普通辉石具有弱—强的三色性，表现为浅绿 / 浅褐 / 绿黄色。

7. 紫外荧光

普通辉石在紫外荧光下为惰性。

8. 特殊光学效应

普通辉石可呈现猫眼效应和星光效应。

（二）力学性质

1. 摩氏硬度

普通辉石的摩氏硬度为 5 ~ 6。

2. 密度

普通辉石的密度为 3.23 ~ 3.52 克 / 厘米 ^{3}。

3. 解理

普通辉石具两组完全解理，近垂直，具有 {100}、{010} 裂理。

三、包裹体特征

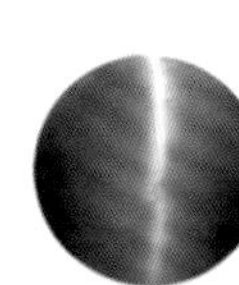

普通辉石内部常见气液包体、纤维状包体及矿物包体。

四、普通辉石的相似品及其鉴别

与普通辉石相似的宝石品种有红柱石、蓝宝石、碧玺等，可通过折射率及双折射率、密度、解理等鉴定特征来鉴别（见本书附表）。普通辉石的主要鉴定特征是短柱状晶形和绿黑的颜色，颜色较透辉石深，横断面近于八边形。

五、普通辉石的产地与成因

宝石级普通辉石分布较广，如纳米比亚、德国、俄罗斯、美国、日本及中国河南、辽宁、黑龙江等地。普通辉石常产于各种基性喷出岩及其凝灰岩中，在变质岩和接触交代岩中亦常见到。

第十章
Chapter 10
锆　石

锆石又称锆英石，是一种岛状硅酸盐矿物，主要产于岩浆岩和次生砂矿中，是同位素地质年代学中最重要的定年矿物，目前在地球上已测定的最老的锆石形成于44 亿年前。宝石级锆石色泽绚丽，火彩迷人，性质稳定，深受人们的喜爱，是十二月的生辰石之一，象征着繁荣和成功。

第一节

锆石的历史与文化

一、锆石的名称由来

锆石的英文名称为 Zircon，其来源一说是由阿拉伯语 Zarqun 演变而来，原意是“朱红色”；另一说是由波斯语 Zargun 演变而来，原意为“金黄色”。由于锆石的颜色丰富，所以这两种来源之说均有可能。

锆石颜色丰富艳丽，与风信子花极为相似，故俗称“风信子石”，英文名为 Jacinth，来源于古法语 jargon 和拉丁语 iacintus，意为“风信子花”。某些产自斯里兰卡马图拉（Matura）地区的无色透明锆石，其火彩、亮度几乎可与钻石相媲美，俗称“马图拉钻石”（Matura diamond）。

二、锆石的历史与文化

早在古希腊时期，锆石就深受人们喜爱，人们认为光芒四射的锆石既是繁荣与成功的象征，又可以驱逐瘟疫，战胜邪恶。据《圣经：出埃及记》记载，大祭司胸牌第三排的第一颗宝石就是锆石。据《国王叙事诗：亚瑟王的传奇》中记载，国王的刀柄上同样镶嵌着锆石。

维多利亚时期（1837—1901 年），自然古典之风兴起，首饰设计广泛吸纳新型材质，绚丽耀眼的蓝色锆石于 19 世纪 80 年代开始广泛流行，出现了众多维多利亚古典设计风格的锆石首饰（图 10-1）。

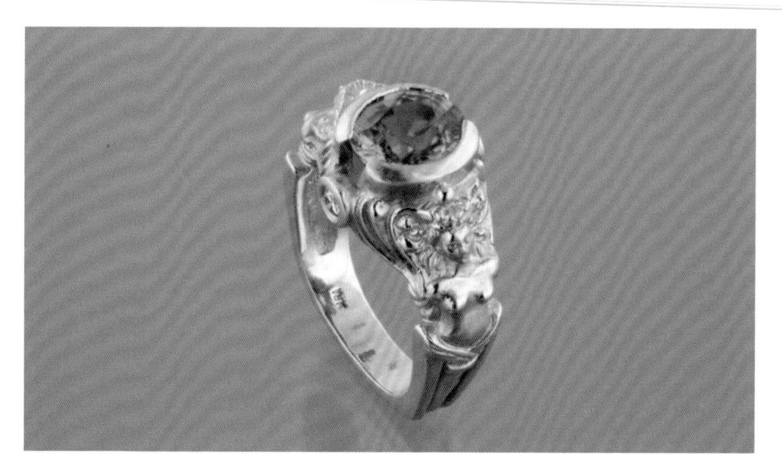

图 10-1　维多利亚风格的蓝色锆石戒指
（图片来源：www.gia.edu）

第二节

锆石的宝石学特征

一、锆石的基本性质

（一）矿物名称

锆石的矿物名称为锆石（Zircon），属锆石族矿物。

（二）化学成分

锆石的晶体化学式为 $ZrSiO_4$，可含有微量元素锰（Mn）、钙（Ca）、铁（Fe）、镁（Mg）、铝（Al）、磷（P）、钛（Ti）、钪（Sc）、镍（Ni），以及微量放射性元素铀（U）、钍（Th）等，这些放射性元素呈正四价离子状态以类质同象替换 Zr^{4+} 存在于锆石的晶体结构中，释放出 α 粒子，α 粒子不断撞击晶格使锆石的晶体结构发生破坏，从而降低了锆石的结晶程度，并改变了锆石相应的物理性质。根据结晶程度可将锆石分为高型、中型、低型三种类型，其中高型、中型为结晶态，低型接近于非晶态。

（三）晶族晶系

锆石属中级晶族，四方晶系。

（四）晶体形态

锆石晶体通常呈四方双锥和四方柱组成的柱状晶体，有时会呈板柱状，其主要单形为四方柱 *m*{110}、*a*{100}，四方双锥 *p*{111}、*u*{331}，复四方双锥 *x*{311}，常见依 {011} 构成膝状双晶（图 10-2），有时可见假八面体（实际是四方双锥）形态（图 10-3）。

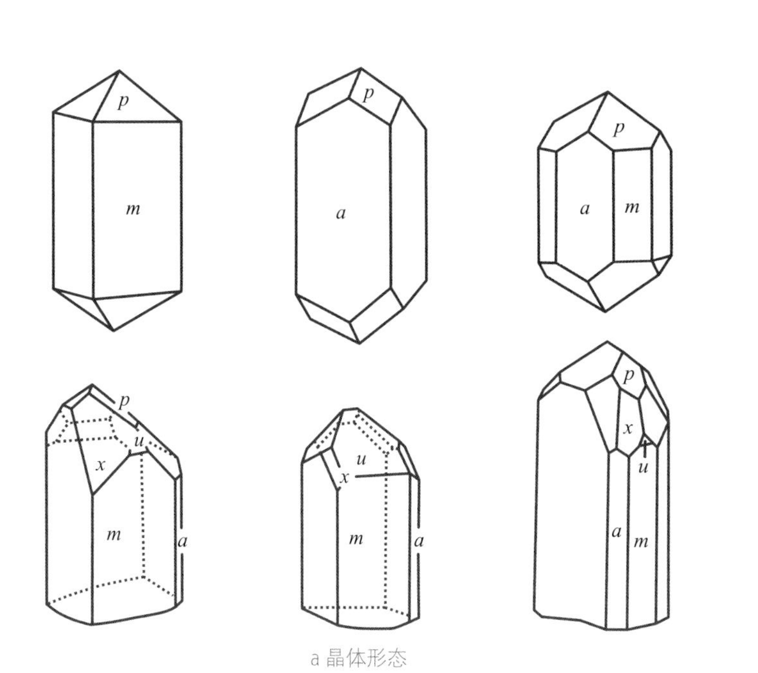

a 晶体形态　　b 双晶形态

图 10-2　锆石的晶体形态和双晶形态

图 10-3　产自加拿大的四方双锥状锆石晶体

（图片来源：Modris Baum，Wikimedia Commons，Public Domain）

（五）晶体结构

锆石属于四方晶系，在晶体结构中硅（Si）呈四次配位形成［SiO_4］四面体，Zr^{4+}呈八次配位构成［ZrO_8］三角十二面体。Zr^{4+}与Si^{4+}沿c轴相间排列构成四方体心格子，整个结构可看成是孤立的［SiO_4］四面体和［ZrO_8］三角十二面体联结而成，［ZrO_8］三角十二面体在b轴方向以共棱方式紧密连接（图10-4）。

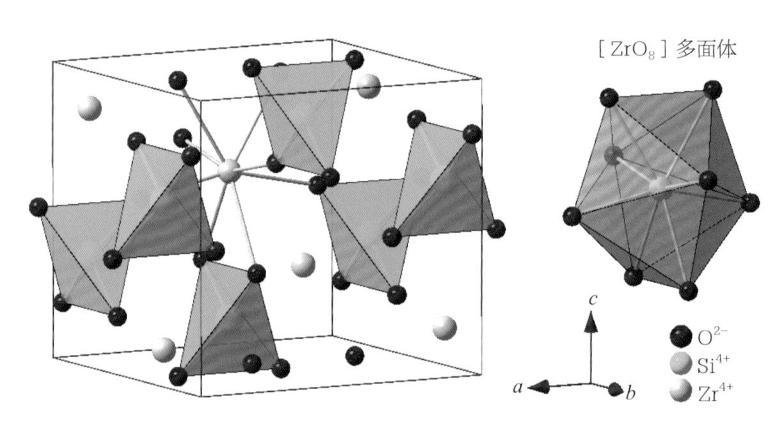

图10-4　锆石的晶体结构示意图
（图片来源：秦善提供）

二、锆石的物理性质

（一）光学性质

1. 颜色

锆石常见的颜色有无色、蓝色、红色、绿色、紫色、黄色、黄绿色、橙色、棕色、褐色等（图10-5）。

图10-5　色彩丰富的锆石戒面

2. 光泽

锆石呈玻璃光泽至亚金刚光泽，断口为油脂光泽。

3. 透明度

锆石的透明度为透明至半透明。

4. 折射率与双折射率

锆石的折射率从高型至低型逐渐变小。

高型锆石：折射率为 1.925 ~ 1.984（±0.040），双折射率为 0.040 ~ 0.0603。

中型锆石：折射率为 1.875 ~ 1.905（±0.030），双折射率为 0.010 ~ 0.040，介于高型与低型之间。

低型锆石：折射率为 1.810 ~ 1.815（±0.030），双折射率为无至很小。

5. 色散

锆石具有强色散，色散值为 0.038。

6. 光性

中型、高型锆石为一轴晶，正光性。低型锆石接近于非晶态。

7. 多色性

锆石的双折射率虽然很大，但除热处理产生的蓝色锆石外，其多色性一般表现不明显。

蓝色锆石多色性强，蓝和棕黄至无色。

红色锆石多色性中等，紫红至紫褐色。

绿色锆石多色性很弱，绿色和黄绿色。

橙至褐色锆石多色性弱至中等，紫棕色至棕黄色。

8. 吸收光谱

锆石的可见光吸收谱中可具 2 ~ 40 余条吸收线，特征吸收谱为 653.5 纳米吸收线，还可见 691、683、662.5、660、621、615、589.5、562.5、537.5、516、484、460、432.7 纳米吸收线，俗称“管风琴”状吸收光谱（图 10-6）。无色和蓝色锆石只有 653.5 纳米吸收线；绿色锆石可多达 40 条吸收线；红色和橙—棕色锆石无特征吸收线。低型锆石

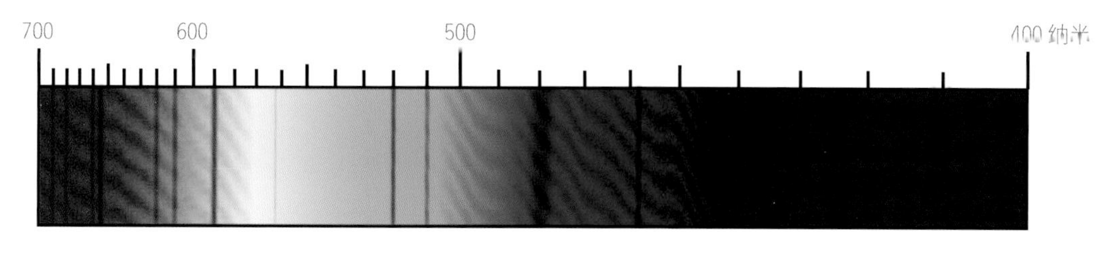

图 10-6　锆石的吸收光谱

一般只有中心位于 653.5 纳米处的宽吸收带，比较模糊，热处理后较清晰，并产生其他吸收线。

9. 紫外荧光

锆石在紫外灯下一般无荧光，少数具有强荧光，荧光颜色总带有不同程度的黄色。

蓝色锆石在长波紫外灯下可见无至中等的浅蓝色荧光，短波无荧光。

红色、橙红色锆石在长短波下可见无至强的黄色、橙色荧光。

绿色锆石一般无荧光，有些可有很弱的绿、黄绿色荧光。

黄、橙黄色锆石在长短波下可见无至中等的黄色、橙色荧光。

棕、褐色锆石在长短波下可见无至极弱的红色荧光。

10. 特殊光学效应

天然的锆石，当具有定向密集排列的空管、生长管或超薄圆盘状裂隙等包体时，定向切割可产生猫眼效应，锆石猫眼多产于斯里兰卡。

（二）力学性质

1. 摩氏硬度

锆石的摩氏硬度为 6 ~ 7.5，高型为 7 ~ 7.5，低型可低至 6。

2. 密度

锆石的密度从高型至低型逐渐变小，范围为 3.90 ~ 4.80 克 / 厘米^3。高型锆石：4.60 ~ 4.80 克 / 厘米^3，中型锆石：4.10 ~ 4.60 克 / 厘米^3，低型锆石：3.90 ~ 4.10 克 / 厘米^3。

3. 解理及断口

锆石无解理，断口呈贝壳状。

4. 脆性

锆石较脆，常见边角有破损，该现象称为“纸蚀”效应。

三、包裹体特征

锆石中常见气 − 液两相、三相包体沿裂隙分布形成愈合裂隙，具平行状或角状生长色带，有磁铁矿、黄铁矿、磷灰石等矿物包体，无色透明锆石后刻面棱重影明显。另外，锆石中还可见平行的生长管道，切磨成弧面型可呈现猫眼效应。

第三节

锆石的优化处理、合成与相似品

一、锆石的优化处理及其鉴别

（一）热处理

热处理可消除锆石的色带和变晶结构，使其颜色更加均匀，并恢复晶体结构。在900 ~ 1300 摄氏度的氧化气氛条件下，热处理可将红褐色、半透明的天然锆石改变成无色、金黄色的透明晶体；而在还原条件下，热处理则可将褐色、绿色、暗绿色锆石改变为天蓝色。

热处理后的锆石颜色均匀（图 10-7），具有高透明度、高明亮度、高密度（可达 4.7 克 / 厘米 ^{3}）、较高的折射率以及清楚的吸收线，其表面或棱角处，常容易发生碎裂或出现小破坑。此外，热处理引起的重结晶还可使锆石产生纤维状微晶，形成猫眼

图 10-7 经热处理的天蓝色锆石戒面
（图片来源：www.gemselect.com）

效应。

（二）辐照处理

锆石的辐照处理与热处理二者互逆，几乎所有经热处理得到的高型锆石，经辐照处理（X 射线、Y 射线、高能电子等）都可恢复热处理前的颜色，甚至变深。天然锆石在辐射下也可能会发生颜色改变，如无色锆石在 X 射线辐照下可变成深红色、褐红色或紫色、橘黄色；蓝色锆石在 X 射线辐照下可变成褐色至红褐色，但这类辐照改色的锆石颜色往往不稳定，受到光照或加热很快会恢复原来的颜色。

二、合成锆石及其鉴别

人工合成锆石是以氧化锆和硅酸锂为原料，以钼酸锂和氧化钼为助熔剂，加入铪（Hf）、镥（Lu）、镱（Yb）、铀（U）、钍（Th）、铅（Pb）等元素，充分混匀后转入带盖铂金坩埚中，在高温马弗炉中连续加热生长形成。合成锆石具有完美的晶体形态，多呈四方双锥状，但晶体很小，仅有科学意义，尚未用于生产。

三、锆石的相似品及其鉴别

锆石的颜色非常丰富，可与绝大多数的宝石相混，但这些相似宝石一般不同时具备锆石的高折射率、高双折射率、高色散、高密度以及特征的吸收谱线等，故可通过这些特征将锆石与其相似宝石相区别（见本书附表）。

无色锆石的相似宝石有钻石、玻璃、合成立方氧化锆（CZ）、合成碳硅石（SiC）、人造钇铝榴石（YAG）、人造钆镓榴石（GGG）、人造钛酸锶（$SrTiO_3$）。

蓝色锆石的相似宝石有海蓝宝石、托帕石、坦桑石、蓝晶石、蓝锥矿、合成立方氧化锆等。

红色锆石的相似宝石有红宝石、尖晶石、碧玺、红色玻璃等。

黄色至褐色锆石的相似宝石有榍石、硼铝镁石、合成金红石、金绿宝石、人造钇铝榴石、人造钆镓榴石等。

绿色锆石的相似宝石有绿色碧玺、铬透辉石、橄榄石、绿色蓝宝石、翠榴石、人造钇铝榴石、人造钆镓榴石。

第四节

锆石的品种与质量评价

一、锆石的品种

（一）按结晶程度分类

根据结晶程度，可将锆石分为高型、中型和低型三个品种。

1. 高型锆石

高型锆石是指结晶程度高、晶格没有或很少发生变化的锆石，属于四方晶系，常呈四方柱与四方双锥聚形。高型锆石的颜色多呈深黄色、褐色、深红褐色、无色、蓝色，具较高的折射率、双折射率、密度和硬度，是宝石级锆石中最重要的品种，主要产于柬埔寨、泰国等地。高型锆石经热处理后可变成无色、蓝色或金黄色等。

2. 低型锆石

低型锆石是指结晶程度低、晶格变化大、由不定型的氧化硅和氧化锆混合物组成的非晶质体。低型锆石的颜色多呈绿色、灰黄色、褐色等，其折射率、双折射率、密度和硬度均较低，主要产于斯里兰卡。低型锆石经热处理可获得高型锆石的特征。

3. 中型锆石

中型锆石的结晶程度介于高型和低型之间。中型锆石的颜色多呈黄绿色、绿黄色、褐绿色等，常带褐色调，深浅不一，其折射率、双折射率、密度和硬度等物理性质也介于高型锆石和低型锆石之间，主要产于斯里兰卡。中型锆石在加热至 1450 摄氏度时，可向高型锆石转化，部分可具有高型锆石的物理特征，但处理后的中型锆石，常呈混浊、不透明状，影响美观，所以市场上少见这类锆石。

（二）按颜色分类

根据颜色，可将锆石划分为无色、蓝色、红色、黄色、绿色等多个品种。

1. 无色锆石

无色锆石属高型锆石，是常见的品种，有时可带灰色调。无色锆石主要采用圆钻型切磨，但一般在亭部多出八个面，以得到更好的火彩效果，被称为锆石型切工，外观与钻石十分相似。无色锆石可天然产出，也可经热处理转变而成，主要产于泰国、越南和斯里兰卡。

图 10-8 蓝色锆石戒面
（图片来源：Omi Privé，omiprive.com）

2. 蓝色锆石

蓝色锆石也属高型锆石，是常见品种，可有纯蓝色、天蓝色、浅蓝色（图 10-8）等。天然的蓝色锆石较少，通常都是经热处理产生，热处理的主要原石来源于柬埔寨与越南的交界处。

3. 红色锆石

红色锆石属高型锆石，多呈红色、橙红色、褐红色（图 10-9）等。红色锆石常是碱性玄武岩中的深源矿物包体或片麻岩中的变质矿物，主要产出于斯里兰卡、泰国、柬埔寨、法国等，我国海南文昌也有红色锆石产出。

4. 金黄色锆石

黄色锆石（图 10-10）属高型锆石，颜色可有浅黄、绿黄等，常切割成圆形、椭圆形或混合形。市面上的黄色锆石大部分都是经热处理产生的。

5. 绿色锆石

绿色锆石通常结晶程度较低，有低型和中型两种，常见绿色、黄绿色（图 10-11）、褐绿色、绿褐色等。

图 10-9 褐红色锆石戒面
（图片来源：Amila Tennakoon，www.flickr.com，CC BY 2.0 许可协议）

图 10-10 黄色锆石戒面
（图片来源：www.gemselect.com）

图 10-11 黄绿色锆石晶体
（图片来源：Rob Lavinsky，iRocks.com，Wikimedia Commons，CC BY-SA 3.0 许可协议）

二、锆石的质量评价

锆石的质量可以从颜色、净度、切工和重量等方面进行评价。

锆石以均匀、纯正、饱和度高的蓝色或海蓝色、绿色、红色或橙红色，高透明度，合理的切工以及大颗粒者为优，无色、黄色锆石价值相对较低，若具有少见的猫眼效应，其价值增加。锆石由于具有高双折射率，故在切磨时，应使其台面尽可能垂直于光轴，这样能避免重影现象，并展现锆石最纯正的颜色（图 10-12）。

图 10-12　高品质蓝色锆石配钻石戒指
（图片来源：Omi Privé，omiprive.com）

第五节

锆石的产地与成因

一、锆石的产地

宝石级锆石的主要产地有斯里兰卡、泰国、越南、柬埔寨、缅甸、法国、澳大利亚、坦桑尼亚、挪威、中国等。

斯里兰卡产出各种颜色的大、中粒锆石；泰国产出大颗粒红、蓝和褐色锆石；越南与泰国交界的区域产出适于热处理形成蓝色、金黄色和无色的锆石原石；柬埔寨产出各色锆石；缅甸产出淡黄、绿黄、淡绿或黄绿和红褐色锆石；法国主要产出红色锆石；澳大利亚产出橙色锆石；坦桑尼亚爱马利产出近于无色的卵石形锆石；挪威产出橙色、红色以及晶形完好的褐色锆石。

中国的宝石级锆石主要产于东南沿海各地，有山东昌乐、海南文昌、福建明溪、江苏六合等，有白（无色）、绿、黄绿、粉、褐、红褐、褐红和红色等颜色，多呈浑圆形、圆柱形、卵形及椭圆形等粒（砾）状体。山东昌乐的宝石级锆石属高型锆石，粒度较大，整体透明度较好，颜色以深褐色为主，大部分具有橙色荧光，其晶体内部常有固体和流体包体。

二、锆石的成因

锆石是一种分布很广的岩浆岩副矿物，可广泛存在于酸性火成岩中，也产于变质岩和沉积物中。中国宝石级锆石赋存于碱性玄武岩等火山熔岩中，或赋存于距碱性玄武岩出露区数十米至数百米不等的残坡积砂矿和洪冲积砂矿中，常与蓝宝石伴生。

第十一章

Chapter 11

稀少宝石

近年来，珠宝市场上出现了一些新兴的宝石品种，它们有独特的色彩及光泽，这些宝石不仅产量稀少，开采成本及难度高，有些甚至难以切磨出一颗完整琢型的宝石戒面，被称为稀少宝石。它们各自有其不可替代的特色，成为当下的热门话题以及博物馆和收藏家猎奇的对象，而且有些宝石矿物标本有较高的科学研究价值。

第一节

闪锌矿

闪锌矿是提炼锌的一种重要矿石矿物，产地众多，以黑、褐色为主。高折射率使闪锌矿拥有夺目的金刚光泽，近三倍于钻石的色散值使它具有闪耀非凡的火彩。净度高、色泽亮丽、品质上乘的闪锌矿晶体可用作宝石加工原料，晶形完整、自形程度高者可作矿晶观赏石，近年来闪锌矿逐渐走入人们视野，成为收藏界的新宠。

一、闪锌矿的宝石学特征

（一）矿物名称

闪锌矿的矿物名称为闪锌矿（Sphalerite）。

（二）化学成分

闪锌矿是一种硫化物矿物，其晶体化学式为 ZnS。

（三）晶族晶系

闪锌矿属高级晶族，等轴晶系。

（四）晶体形态

闪锌矿晶体常呈四面体、立方体、菱形十二面体及其聚形，集合体多为粒状、葡萄状、同心圆状，常见接触双晶和聚片双晶。

（五）晶体结构

闪锌矿的空间格子为立方面心格子，Zn^{2+} 分布于晶胞角顶和面心，S^{2-} 位于晶胞分成的四个 1/8 小立方体的中心（图 11-1）。

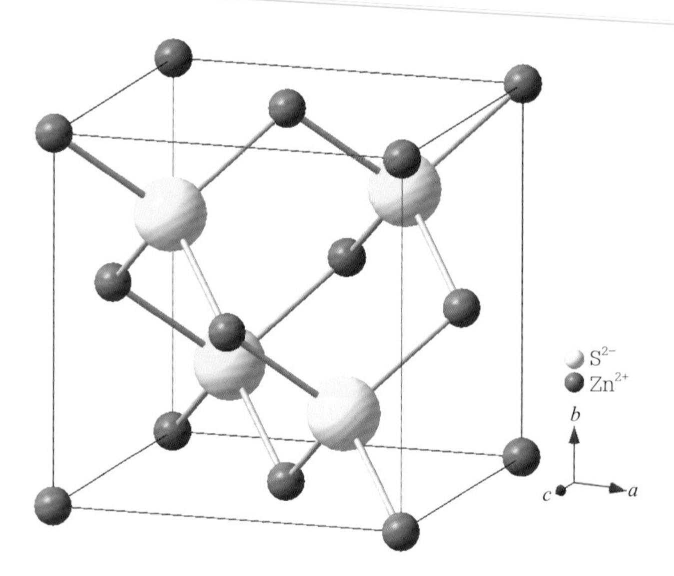

图 11-1　闪锌矿的晶体结构示意图
（图片来源：秦善提供）

（六）光学性质

1. 颜色

闪锌矿的颜色有无色、黄色（图 11-2）、绿色（图 11-3）、橙色（图 11-4）、红色（图 11-5）、褐色至黑色（图 11-6），随其成分中铁含量的增多而颜色变深。

2. 光泽

闪锌矿呈金刚光泽至半金属光泽。

3. 透明度

闪锌矿呈透明至半透明。

图 11-2　黄色闪锌矿戒面
（图片来源：孙宁岳提供）

图 11-3　绿色闪锌矿戒面

图 11-4　橙色闪锌矿戒面
（图片来源：Egor Gavrilenko，gem-sphalerite.com）

图 11-5　红色闪锌矿晶体

图 11-6　黑色闪锌矿晶体
（图片来源：Rob Lavinsky，iRocks.com，Wikimedia Commons，CC BY-SA-3.0 许可协议）

4. 折射率与双折射率

闪锌矿的折射率为 2.37；无双折射率。色散强，色散值为 0.156。

5. 光性

闪锌矿为光性均质体。

6. 多色性

无。

7. 吸收光谱

闪锌矿具 651 纳米、667 纳米、690 纳米吸收线。

8. 紫外荧光

闪锌矿在紫外灯下常呈惰性，有时可呈橘红色荧光。

（七）力学性质

1. 摩氏硬度

闪锌矿的摩氏硬度为 3 ～ 4.5。

2. 密度

闪锌矿的密度为 3.9 ～ 4.2 克 / 厘米 ^{3}。随铁含量的增加而增大。

3. 解理

闪锌矿具有六组 {110} 方向完全解理。

（八）内含物

闪锌矿流体包体发育，可见固态包体、双晶纹、色带等。

二、闪锌矿的产地与成因

宝石级闪锌矿主要产出于西班牙、墨西哥、巴西、美国的俄亥俄州和新泽西州、加拿大、中国。

闪锌矿常见于各种高温、中温热液矿床和接触交代矿床中。

第二节
金红石

金红石是主要由二氧化钛组成的矿物。其英文名称 Rutile 来源于拉丁文 rutilas，意为“红色”，指的是在透射光下观察金红石看到的深红色。

在宝石学中，金红石是水晶中常见的固体包体之一，水晶中的金红石颜色丰富，形态分布多样且金红石针的粗细长短各不相同。同时金红石也是红、蓝宝石中的一种常见包体，常呈三组定向排列的针状包体出溶于刚玉中产生星光效应。

一、金红石的宝石学特征

（一）矿物名称

金红石的矿物名称为金红石（Rutile）。

（二）化学成分

金红石的化学成分为二氧化钛（TiO_2）。

（三）晶族晶系

金红石属中级晶族，四方晶系。

（四）晶体形态

金红石晶体呈柱状或针状，通常为四方柱与四方双锥的聚形，双晶常呈膝状双晶或三连晶（图 11–7），集合体为粒状或致密块状。

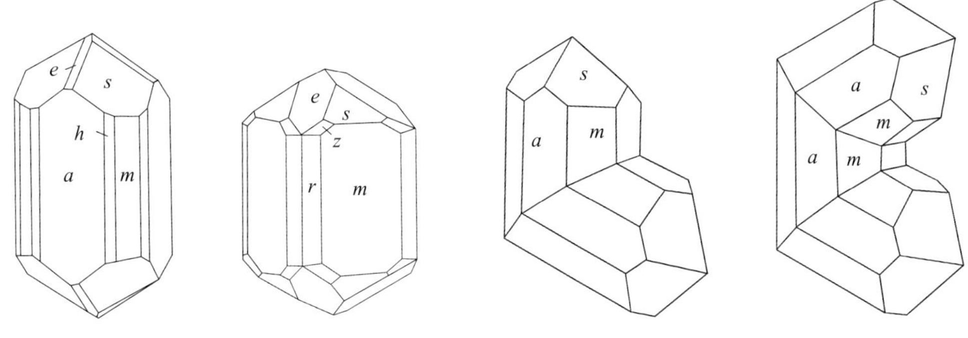

图 11–7　金红石的单晶及双晶形态

（五）晶体结构

金红石晶体结构中氧原子作六方最紧密堆积，形成八面体配位，钛阳离子充填于八面体配位处（图 11–8）。

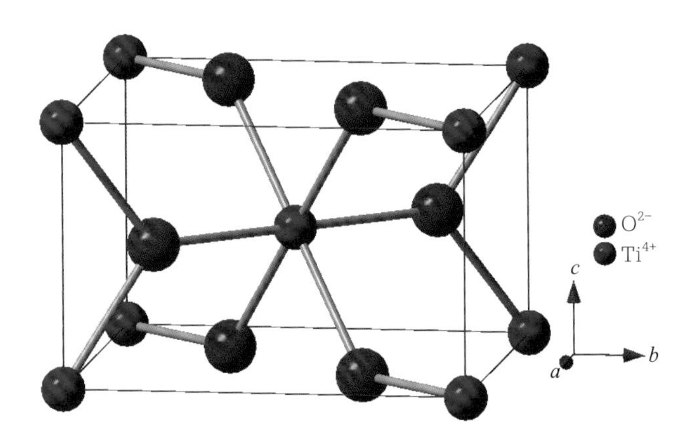

图 11–8　金红石的晶体结构示意图

（图片来源：秦善提供）

（六）光学性质

1. 颜色

金红石的颜色有暗红色、褐红色、棕黄色、黄色，铁含量高者为黑色。

2. 光泽

金红石呈金刚光泽—金属光泽。

3. 透明度

金红石呈半透明—不透明。

4. 折射率

金红石的折射率为 2.605 ~ 2.901；双折射率为 0.287。色散值为 0.280 ~ 0.330。

5. 光性

金红石为一轴晶，正光性。

6. 多色性

金红石的多色性有黄色至褐色，暗红色至暗褐色。

7. 紫外荧光

金红石在紫外灯下呈惰性。

（七）力学性质

1. 摩氏硬度

金红石的摩氏硬度为 6 ~ 6.5。

2. 密度

金红石的密度为 4.2 ~ 4.3 克 / 厘米^3，富铁或铬密度增大，可达 5.5 克 / 厘米^{3}以上。

3. 解理与断口

金红石具 { 110 } 完全解理，{ 100 } 中等解理，断口呈贝壳状。

（八）宝石学意义

在宝石学中，金红石是水晶中常见固体包体之一（图 11-9），水晶中的金红石颜色丰富，有金色细丝状“金发晶”，棕色“铜发晶”，银白色“银发晶”；形态分布多样，有朝某个方向生长的“顺发晶”，有朝六个方向生长的六射“星光发晶”，也有朝多个方向生长的放射状金红石发晶，还有呈杂乱无序状分布的“乱发晶”；水晶中金红石针的粗细长短各不相同，有毛发状，纤维状，细针状，也有 2 ~ 5 毫米宽的板状金红石，金红石针的长度最短肉眼不可见，最长可达 10 厘米。

金红石也是红、蓝宝石中一种常见的包体，常呈三组定向排列的针状包体出溶于刚玉中产生星光效应（图 11-10）。

图 11-9　烟晶中的长针状金红石包裹体
（图片来源：国家岩矿化石标本资源共享平台，www.nimrf.net.cn）

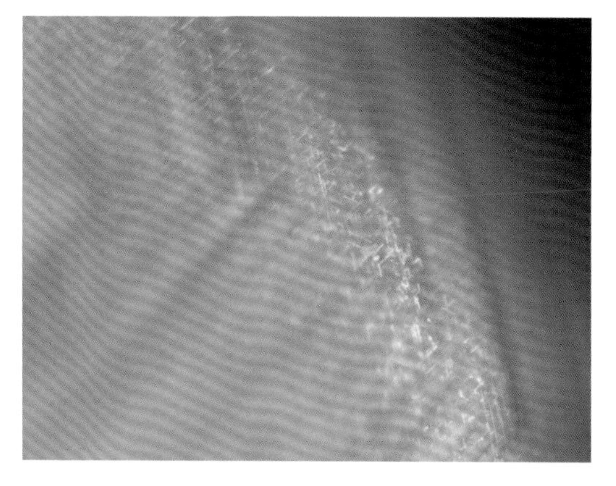

图 11-10　星光蓝宝石中的针状金红石包裹体

二、金红石的产地与成因

世界上金红石的主要产出地有瑞典、俄罗斯乌拉尔、挪威、法国、瑞士、奥地利、澳大利亚新南威尔士州北部和昆士兰南部，美国佛罗里达州东北部以及中国河南、湖北等地。

金红石常与钛铁矿、赤铁矿、磁铁矿、透辉石、顽火辉石和石榴子石共生于变质岩中。还见于岩浆岩、伟晶岩、高温热液石英脉及砂矿中。

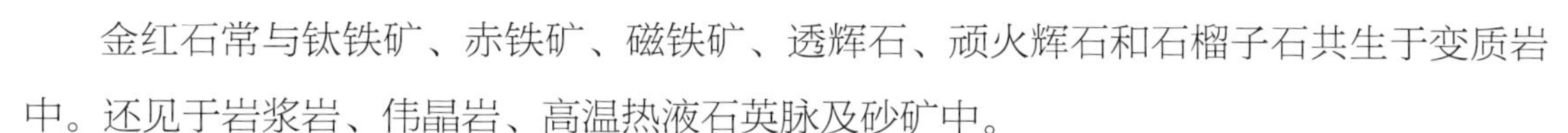

变质岩中的金红石主要是由中到高级变质作用形成，低级变质作用也可以形成金红石。在中低级变质岩中，金红石通常较小，大多为针状晶体或者多晶聚集，少部分呈散粒状。在高级变质作用中金红石通常形成于基岩中，但也会作为包体形成于其他矿物中，这些金红石通常为自形到半自形，大小可从几微米到几毫米。

火成岩中的金红石可以来自伟晶岩、石英脉、花岗岩、碳酸岩、金伯利岩、橄榄岩以及金属矿床等。较大的金红石只在伟晶岩的矿化脉中发现，这些矿化脉是榴辉岩相的变质石英脉。

沉积岩中的金红石主要来自细粒碎屑沉积物和重砂矿。例如澳大利亚东南部海洋砂矿矿床含有丰富的金红石，在大陆砂矿中，含钛矿物主要是金红石和钛铁矿的集合体。

第三节

锡石

锡石是最常见的锡矿物，也是炼锡最主要的矿物原料。锡石在全世界的产量十分丰富，但能达到宝石级别的十分罕见。宝石级锡石多为透明晶体，具有高硬度、强光泽和强火彩等特点。作为稀少宝石品种，具有极高的观赏、收藏价值，深受人们的青睐。

一、锡石的历史与文化

锡石的英文名为 Cassiterite，来源于古希腊语 kassiteros，意为“锡”。早在 15 世纪，德国萨克森州（Saxony）和波希米亚（Bohemia）的锡矿就开采出了锡石。《周礼·地官》中写道：“丱人掌金玉锡石之地，”这是中国古代文献关于“锡石”名称的最早记载。

二、锡石的宝石学特征

（一）矿物名称

锡石的矿物名称为锡石（Cassiterite）。

（二）化学成分

锡石是一种氧化物矿物，其晶体化学式为 SnO_2，常含铁（Fe）、钛（Ti）、铌（Nb）、钽（Ta）等元素。

（三）晶族晶系

锡石属中级晶族，四方晶系。

（四）晶体形态

锡石晶体常呈双锥状、双锥柱状（图 11-11），常见单形有四方双锥 $s\{111\}$、$e\{101\}$，四方柱 $a\{100\}$、$m\{110\}$，复四方柱 $r\{230\}$，复四方双锥 $z\{231\}$、$\{431\}$。柱面上

有细的纵纹，常依（011）面形成膝状双晶（图 11-12），集合体常呈不规则粒状。晶体有时呈针状产出，称为“针锡石”（needle-tin）（图 11-13）。由胶体溶液形成的纤维状锡石常呈葡萄状或钟乳状产出，具同心带状构造，称为“木锡石”（wood-tin）（图 11-14）。

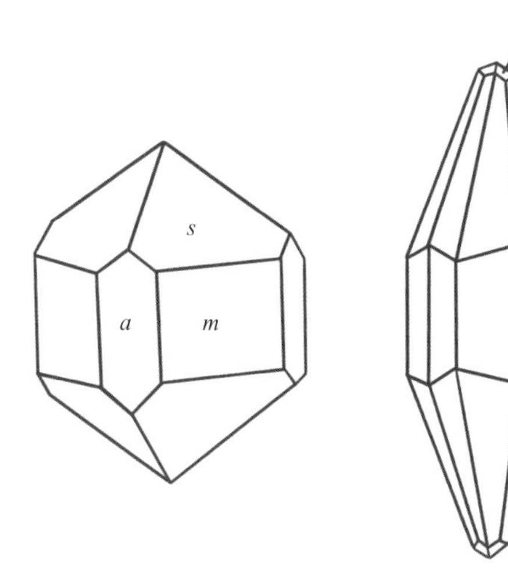

图 11-11　锡石的晶体形态

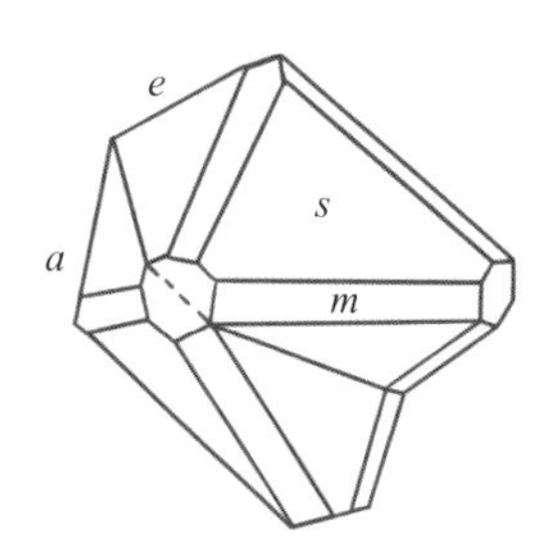

图 11-12　锡石的膝状双晶

图 11-13　产自玻利维亚的针锡石晶体
（图片来源：Dakota Matrix，www.dakotamatrix.com）

图 11-14　产自墨西哥杜兰戈的木锡石
（图片来源：Rob Lavinsky，iRocks.com，Wikimedia Commons，CC BY-SA 3.0 许可协议）

（五）光学性质

1. 颜色

锡石最常见的颜色是黑色（图 11-15）、棕色（图 11-16），也可见黄色（图 11-17）、红色（图 11-18）、绿色以及灰色。纯净的锡石为无色，十分罕见。

图 11-15　黑色锡石晶体
（图片来源：Rob Lavinsky，iRocks.com，Wikimedia Commons，CC BY-SA 3.0 许可协议）

图 11-16　棕色锡石晶体
（图片来源：Rob Lavinsky，iRocks.com，Wikimedia Commons，CC BY-SA 3.0 许可协议）

图 11-17　黄色宝石级锡石戒面

图 11-18　红色锡石晶体
（图片来源：Robert O.Meyer，www.mindat.org）

2. 光泽

锡石呈金刚光泽。

3. 透明度

锡石呈透明至不透明。

4. 折射率与双折射率

锡石的折射率为 1.997 ～ 2.098；双折射率为 0.096 ～ 0.098。具强色散，色散值为 0.071。

5. 光性

锡石为一轴晶，正光性。

6. 多色性

锡石具有弱到强的二色性，黄色 / 棕红色。

7. 紫外荧光

锡石无紫外荧光。

（六）力学性质

1. 摩氏硬度

锡石的摩氏硬度为 6 ～ 7。

2. 密度

锡石的密度为 6.8 ～ 7.1 克 / 厘米^3。

3. 解理及断口

锡石具有 {100}、{110} 不完全解理，断口呈贝壳状或不平坦状，常沿 {111} 或 {011} 裂开。

（七）其他

细粒锡石置于锌片上加盐酸，数分钟后表面形成一层锡白色金属锡膜。

三、锡石的相似品及其鉴别

与锡石相似的宝石品种主要有金红石、棕色锆石、榍石等，可以从折射率、多色性、相对密度等方面进行鉴别（见本书附表），锡石最典型的鉴定特征是比重大、硬度高、色散强（高于金刚石）。

四、锡石的质量评价

锡石晶体的质量评价主要从颜色、透明度、光泽、晶体形态等方面进行。以颜色纯净、透明度高、光泽好的晶体为优，晶体形态，如膝状双晶、贯穿双晶、平行连晶等也是重要的鉴赏项目。

五、锡石的产地与成因

世界上工业级锡石的主要产地有法国、缅甸、泰国、马来西亚、印度尼西亚、尼日利亚、澳大利亚、南非、德国、捷克共和国和葡萄牙等。宝石级锡石主要来源于玻利维亚（图 11–19）和纳米比亚，墨西哥的杜兰戈（Durango）则是木锡石的主要产地，英国的康沃尔郡（Cornwall）在 19 世纪曾是著名的工业级锡石矿区，但目前已经停止开采了。

图 11–19　产自玻利维亚维落科矿山的宝石级锡石戒面
（图片来源：The Arkenstone，iRocks.com）

图 11–20　产自中国云南省普洱市西盟县阿莫矿床的锡石晶体
（图片来源：Rob Lavinsky，iRocks.com，Wikimedia Commons，CC BY-SA 3.0 许可协议）

中国的工业级锡石产地主要分布于云南、广西及南岭一带。广西南丹大厂的规模最大，云南个旧锡矿开采历史悠久，素有中国“锡都”之称，云南西盟地区锡矿脉的晶洞中常出产宝石级锡石晶体（图 11–20）。四川平武雪宝顶产出的锡石晶体乌黑锃亮，多呈独特的平行连生结构，可与白钨矿、海蓝宝石、萤石等共生，观赏价值高，受到国内外收藏家的青睐。

锡石主要产于花岗岩类侵入体内部或近岩体围岩的中高温热液脉中，偶尔产于接触变质成因矿床中，常与电气石、石英、白云母、辉钼矿、黄玉、萤石、砷黄铁矿和黑钨矿等共生。由于锡石的硬度高、比重大、抗风化能力强，故常富集成砂矿，开采于冲积砂矿矿床中。

第四节

塔菲石

塔菲石精致洁雅，作为世界上最稀有的彩色宝石品种之一，深受宝石及矿物收藏家的特别关注。1945 年，爱尔兰珠宝商理查德·塔菲（Richard Taaffe，1898—1967 年）在购得的一批宝石中发现一颗与尖晶石相似、却又略有不同的淡紫色刻面宝石，他将其送至伦敦商会宝石实验室进行品种确认时发现其为一种新的矿物种——塔菲石。塔菲石的英文名为 Taaffeite，正是为纪念塔菲石的首个发现者理查德·塔菲而命名。

一、塔菲石的宝石学特征

（一）矿物名称

塔菲石的矿物名称为塔菲石（Taaffeite），属磁铁铅矿—黑铝镁铁矿族。2002 年，由于对该族矿物进行标准化命名，国际矿物委员会（IMA）将塔菲石的矿物英文名称由 Taaffeite 批准修订为 Magnesiotaaffeite-2N'2S。而在宝石学上，仍然沿用 Taaffeite 作为其宝石学名称。

（二）化学成分

塔菲石的化学式为 $MgBeAl_4O_8$，可含有铬（Cr）、铁（Fe）、锰（Mn）、锌（Zn）、镓（Ga）等微量元素。

（三）晶族晶系

塔菲石属中级晶族，六方晶系。

（四）晶体形态

塔菲石晶体粒度较小，通常呈六方单锥状（图 11-21），并常依 {000$\bar{1}$} 发育接触双晶形成“六方双锥状”（图 11-22）、六方桶状（图 11-23）。主要单形为六方单锥

$d\{11\bar{2}4\}$、$r\{11\bar{2}2\}$，六方柱 $m\{10\bar{1}0\}$、$l\{11\bar{2}0\}$，单面 $o\{0001\}$。

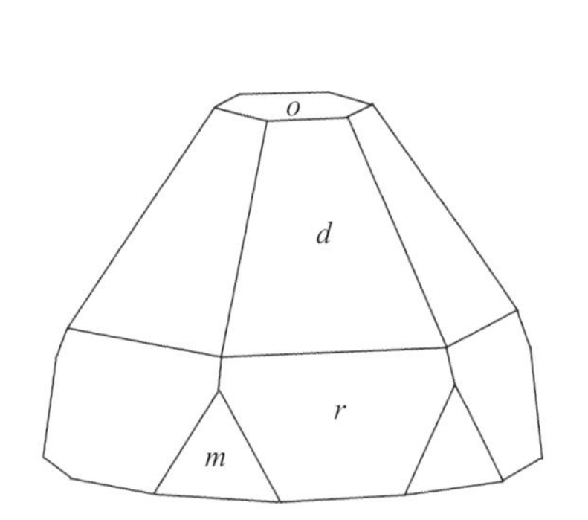

图 11-21　塔菲石以六方单锥单形为主的晶体形态图

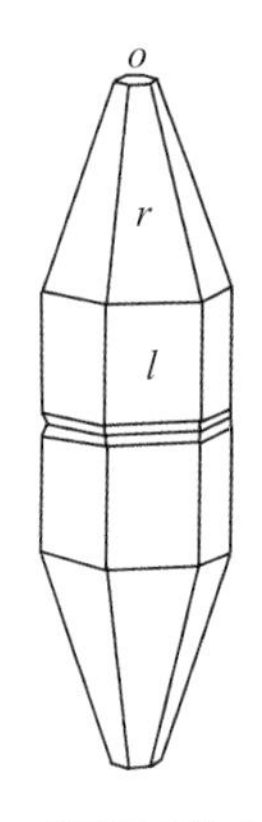

图 11-22　塔菲石依 $\{000\bar{1}\}$ 发育接触双晶形成“六方双锥状”的晶体形态图

图 11-23　产自斯里兰卡的六方桶状塔菲石
（图片来源：Rob Lavinsky，iRocks.com，Wikimedia Commons，CC BY-SA 3.0 许可协议）

（五）光学性质

1. 颜色

宝石级塔菲石通常呈无色、粉至红色、紫色（图 11-24）、紫红色（图 11-25），偶见棕色、灰蓝色。其中，红色、紫红色、深紫色由微量元素铬（Cr）致色。

图 11-24　产自坦桑尼亚的粉紫色塔菲石戒面
（图片来源：Don Guennie，Wikimedia Commons，CC BY-SA 3.0 许可协议）

图 11-25　产自斯里兰卡的紫红色塔菲石戒面
（图片来源：Elise A.Skalwold，2016）

2. 光泽

塔菲石具有玻璃光泽。

3. 透明度

塔菲石呈透明至半透明。

4. 折射率与双折射率

塔菲石的折射率为 1.719 ~ 1.723（±0.002）；双折射率为 0.004 ~ 0.005。

5. 光性

塔菲石为一轴晶，负光性。

6. 吸收光谱

塔菲石的吸收光谱不特征，可见 458 纳米弱吸收带。

7. 紫外荧光

塔菲石在长波紫外灯下可见无至弱绿色或白色荧光，短波呈惰性。

（六）力学性质

1. 摩氏硬度

塔菲石的摩氏硬度为 8 ~ 9。

2. 密度

塔菲石的密度为 3.60 ~ 3.61 克 / 厘米 ^{3}。

3. 解理及断口

塔菲石无解理，断口呈贝壳状。

（七）内含物

塔菲石可含有磷灰石、菱镁矿、尖晶石、金云母、锆石、石榴石、铍铝镁锌石等矿物包体及气液包体、负晶和愈合裂隙。产自斯里兰卡的塔菲石中多见锆石晕。

二、塔菲石的产地与成因

宝石级塔菲石产自斯里兰卡高原地区（图 11-23、图 11-25）、坦桑尼亚通杜鲁（Tunduru）（图 11-24）、缅甸抹谷（Mogok）和马达加斯加伊拉卡卡（Ilakaka），其中，坦桑尼亚、缅甸产出的塔菲石中微量元素铁、锌的含量均低于斯里兰卡。在中国湖南的香花岭也发现有塔菲石晶体，但未达到宝石级。

塔菲石属热液交代成因矿物，产于白云质灰岩与花岗岩接触带的镁质矽卡岩中，也偶见于斯里兰卡、坦桑尼亚的砂矿中。

第五节

红柱石

红柱石最早发现于西班牙瓜达拉哈拉（Guadalajara）省的一座小镇，但维尔纳（Werner）和德拉美里亚（Delametherie）对其进行研究时，误认为其来源于安达卢西亚（Andalusia）自治区，并于1798年将其命名为Andalusite，沿用至今。红柱石的横断面上常可见独特的黑十字条纹，这种红柱石又被称为空晶石（Chiastolite），呈放射状的红柱石集合体被称为菊花石，是深受大众喜爱的观赏石之一。

一、红柱石的宝石学特征

（一）矿物名称

红柱石的矿物名称为红柱石（Andalusite），属红柱石族矿物，与蓝晶石、矽线石互为同质多象。

（二）化学成分

红柱石是一种铝硅酸盐矿物，其晶体化学式为 $Al[AlSiO_4]O$，可含有钒（V）、锰（Mn）、钛（Ti）、铁（Fe）等元素。

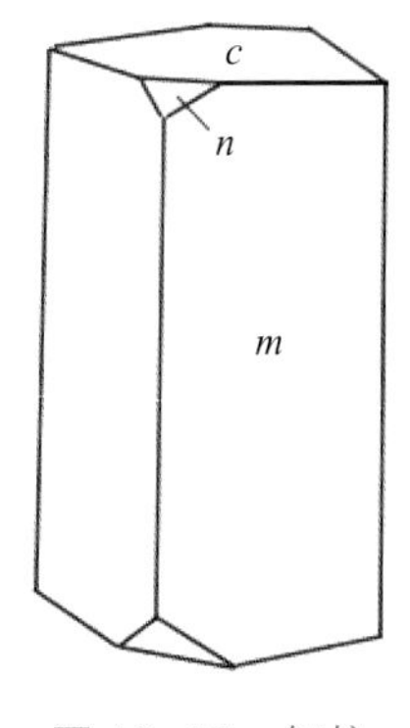

图 11-26　红柱石的晶体形态

（三）晶族晶系

红柱石属低级晶族，斜方晶系。

（四）晶体形态

红柱石晶体常呈柱状，其主要单形有斜方柱 $m\{110\}$、$n\{101\}$、平行双面 $c\{001\}$（图 11-26），横断面多为近四边形。红柱石双晶少见，集合体常呈粒状或放射状，形似菊花，又称为“菊花石”（图 11-27）。此外，一些红柱石内部含有定向排列的碳质或黏土质包体，其横断面可见沿对角线分布的黑十字，纵断面可见与晶体延长方向一致的黑色条纹，此类红柱石被称为“空晶石”（图 11-28）。

图 11-27　产自北京房山区周口店的菊花石（红柱石）
（图片来源：国家岩矿化石标本资源共享平台，www.nimrf.net.cn）

图 11-28　空晶石（红柱石）晶体
（图片来源：国家岩矿化石标本资源共享平台，www.nimrf.net.cn）

（五）光学性质

1. 颜色

红柱石常呈黄绿色（图 11-29）或黄褐色（图 11-30），也可呈粉色（图 11-31）、褐色、绿色、紫色（少见）等。产自巴西的富锰的红柱石呈绿色（图 11-32）。

图 11-29　黄绿色红柱石晶体
（图片来源：François Périne，www.mindat.org）

图 11-30　产自斯里兰卡的黄褐色红柱石戒面
（图片来源：Katherine Dunnell，www.mindat.org）

2. 光泽

红柱石具有玻璃光泽。

3. 透明度

红柱石呈透明至半透明。

图 11-31 粉色红柱石晶体
（图片来源：Enrico Bonacina，www.mindat.org）

图 11-32 产自巴西的绿色锰红柱石晶体
（图片来源：Rob Lavinsky，iRocks.com，Wikimedia Commons，CC BY-SA-3.0 许可协议）

4. 折射率与双折射率

红柱石的折射率为 1.634 ~ 1.643（±0.005）；双折射率为 0.007 ~ 0.013。近无色红柱石的折射率较低，绿色红柱石折射率较高，锰红柱石的折射率可达 1.629 ~ 1.660，双折射率也高于普通红柱石，常为 0.029。

5. 光性

红柱石为二轴晶，负光性。

6. 多色性

红柱石具有强三色性，常呈褐黄绿色 / 褐橙色 / 褐红色。

7. 吸收光谱

红柱石无特征吸收光谱。

8. 紫外荧光

红柱石在长波紫外灯下一般呈惰性，短波通常可见无至中等的绿至黄绿色荧光。

（六）力学性质

1. 摩氏硬度

红柱石的摩氏硬度为 7 ~ 7.5。

2. 密度

红柱石的密度为 3.17（±0.04）克 / 厘米 ^{3}。

3. 解理及断口

红柱石具有一组 {110} 中等解理，断口呈参差状。

（七）内含物

红柱石中可见气液包体，双晶、解理、色带等生长结构以及磷灰石、金红石、白云母、石墨、黏土矿物等矿物包体。

二、红柱石的产地与成因

宝石级红柱石的主要产地有澳大利亚的南澳大利亚州、巴西的米纳斯吉拉斯州、斯里兰卡的萨伯勒格穆沃省、美国的加利福尼亚州和北卡罗来纳州、马达加斯加的菲亚纳兰楚阿省、俄罗斯的西伯利亚、缅甸的曼德勒地区等。

中国的红柱石资源也十分丰富，主要分布在新疆、河南、甘肃、内蒙古、辽宁、陕西及四川等地。

红柱石是富铝岩石在低温高压的条件下发生变质作用的产物，常产于浅变质地层中，主要赋存于板岩、片岩或片麻岩中；偶尔作为碎屑矿物产于伟晶岩和花岗岩中。

第六节

榍石

榍石光泽明亮，火彩耀眼，以其超越钻石的火彩而闻名。宝石级榍石产量稀少，在精心切割抛光以后，能展现五彩的光芒，近年来逐渐走进人们的视野，成为人们青睐的新兴彩色宝石。

一、榍石的历史与文化

榍石的英文名称为 Sphene，来源于希腊语 sphen，意为“楔形”，因其晶体横截面的形状呈楔形而得名。榍石最早发现于 1787 年，因含有钛元素，于 1795 年被德国化学家马丁·克拉普罗特（Martin Klaproth，1743—1817 年）首次命名为 Titanite。其后，在 1801 年法国著名矿物学家阿雨根据榍石似楔形的外形特征将其更名为 Sphene。如今，Titanite 与 Sphene 两个名称在矿物学领域均被认可，宝石学领域则将 Sphene 作为榍石的宝石学名称。

图 11-33　榍石晶体（左）和榍石戒面（右）
（图片来源：geogallery.si.edu）

传说榍石具有让人镇静并减轻痛苦的功效，可以保护佩戴者远离负能量，并有助于思考及创造。世界上品质最佳的榍石当数美国国立自然历史博物馆保存的榍石项链，它由 16 块宝石级榍石组成（图 11-33），其中最大的一颗重 15 克拉以上。

二、榍石的宝石学特征

（一）矿物名称

榍石的矿物名称为榍石（Sphene）。

（二）化学成分

榍石为含钙钛的岛状硅酸盐矿物，其晶体化学式为 $CaTi[SiO_4]O$，可含钠（Na）、TR、锰（Mn）、铝（Al）、铁（Fe）等元素。榍石中存在较为普遍的类质同象现象，钙（Ca）可被钠（Na）、TR、锰（Mn）、锶（Sr）、钡（Ba）代替，钛（Ti）可被铝（Al）、铁（Fe）、铌（Nb）、钽（Ta）、钍（Th）、锡（Sn）、铬（Cr）代替，氧（O）可被 OH、氟（F）、氯（Cl）代替。根据所含元素不同，榍石可分为钇榍石、红榍石、铁榍石等品种，钇榍石富含 TR、钇，红榍石富含锰，铁榍石富含铝、铁。

（三）晶族晶系

榍石属低级晶族，单斜晶系。

（四）晶体形态

榍石常见具楔形横截面的扁平信封状晶体，有时呈板状、柱状、针状，常见单形有平行双面 *c*{001}、*a*{100}、*x*{102}，斜方柱 *n*{111}、*m*{110}（图 11-34）。榍石常见 {221} 双晶。

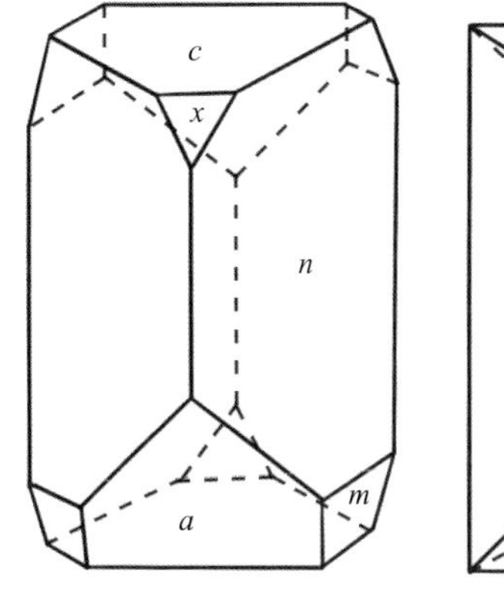

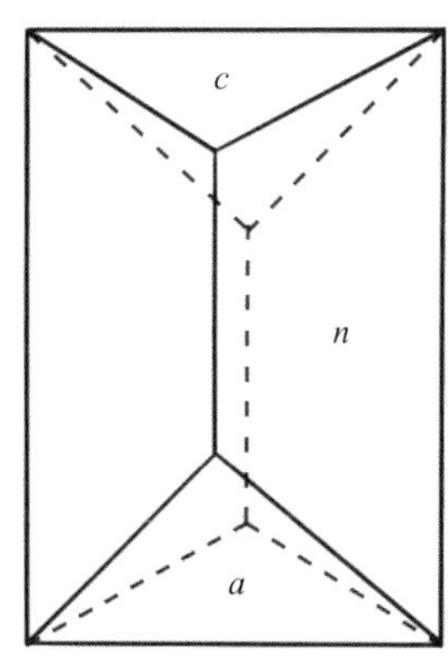

图 11-34　榍石的晶体形态

（五）晶体结构

榍石的晶体结构由［TiO_6］八面体构成，在［TiO_6］八面体中，钛位于八面体中心，为六次配位，氧则占据每个顶点。［TiO_6］八面体沿 *c* 轴方向共角顶连接成链，链与链间由［SiO_4］四面体以及［CaO_7］多面体连接成三维架状结构（图 11-35），在该结构中，每个［SiO_4］四面体呈孤立状分布，与三条［TiO_6］八面体链相连，链间间隙由钙充填，但相邻的链并不排列成行，故而榍石为单斜对称。

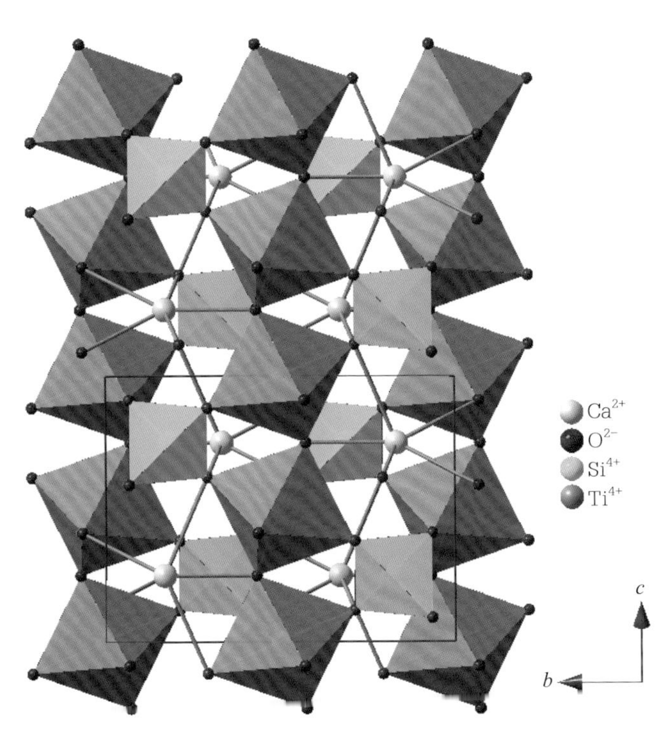

图 11-35　榍石的晶体结构示意图

（图片来源：秦善提供）

（六）光学性质

1. 颜色

榍石的颜色较为丰富，有蜜黄色、橙色（图 11–36）、绿色（图 11–37）、棕色、褐色、无色、红色等，宝石级榍石的颜色通常为绿色（图 11–38）或黄绿色（图 11–39）。

图 11–36 橙色榍石晶体
（图片来源：Roberto Bosi，www.mindat.org）

图 11–37 产自巴基斯坦的榍石晶体
（图片来源：Rob Lavinsky，iRocks.com，Wikimedia Commons，CC BY-SA 3.0 许可协议）

2. 光泽

榍石具有金刚光泽。

3. 透明度

榍石为透明至半透明。

4. 折射率与双折射率

榍石的折射率为 1.900 ~ 2.034（±0.020）；双折射率为 0.100 ~ 0.135。榍石的色散值为 0.051，大于钻石，故榍石在采用刻面琢型切割后可以呈现比钻石还要强的火彩（图 11–40）。

5. 光性

榍石为二轴晶，正光性。

6. 多色性

榍石具有中至强的三色性，三色性随体色的变化而有所不同。黄绿色至褐色榍石的三色性表现为浅黄色 / 褐橙色 / 褐黄色。

图 11-38　绿色榍石戒面

图 11-39　黄绿色榍石戒面
（图片来源：国家岩矿化石标本资源共享平台，www.nimrf.net.cn）

图 11-40　呈现强火彩的橙色榍石戒面
（图片来源：摄于中国地质博物馆）

7. 吸收光谱

榍石可显示稀土元素吸收线，黄色和橙色榍石在黄区有时可见 580 纳米双吸收线。

8. 紫外荧光

榍石在紫外荧光灯下呈惰性。

（七）力学性质

1. 摩氏硬度

榍石的摩氏硬度为 5 ～ 5.5。

2. 密度

榍石的密度为 3.52（±0.02）克 / 厘米 ^{3}。

3. 解理及断口

榍石具有 {110} 中等解理，断口呈贝壳状。

（八）内含物

榍石的包体丰富，可含金红石、绿泥石、柯石英等矿物包体以及指纹状气液包体、双晶纹等。

三、榍石的合成与相似品的鉴别

（一）合成榍石

合成榍石具有优良的化学、机械、热稳定性及抗辐照性能，能够很好地满足高放射性废弃物的固化要求，已广泛应用于工业中。但由于榍石市场受众面小、合成成本高，市面上暂无宝石级合成榍石。

（二）榍石的相似品及其鉴别

与榍石相似的宝石主要有锆石、金绿宝石、透辉石等，可以从折射率、多色性、相对密度、显微特征等方面进行鉴别（见本书附表），榍石最典型的鉴定特征是具有580纳米双吸收线。

四、榍石的质量评价

榍石的质量可以从颜色、净度、重量、切工等方面进行评价。榍石可呈现多种颜色，其中翠绿色最好，黄色次之，棕色、褐色质量较低。榍石内含较多的包体，无杂质者极为少见，因此榍石的净度越高，质量越好。重量是评价榍石质量的一个重要因素，超过5克拉的榍石比较少见，故而价格更加昂贵。榍石的色散值较高，优质的切工可使其呈现出闪耀的火彩，更好地展现榍石的魅力。

五、榍石的产地与成因

榍石主要产于巴西、巴基斯坦、马达加斯加、俄罗斯、中国、墨西哥、加拿大、缅甸、印度、斯里兰卡等国家。

其中，巴西、巴基斯坦、马达加斯加、俄罗斯、中国等国家产出大颗粒宝石级榍石。巴西所产出的宝石级榍石多呈橄榄绿色，主要产自米纳斯吉拉斯（Minas Gerais）州的卡佩利尼亚（Capelinha）地区，该地区所产的榍石还可呈现明亮的青柠绿色（图11-41），这是榍石最稀有的色调之一。巴基斯坦产出的宝石级榍石多呈现苹果绿色（图11-42），有很好的光泽，晶体经常出现双晶现象。马达加斯加安齐拉纳纳（Antsiranana）省安卡拉法（Ankarafa）地区产出的榍石呈橄榄绿色，透明度较高，晶体呈扁平状（图11-43）。俄罗斯乌拉尔山脉的萨拉诺夫斯基（Saranovskii）矿区产出的含铬榍石呈祖母绿色，晶体较为完好，也

图11-41　产自巴西米纳斯吉拉斯州卡佩利尼亚地区的青柠绿色榍石晶体
（图片来源：Rob Lavinsky，iRocks.com，Wikimedia Commons，CC BY-SA 3.0许可协议）

多为宝石级。中国的宝石级榍石主要产于江苏东海和新疆，江苏东海产出的榍石多为黄绿色，包体少，透明度高且多以双晶形式产出；新疆西南部帕米尔 - 西昆仑山区的宝石级榍石多产于片麻岩的大理岩夹层之中，晶体较大，呈金黄色。

图 11-42　产自巴基斯坦的苹果绿色榍石晶体
（图片来源：Rob Lavinsky，iRocks.com，Wikimedia Commons，CC BY-SA 3.0 许可协议）

图 11-43　产自马达加斯加的橄榄绿色扁平状榍石晶体
（图片来源：Rob Lavinsky，iRocks.com，Wikimedia Commons，CC BY-SA 3.0 许可协议）

榍石为典型的接触变质矿物，多作为副矿物广泛分布于各种岩浆岩（如花岗岩、正长岩等）、伟晶岩（如正长伟晶岩）中，也存在于某些变质岩（如片麻岩、片岩、矽卡岩等）中。宝石级榍石多为岩浆岩型、伟晶岩型、接触交代型，但新疆产出的宝石级榍石较为特殊，产于片麻岩的大理岩夹层之中。

第七节
蓝晶石

蓝晶石幽蓝深邃，美丽独特。因其具有强烈的各向异性，在平行 c 轴和垂直 c 轴的方向上，硬度表现出较大的差异性，又被称为“二硬石”。其英文名称 Kyanite 来源于希腊语，意为“深蓝色的”。蓝晶石以其亮丽的颜色，近年来在珠宝市场中备受青睐，多被抛磨成珠子，少数高净度晶体被切磨成刻面宝石。

一、蓝晶石的宝石学特征

（一）矿物名称

蓝晶石的矿物名称为蓝晶石（Kyanite），属红柱石族矿物，与红柱石、矽线石互为同质多象。

（二）化学成分

蓝晶石是一种岛状硅酸盐，其晶体化学式为 Al_2SiO_5，可含有铬（Cr）、铁（Fe）、钙（Ca）、镁（Mg）、钛（Ti）、钒（V）、锰（Mn）等微量元素。其中，Fe^{2+}、Ti^{4+} 是蓝色蓝晶石主要的致色元素，Fe^{3+}、Mn^{3+} 分别是黄绿色和橙色蓝晶石的致色元素，铬元素的存在可使蓝晶石产生荧光。

（三）晶族晶系

蓝晶石属低级晶族，三斜晶系。

（四）晶体形态

蓝晶石常沿 *c* 轴呈扁平的柱状晶形，常见单形有平行双面 *a*{100}、*b*{010}、*c*{001}、*m*{110} 等，常沿 {100} 或 $\{12\bar{1}\}$ 发育双晶（图 11-44）。

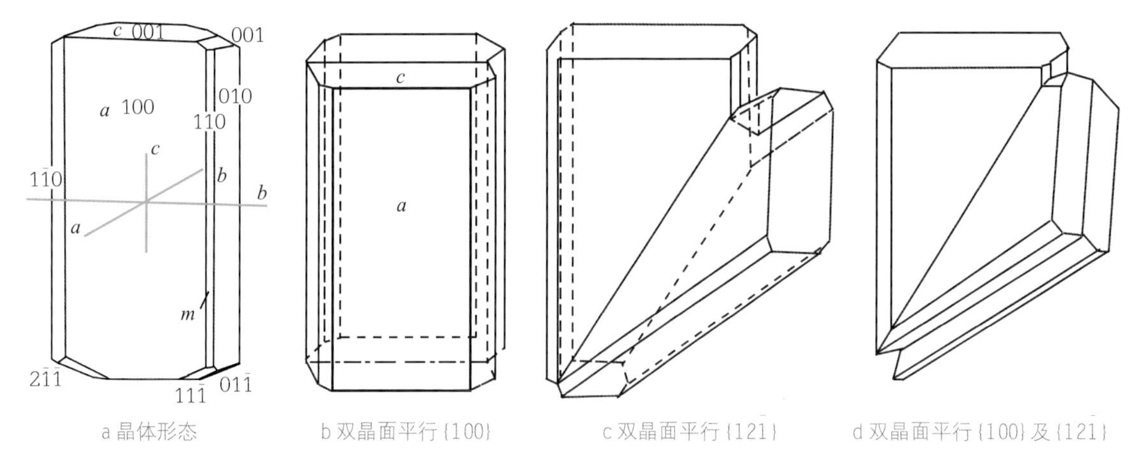

a 晶体形态　b 双晶面平行 {100}　c 双晶面平行 $\{12\bar{1}\}$　d 双晶面平行 {100} 及 $\{12\bar{1}\}$

图 11-44　蓝晶石的晶体形态及常见双晶形态

（五）光学性质

1. 颜色

宝石级蓝晶石常见浅蓝至深蓝色（图 11-45、图 11-46），还可有绿色、黄绿色、橙色、无色等。

图 11-45　蓝色蓝晶石晶体
（图片来源：Parent Géry，Wikimedia Commons，CC BY-SA 3.0 许可协议）

图 11-46　产自尼泊尔的深蓝色蓝晶石戒面
（图片来源：Didier Descouens，Wikimedia Commons，CC BY-SA 4.0 许可协议）

2. 光泽

蓝晶石具有玻璃光泽。

3. 透明度

蓝晶石呈透明至半透明。

4. 折射率与双折射率

蓝晶石的折射率为 1.716 ~ 1.731；双折射率为 0.012 ~ 0.017。

5. 光性

蓝晶石为二轴晶，负光性。

6. 多色性

蓝晶石具有中等至强三色性，表现为无色 / 深蓝色 / 紫蓝色。

7. 吸收光谱

蓝晶石的吸收光谱可见 435、445 纳米吸收带。

8. 紫外荧光

蓝色蓝晶石在长波紫外灯下可见弱红色荧光，短波下呈惰性；黄绿色蓝晶石由于 Fe^{3+} 含量较高，长短波下均呈惰性。

9. 特殊光学效应

蓝晶石可具有猫眼效应，少见变色效应。宝石学家发现在坦桑尼亚、肯尼亚产出的蓝色蓝晶石可具有变色效应，在日光下呈绿蓝色，在白炽灯下呈微红色。

（六）力学性质

1. 摩氏硬度

蓝晶石的摩氏硬度随晶体方向的不同而变化，平行 c 轴方向摩氏硬度为 4 ~ 5，垂直 c 轴方向摩氏硬度为 6 ~ 7。

2. 密度

蓝晶石的密度为 3.56 ~ 3.69 克 / 厘米^3。

3. 解理及断口

蓝晶石具有一组 {100} 完全解理，一组 {010} 中等解理，断口呈参差状。

（七）内含物

蓝晶石内部可见固体包体、平行于 c 轴的针管状包体、愈合裂隙、色带、解理纹等。

（八）其他

蓝色蓝晶石在查尔斯滤色镜下呈粉红色。

二、蓝晶石的产地与成因

图 11-47　产自巴西米纳斯吉拉斯的蓝晶石晶体
（图片来源：Wikimedia Commons，Public Domain）

宝石级蓝晶石在世界多个国家均有产出，主要有巴西、坦桑尼亚、尼泊尔、印度、美国、肯尼亚、马达加斯加等国家。宝石级蓝色蓝晶石产自巴西米纳斯吉拉斯州（图 11-47、图 11-48）、坦桑尼亚阿鲁沙省、尼泊尔加德满都西北部及戈西地区、印度奥里萨邦等地区、瑞士莱文蒂纳地区（图 11-49）等。黄绿色蓝晶石产自坦桑尼亚阿鲁沙省、巴西米纳斯吉拉斯州，巴西所产的黄绿色蓝晶石较坦桑尼亚蓝晶石颜色浅，饱和度低。橙色蓝晶石仅在坦桑尼亚阿鲁沙省洛利翁多（Loliondo）产出，与盛产锰铝榴石的纳尼（Nani）矿相邻。

蓝晶石为变质矿物，赋存于由区域变质作用

形成的片麻岩、片岩或石英脉中，与石英、云母、石榴石、角闪石、刚玉等矿物共生。

图 11-48　产自巴西米纳斯吉拉斯的蓝晶石戒面
（图片来源：Eurico Zimbres，Wikimedia Commons，CC BY-SA 3.0 许可协议）

图 11-49　产自瑞士莱文蒂纳地区的蓝晶石晶体（基底为银色云母脉）
（图片来源：Robert Lavinsky，Wikimedia Commons，CC BY-SA 3.0 许可协议）

第八节

赛黄晶

赛黄晶是一种钙硼硅酸盐矿物，由于和黄玉（托帕石，早期名为黄晶）在晶形、硬度及化学成分等方面很相似而得名。赛黄晶由美国矿物学家查尔斯·阿伯翰·谢帕德（Charles Upham Shephard）在 1839 年首次发现，它的英文名称 Danburite 就是来源于发现地美国康涅狄格州的丹伯里（Danbury）。英国自然历史博物馆收藏一颗产自缅甸的酒黄色阶梯刻面型的赛黄晶，重 138.61 克拉；美国华盛顿史密斯博物馆收藏一颗产自缅甸的黄色赛黄晶，重 18.4 克拉。

一、赛黄晶的宝石学特征

（一）矿物名称

赛黄晶的矿物名称为赛黄晶（Danburite）。

（二）化学成分

赛黄晶是一种钙硼硅酸盐矿物，其晶体化学式为 $CaB_2[SiO_4]_2$。

（三）晶族晶系

赛黄晶属低级晶族，斜方晶系。

（四）晶体形态

赛黄晶晶体常呈短柱状（图 11-50），顶端楔形，晶面具纵纹（图 11-51），可形成晶簇（图 11-52），集合体呈块状或粒状。

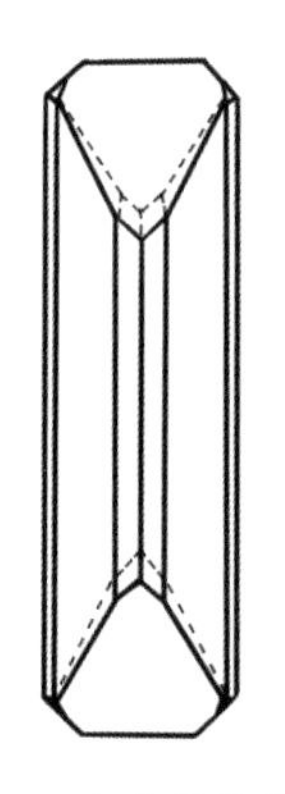

图 11-50　赛黄晶的晶体形态

图 11-51　赛黄晶晶体

图 11-52　赛黄晶晶簇
（图片来源：Michael C.Roarke，www.mindat.org）

（五）光学性质

1. 颜色

赛黄晶多呈无色（图 11-51、图 11-52）、浅黄色（图 11-53）、褐色（图 11-54），少见粉红色。

2. 光泽

赛黄晶具有玻璃光泽，有时显示油脂光泽。

3. 透明度

赛黄晶呈透明至半透明。

图 11-53　心形黄色赛黄晶戒面

图 11-54　祖母绿型褐色赛黄晶戒面

4. 折射率与双折射率

赛黄晶的折射率为 1.630 ~ 1.636；双折射率为 0.006。色散值为 0.017。

5. 光性

赛黄晶为二轴晶，光性可正可负，光性正负取决于照明所用光的波长，红到绿光照射时其为负光性，蓝光照射时其为正光性。

6. 多色性

赛黄晶的多色性因颜色而异，多色性弱。

7. 吸收光谱

赛黄晶无特征吸收光谱。

8. 紫外荧光

在长波紫外灯下可见浅蓝至蓝绿色荧光，强度从无到强变化；短波可见浅蓝至蓝绿色荧光，强度较弱。

（六）力学性质

1. 摩氏硬度

赛黄晶的摩氏硬度为 7。

2. 密度

赛黄晶的密度为 2.97 ~ 3.03 克 / 厘米 ^{3}。

3. 解理与断口

赛黄晶具有一组 {001} 方向不完全解理，断口呈参差状至贝壳状。

二、赛黄晶的相似品及其鉴别

与赛黄晶相似的宝石品种主要有托帕石、绿柱石、水晶以及方柱石等，可以从折射率、光性、紫外荧光、相对密度、显微特征等方面进行鉴别（见本书附表），赛黄晶最典型的鉴定特征是其折射率通常高于其相似宝石。

三、赛黄晶的产地与成因

宝石级赛黄晶的主要产地是墨西哥，尤其是查尔卡斯（Charcas）和圣路易斯（San Luis Potosi）地区，能够产出大颗粒完全透明的无色晶体，在墨西哥的北下加利福尼亚州的结晶花岗岩中产出短粗的不透明的赛黄晶晶体；缅甸抹谷产出金黄色的赛黄晶晶体；俄罗斯达利涅戈尔斯克（Dal′negorsk）著名的矿山滨海边疆区（Primorskij Kraj）产出一些较大的赛黄晶晶体；日本的宫崎县则产出无色的赛黄晶晶体；马达加斯加安塔那那利佛省贝塔富区发现细长的金棕色的赛黄晶晶体；玻利维亚产出细长的透明的灰色赛黄晶晶体，常形成双锥状。

赛黄晶产于变质灰岩和低温热液矿床中，冲积砂矿也是赛黄晶的重要来源。

第九节

绿帘石

绿帘石（Epidote）是一种呈现特征黄绿色—草绿色的稀少宝石，它的中文名称是我国著名地质学家、地质教育家袁复礼先生由日文转译而来。绿帘石较少运用到珠宝首饰中，但其晶体色彩鲜艳、形态美观，在矿物晶体观赏石领域十分常见。

一、绿帘石的宝石学特征

（一）矿物名称

绿帘石的矿物名称为绿帘石（Epidote）。

（二）化学成分

绿帘石是一种钙铝的复杂岛状硅酸盐矿物，其晶体化学式为 $Ca_2(Fe, Al)_3(Si_2O_7)(SiO_4)O(OH)$。其中，$Fe^{3+}$ 与 Al^{3+} 互为类质同象替换，Fe^{3+} 含量影响绿帘石的颜色和密度。

（三）晶系晶族

绿帘石属低级晶族，单斜晶系。

（四）晶体形态

绿帘石常见单形的有：斜方柱 $m\{110\}$、$o\{111\}$、$n\{11\bar{1}\}$，平行双面 $a\{100\}$、$c\{001\}$、$l\{\bar{1}01\}$、$r\{102\}$、$e\{101\}$（图 11–55）。绿帘石常以纤维状、放射状、柱状（图 11–56）及板柱状（图 11–57）出现，晶体的延长方向平行于 b 轴，具平行 b 轴的晶面纵纹，有时呈粒状或块状集合体。绿帘石常沿（100）形成（聚片）双晶。

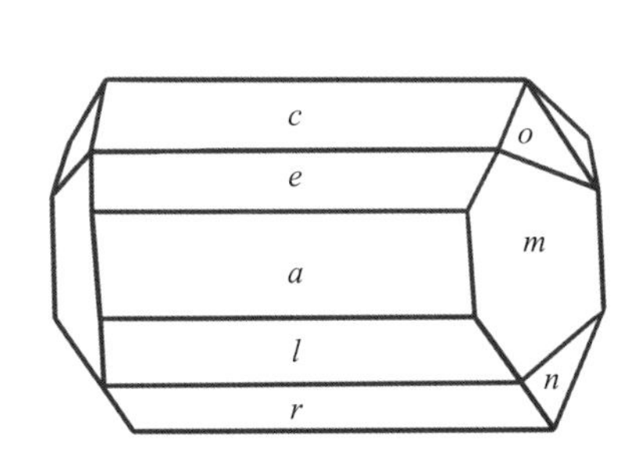

图 11–55　绿帘石的晶体形态

图 11–56　柱状绿帘石晶体
（图片来源：Rob Lavinsky，iRocks.com，Wikimedia Commons，CC BY-SA 3.0 许可协议）

图 11–57　板柱状绿帘石晶体
（图片来源：Rob Lavinsky，iRocks.com，Wikimedia Commons，CC BY-SA 3.0 许可协议）

（五）晶体结构

绿帘石晶体结构中，铝作六次配位形成［AlO_6］八面体，它们彼此共两棱连接形成

[AlO_6] 八面体链平行 *b* 轴延伸。八面体链由双四面体 [Si_2O_7] 和孤立四面体 [SiO_4] 连接成平行（100）的层，链层与链层之间所构成的较大空隙为较大的阳离子 Ca^{2+} 以及六次配位的 Fe^{3+} 所充填（图 11-58）。

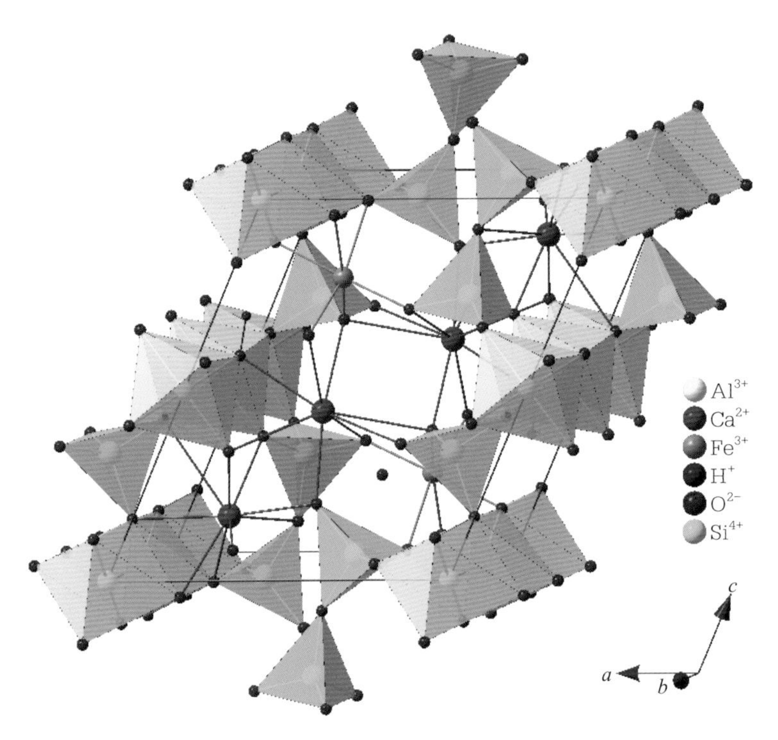

图 11-58 绿帘石的晶体结构示意图

（图片来源：秦善提供）

（六）光学性质

1. 颜色

绿帘石常见浅至深绿色（图 11-59）、棕褐色、黄色和黑色。绿 - 黑色系的绿帘石其颜色由 Fe^{3+} 以类质同象的形式替代八面体配位的 Al^{3+} 而形成，颜色的深浅与 [FeO_6] 八面体的含量有关。

图 11-59 刻面型深绿色绿帘石戒面

（图片来源：Didier Descouens，Wikimedia Commons，CC BY-SA 4.0 许可协议）

2. 光泽

绿帘石具有玻璃光泽，有时可见油脂光泽。

3. 透明度

绿帘石呈透明至半透明。

4. 折射率

绿帘石的折射率为 1.729 ～ 1.768（+0.012，−0.035）；双折射率为 0.019 ～ 0.045，可具双影现象。

5. 光性

绿帘石为二轴晶，负光性。

6. 多色性

绿帘石的三色性明显，呈绿色 / 褐色 / 黄色。

7. 吸收光谱

绿帘石可见光光谱中可见445纳米强吸收带，有时可具475纳米弱吸收线，但不特征。

8. 紫外荧光

绿帘石在紫外灯下呈惰性。

（七）力学性质

1. 摩氏硬度

绿帘石的摩氏硬度为 6 ～ 7。

2. 密度

绿帘石的密度为 3.40（+0.10，−0.15）克 / 厘米^3，密度随 Fe^{3+} 含量增加而增大。

3. 解理及断口

绿帘石单晶具有一组 {001} 完全解理，{100} 不完全解理，两组解理夹角约 64.5 度。断口呈参差状。

4. 脆性

绿帘石性脆。

（八）内含物

绿帘石中常含有液相或气－液两相包体、矿物包体；亦可含有定向排列的管状包体，经切磨后形成绿帘石猫眼。

澳洲绿帘石中含有石棉、方解石、磷灰石及流体包体，常见生长环带。我国陕西商洛的绿帘石中含有大量呈线状、面状、不规则状或大致平行排列的液相、气－液两相包体。

（九）其他

绿帘石遇热盐酸部分溶解；遇氢氟酸则快速溶解。

（十）特殊品种

尤纳卡石（Unikate）（图 11-60）是一种绿帘花岗岩，市场俗称“花绿石（玉）”，主要由粉红色—橙粉红色正长石、绿色绿帘石和充填其间的石英三种矿物组成，可含少量黑色脉石矿物，因最初采自美国北卡罗来纳州的尤纳卡岭（Unaka）而得名。除美国外，尤纳卡石还产于坦桑尼亚、爱尔兰加勒威湾（Galway）、津巴布韦和南非北角的奇莫斯（Keimos）等地。

尤纳卡石的折射率为 1.52 ~ 1.74（点测），密度为 2.85 ~ 3.20 克 / 厘米 ^{3}，摩氏硬度为 6 ~ 7，呈细粒 - 巨粒似斑状结构，碎裂状构造。尤纳卡石拥有独一无二的颜色搭配，红绿斑驳的色彩如花园一般。当其几乎不含红色正长石时，通体呈现绿色，又称绿帘岩。尤纳卡石常被磨制成素面（图 11-61）、圆珠状或用作雕刻，由其所制的首饰在国内外很受欢迎。

图 11-60　尤纳卡石原石

（图片来源：Tom Harpel, Wikimedia Commons, CC BY 2.0 许可协议）

图 11-61　尤纳卡石胸坠

二、绿帘石的产地与成因

宝石级绿帘石产于奥地利、法国、俄罗斯、意大利、澳大利亚、莫桑比克、墨西哥与中国等地。绿帘石成因与矿床类型较为复杂，可以产出于接触交代、基性火山岩、花岗岩、沉积岩等矿床类型。

中国宝石级绿帘石产于安徽、陕西、河北等地。安徽潜山绿帘石产于太古界斑花大理岩中，与透闪石、透辉石等聚集成透镜体，呈鲜艳的黄绿色，晶体常见长度为 3 ~ 6 厘米。陕西商洛绿帘石产于超基性岩体内，矿体呈脉状，脉体膨胀处有绿帘石晶洞，绿帘石呈墨绿色，板状，晶体常见长度为 2 ~ 4 厘米。河北涉县的绿帘石产出于临近矽卡岩的方解石脉中，与阳起石、斜长石、黄铁矿等共生，呈墨绿色至黄绿色，晶体长2 ~ 3 厘米。

第十节

堇青石

堇青石颜色清丽、质地晶莹，以其酷似蓝宝石般的紫蓝色、明显变幻的多色性以及潜在的价值，收获“水蓝宝石”“民众的蓝宝石”“二色石”“指南针石”等别称，近年来逐渐成为一种俏丽新颖的彩色宝石，深受消费者的青睐。

一、堇青石的历史与文化

堇青石矿物发现于 1813 年，是一种环状硅酸盐矿物，矿物学英文名为 Cordierite，来源于首次发现和研究堇青石的法国著名地质学家皮埃尔·科迪尔（Pierre Louis A.Cordier，1777—1861 年）的名字。堇青石的宝石学名称为 Iolite、Dichroite，Iolite 来源于希腊语词根 ios，有蓝紫色之意，Dichroite 源于希腊文，意为“双色的”，因其具有极强的多色性而得此名。如今，Iolite 作为堇青石的商业名称，在宝石商贸中被广泛使用。在古汉语中，“堇”意为“淡紫色”，“青”代表蓝色，拥有独特紫蓝色的堇青石由此而得名。

宝石级堇青石拥有似蓝宝石般清亮的蓝色和蓝紫色，因此享有“水蓝宝石”的美誉

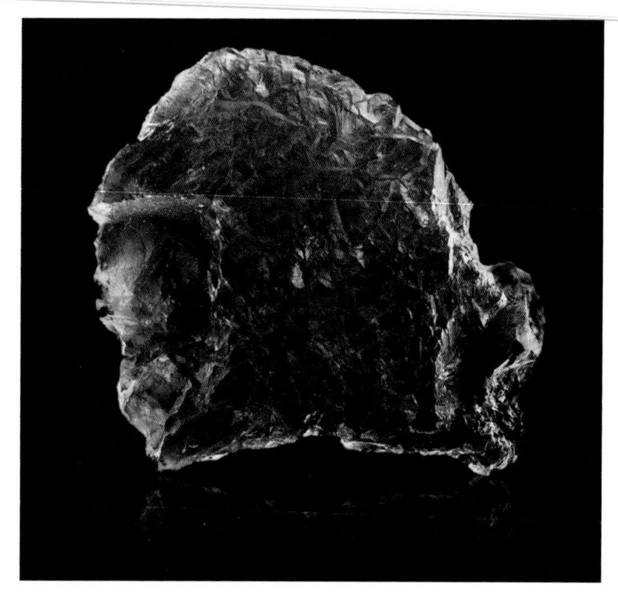

图 11-62　堇青石晶体
（图片来源：Harald Schillhammer，www.mindat.org）

（图 11-62），又因堇青石没有蓝宝石那么名贵，也被称为“民众的蓝宝石”。世界上最大的堇青石晶体发现于美国怀俄明州，重量超过 24000 克拉；在英国自然历史博物馆珍藏一颗巨型弧面型堇青石戒面，重达 885 克拉。

传说中，维京人将堇青石称为“指南针石（Vikings' Compass）”。相传，北欧海盗曾在阴天里使用薄片状堇青石，当作减少眩光的工具和偏光镜，来寻找太阳的方位，从而确定航向，成为指引旅途的罗盘。1967 年，丹麦考古学家拉姆斯考对此作出了考证，认为堇青石的强三色性会对光线进行选择性吸收，当光线从不同方向通过堇青石时，会呈现出不同颜色，可见紫色、蓝色或黄色，依据这些颜色在不同方向的变化，即可判断光源（太阳）所在位置。

二、堇青石的宝石学特征

（一）矿物名称

堇青石的矿物名称为堇青石（Cordierite）。

（二）化学成分

堇青石的晶体化学式为（Mg，Fe）$_2$Al$_2$Si[Al$_2$Si$_4$O$_{18}$]，可含有锰（Mn）、钙（Ca）、钠（Na）、钾（K）等元素和水。堇青石的化学成分中存在普遍的类质同象现象，最常见的是 Fe^{2+} 与 Mg^{2+} 的完全类质同象替换，其次是 Mn^{2+}、Ca^{2+} 对 Mg^{2+} 的不完全类质同象替代。在自然界中，Mg^{2+} 比 Fe^{2+}、Mn^{2+} 更优先进入堇青石晶格中，因此绝大多数的堇青石为镁堇青石，而当含铁量较高时称为铁堇青石，含锰较高时为锰堇青石。Al^{3+} 以类质同象方式代替 Si^{4+}，导致 SiO_2/Al_2O_3 比例的变化，为了保持电价平衡，Na^+、K^+ 等碱金属离子进入晶体结构的孔道，同时结构水也进入结构孔道。

（三）晶族晶系

堇青石属低级晶族，斜方晶系。

（四）晶体形态

堇青石的晶体常为短柱状或不规则粒状，出现的单形有斜方柱 *m*{110}、*n*{011}，斜方双锥 *s*{112}，平行双面 *c*{001}、*b*{010}（图 11-63），完好晶形不常出现。沿 {110} 和 {130} 常发育有简单接触双晶、聚片双晶或轮式双晶。由于存在三连晶及六连晶，而呈现假六方柱状形态（高温下为同质多象变体，以六方晶系的六方柱副像存在），可见平行［001］的生长纹。

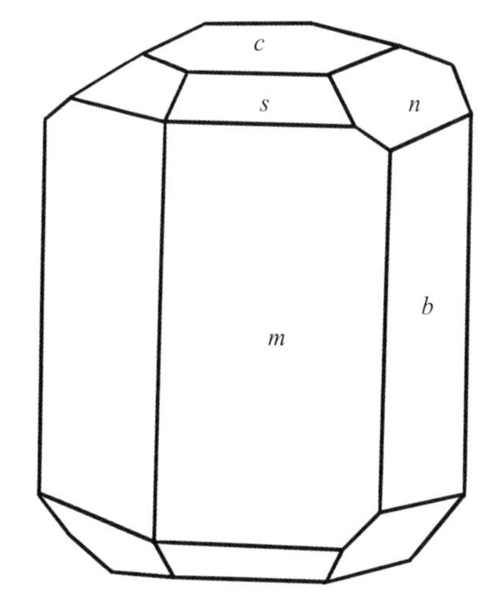

图 11-63　堇青石的晶体形态

（五）晶体结构

堇青石的晶体结构与绿柱石（$Be_3Al_2[Si_6O_{18}]$）相似，为其衍生结构，均以硅氧四面体组成的六方环为基本结构单位，绿柱石结构中的铝被堇青石的镁所替代，铍被铝所替代，由于电荷的不平衡导致堇青石六方环的两个［SiO_4］被［AlO_4］四面体所取代。堇青石上下重叠的六方环绕 *c* 轴错开角度约为 32 度，形成平行于 *c* 轴的孔道，环间以铝、镁联结。由于六方环本身四面体存在铝对硅的有序替代，使得堇青石的对称性降低为斜方晶系。

（六）光学性质

1. 颜色

堇青石的颜色较为丰富，有蓝色、蓝紫色、无色、微黄色、绿色、黄棕色或灰色，宝石级堇青石通常呈迷人的蓝色（图 11-64）或蓝紫色（图 11-65）。

图 11-64　蓝色堇青石戒面

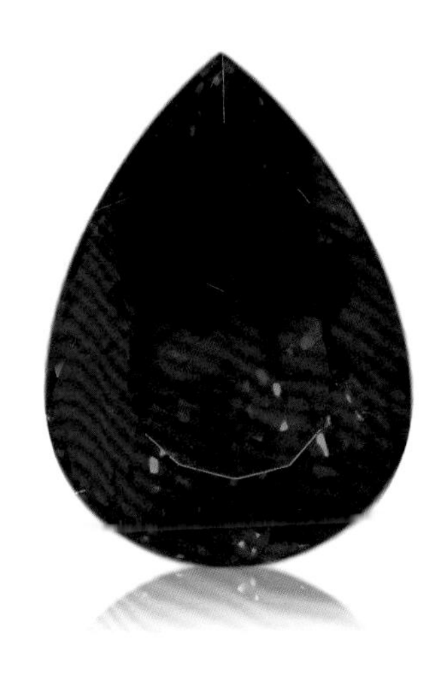

图 11-65　蓝紫色堇青石戒面

2. 光泽

堇青石具有玻璃光泽。

3. 透明度

堇青石呈透明至半透明。

4. 折射率与双折射率

堇青石的折射率为 1.542 ~ 1.551（+0.045，-0.011）；双折射率为 0.008 ~ 0.012。折射率的高低与其成分中镁、铁含量有关，富镁时折射率较低，富铁时折射率偏高。

5. 光性

堇青石为二轴晶，正光性，但有时呈负光性。

6. 多色性

堇青石具有强三色性，表现为蓝 / 紫色 / 无色至褐色。多色性随着体色的变化而有所不同，蓝紫色堇青石呈现浅蓝紫色 / 紫色 / 黄至褐色的多色性，而蓝色堇青石表现为蓝色 / 紫色 / 无色。

7. 吸收光谱

堇青石的颜色由铁致色，呈现铁吸收谱，表现为 426 纳米和 645 纳米弱吸收带，吸收光谱随方向的不同略有改变。

8. 紫外荧光

由于铁元素对荧光的抑制作用，堇青石在紫外灯的长短波下均无荧光。

9. 特殊光学效应

堇青石可具有砂金效应（图 11-66），极少见猫眼效应、星光效应。

图 11-66　具砂金效应的堇青石戒面
（图片来源：www.gia.edu）

（七）力学性质

1. 摩氏硬度

堇青石的摩氏硬度为 7 ~ 7.5。

2. 密度

堇青石的密度为 2.61（±0.05）克 / 厘米^3，密度随铁含量的增多而增大。

3. 解理及断口

堇青石具有三组解理，{010} 完全解理及 {100}、{001} 不完全解理，断口呈贝壳状至不平坦状。

（八）内含物

堇青石内含有丰富的包体，常见有赤铁矿（图 11-67）、针铁矿、磷灰石、锆石等矿物包体，并可见气液包体及色带、双晶纹和初始解理纹。

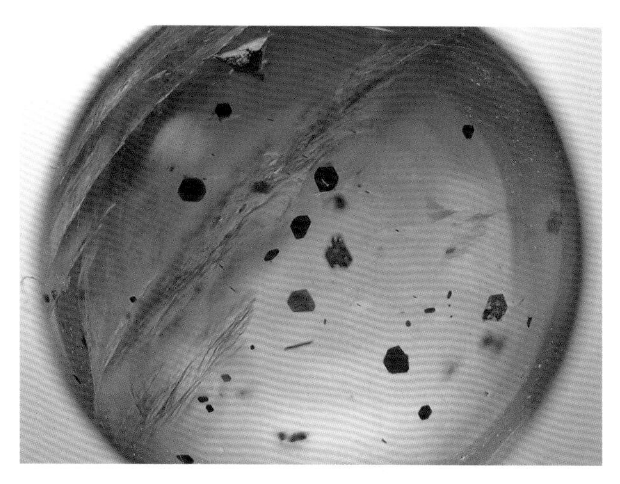

图 11-67 堇青石中呈片状赤铁矿包裹体
（图片来源：Egor Gavrilenko，www.gems-inclusions.com）

（九）特殊品种

堇青石内部含有大量的橙红色赤铁矿包体时，整体呈橙红色，即为“血滴堇青石”，若赤铁矿包体具片状外形且定向排列（图 11-68），就会产生特殊的砂金效应（图 11-69）。血滴堇青石大多产自斯里兰卡。

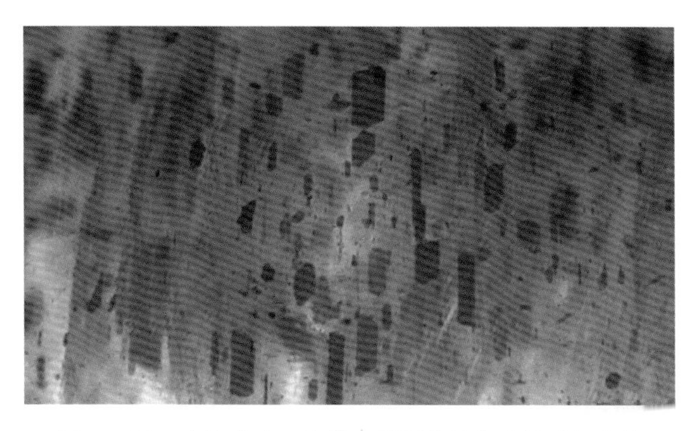

图 11-68 血滴堇青石中定向排列的片状赤铁矿包裹体
（图片来源：www.gia.edu）

图 11-69 具砂金效应的血滴堇青石戒面
（图片来源：www.gia.edu）

三、堇青石的合成与相似品及其鉴别

（一）合成堇青石

目前有工业用途的合成镁堇青石粉体，已被广泛应用于耐火材料的制备，但市面上暂未见宝石级合成堇青石出现，这是由于堇青石市场受众面较小、合成单晶宝石成本高等原因造成的。

（二）堇青石的相似品及其鉴别

与堇青石相似的宝石品种主要有蓝宝石、紫水晶、坦桑石、紫色方柱石等，可以从折射率、多色性、相对密度、显微特征等方面进行鉴别（见本书附表），堇青石最典型的鉴定特征是其极强的三色性，表现为蓝色、紫色、无色至褐色。

四、堇青石的质量评价

堇青石的质量可以从颜色、净度、切工和重量等方面进行评价，因其深邃的蓝色和紫罗兰色而闻名，颜色是堇青石质量评价中最重要的因素。

堇青石以高饱和度的蓝色或紫罗兰色、高净度、合理的切工、大颗粒者为优，若具有少见的猫眼效应和星光效应则会增加宝石的价值。堇青石由于具有强三色性，合理的切磨显得尤为重要，使台面尽可能垂直于 *c* 轴（即垂直晶体的 N_p 方向）切磨（N_g = 紫或淡蓝，N_m = 紫或深蓝，N_p = 无色或黄），能够更好地展现其最佳的颜色。

血滴堇青石内部定向排列的赤铁矿包体，使其外观呈现橙色或橙红色色调，其红色调越浓，包体排列越规则，价值则越高。

五、堇青石的产地与成因

宝石级堇青石主要产于斯里兰卡、马达加斯加、印度、巴西、澳大利亚、美国、德国、挪威、芬兰、坦桑尼亚、纳米比亚等国家。

堇青石为典型的变质矿物，主要由沉积岩经过接触热变质作用或区域变质作用而形成，产于角岩、片岩、麻粒岩以及蚀变火山岩中，常与富镁、铝矿物如角闪石、矽线石、石榴石、红柱石、刚玉、尖晶石等共生。宝石级堇青石主要赋存于富镁的蚀变火山岩中，而斯里兰卡佩尔梅德拉（Pelmadulla）地区的堇青石产于砂矿中。

第十一节

蓝锥矿

蓝锥矿作为世界上最稀有的宝石矿物之一，有着似蓝宝石一样绚丽夺目的蓝色，因其产量十分稀少，所以比蓝宝石更加稀有珍贵。宝石级蓝锥矿通常颗粒很小，1 克拉以上干净无瑕的成品实属少见。正是由于蓝锥矿的独特性和稀有性，使其具有极高的观赏和收藏价值，深受宝石矿物爱好者的喜爱。

一、蓝锥矿的历史与文化

蓝锥矿最早在 1907 年发现于美国加利福尼亚州圣贝尼托县（SanBenito County）的圣贝尼托河上游，最初曾被误认为是蓝宝石，后经美国加利福尼亚大学伯克利分校的矿物学家乔治·劳德巴克博士认定为一种新矿物，并以该矿物的发现地圣贝尼托县将其命名为 Benitoite。由于蓝锥矿的美丽、稀少及宝石级产地的唯一性，在 1985 年被正式宣布为美国加利福尼亚州特色宝石（图 11–70）。世界上已知最大的蓝锥矿刻面琢型宝石重 7.66 克拉，现存于美国国立自然历史博物馆（图 11–71）。

图 11–70 产自美国加州的蓝锥矿晶体
（图片来源：Didier Descouens，Wikimedia Commons，CC BY-SA 4.0 许可协议）

图 11–71 世界上最大的刻面型蓝锥矿戒面
（图片来源：geogallery.si.edu）

二、蓝锥矿的宝石学特征

（一）矿物名称

蓝锥矿的矿物名称为蓝锥矿（Benitoite）。

（二）化学成分

蓝锥矿是一种钡钛硅酸盐矿物，其晶体化学式为 BaTi [Si_3O_9]。

（三）晶族晶系

蓝锥矿属中级晶族，六方晶系。

（四）晶体形态

蓝锥矿晶体为扁平的复三方双锥状，通常呈板状或柱状。

（五）光学性质

1. 颜色

蓝锥矿多呈蓝色、紫蓝色、浅蓝色，可见具蓝色环带的无色或白色晶体，少见紫红色、粉红色。无色蓝锥矿晶体经热处理后可转变为粉橙色。

2. 光泽

蓝锥矿具有玻璃光泽至亚金刚光泽。

3. 透明度

蓝锥矿呈透明至半透明。

4. 折射率与双折射率

蓝锥矿的折射率为 1.757 ~ 1.804；双折射率为 0.047。蓝锥矿具强色散，色散值为 0.044。

5. 光性

蓝锥矿为一轴晶，正光性。

6. 多色性

蓝锥矿的多色性因颜色而异，蓝色和紫色蓝锥矿具有强二色性，表现为蓝色 / 无色，紫红色 / 紫色。由于多色性蓝色和紫色的方向垂直于蓝锥矿板状或柱状晶体的 c 轴，对其切割方向有所限定，所以切磨后的刻面宝石大多小于 1 克拉。

7. 吸收光谱

蓝锥矿无特征吸收光谱。

8. 紫外荧光

蓝色蓝锥矿在长波紫外灯下呈惰性，短波可见强蓝白色荧光（图 11-72）；无色—

浅蓝色蓝锥矿在长波紫外灯下可见弱暗红色荧光，短波可见强蓝白色荧光。

图 11-72　蓝锥矿在短波紫外光下呈现强蓝白色荧光
（图片来源：Wikimedia Commons，Public Domain）

（六）力学性质

1. 摩氏硬度

蓝锥矿的摩氏硬度为 6 ～ 7。

2. 密度

蓝锥矿的密度为 3.61 ～ 3.69 克 / 厘米 ^{3}。

3. 解理及断口

蓝锥矿具有 $\{\bar{1}011\}$ 方向的不完全解理，断口呈贝壳状或不平坦状。

（七）内含物

蓝锥矿常见有透闪石、辉石、针钠锰石、柱星叶石、钠长石、磷灰石等矿物包体，还有气 - 液两相包体、生长纹及色带。

三、蓝锥矿的产地与成因

蓝锥矿虽在美国加利福尼亚州和得克萨斯州、比利时、日本、澳大利亚等地区均有发现，但美国加利福尼亚州是宝石级蓝锥矿的唯一产地（图 11-73），在该州多个蓝锥矿产地中，唯有达拉斯（Dallas）和尊尼拉（Junnila）产出宝石级蓝锥矿，其属于热液成因，赋存于蛇纹岩包含的蓝片岩中。与蓝锥矿共生的柱星叶石、硅钠钡钛石、钠沸石

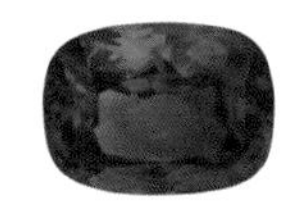

所组成的矿物组合，常作为极具特色的矿物晶体观赏石品种。

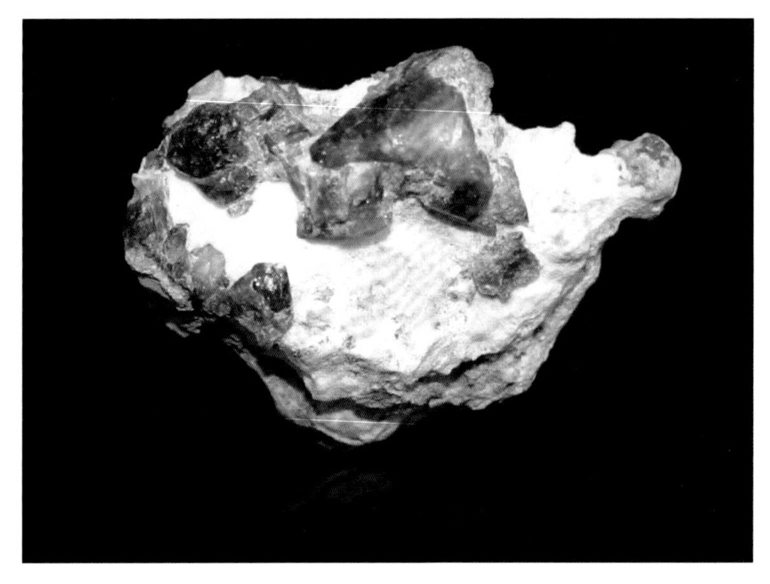

图 11-73　产自美国加利福尼亚州的蓝锥矿晶体（基底白色部分为钠沸石）
（图片来源：Wikimedia Commons，Public Domain）

第十二节
矽线石

矽线石在 1824 年发现于美国康涅狄格州切斯特市德尔塞克斯县，并以其发现者美国化学家、地质学家本杰明·西利曼教授（Benjamin Silliman）的名字命名，与红柱石和蓝晶石互为同质多象。宝石级矽线石极为稀少，其被认为是最稀有的宝石之一。

一、矽线石的宝石学特征

（一）矿物名称

矽线石的矿物名称为矽线石（Sillimanite）。

（二）化学成分

矽线石是一种硅酸盐物质，晶体化学式为 Al_2SiO_5，其中少量铁替代铝，可含有钛、钙、铁等微量元素。

（三）晶族晶系

矽线石属低级晶族，斜方晶系。

（四）晶体形态

矽线石晶体常呈柱状或纤维状，且柱面具有条纹。集合体呈放射状或纤维状。有时呈毛发状在石英、长石晶体中作为包裹体存在。

（五）光学性质

1. 颜色

矽线石常见白至灰色、黑色、褐色、绿色，偶尔见紫蓝至灰蓝色。

2. 光泽

矽线石呈玻璃光泽，部分见丝绢光泽。

3. 透明度

矽线石呈半透明至透明。

4. 折射率与双折射率

矽线石的折射率为 1.659 ~ 1.680（+0.004，-0.006）；双折射率为 0.015 ~ 0.021。

5. 光性

矽线石为二轴晶，呈正光性；纤维状集合体在正交偏光下呈集合体特征。

6. 多色性

矽线石的多色性因颜色而异，白色至灰色的矽线石多色性不明显；蓝色则有较强多色性，呈无色、浅黄和蓝色。

7. 吸收光谱

矽线石具有蓝紫区 410 纳米、441 纳米、462 纳米弱吸收带（图 11-74）。

8. 紫外荧光

蓝色矽线石在长波紫外灯下可见弱红色荧光，短波呈惰性；其他颜色品种呈惰性。

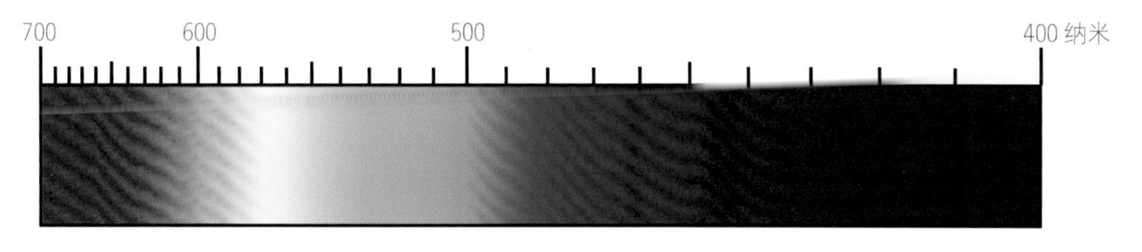

图 11-74　矽线石的吸收光谱

9. 特殊光学效应

矽线石具有猫眼效应（图 11-75）。猫眼光带通常宽而模糊，效果较差；不过偶尔也有具漂亮的黄绿色和猫眼光带非常清晰的矽线石猫眼。

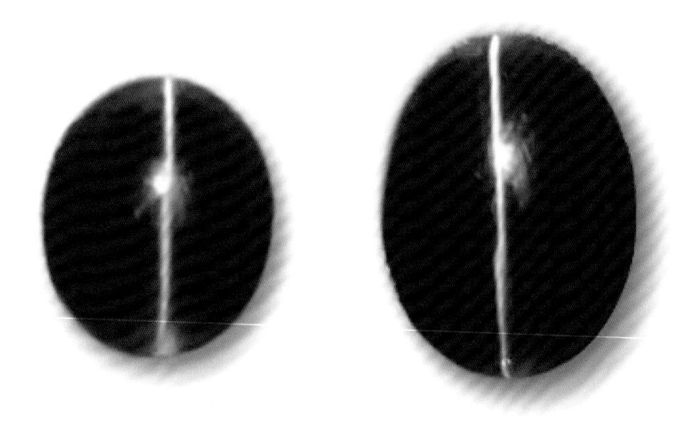

图 11-75　矽线石猫眼

（六）力学性质

1. 摩氏硬度

矽线石的摩氏硬度为 6 ~ 7.5。

2. 密度

矽线石的密度为 3.25（+0.02，−0.11）克 / 厘米 ^{3}。

3. 解理

矽线石在｛010｝方向具有一组完全解理。

（七）内含物

矽线石内部常见金红石、尖晶石、黑云母等矿物包体，气 - 液两相包体。矽线石猫眼可见一组定向排列的磁铁矿和赤铁矿纤维状包体，斯里兰卡的矽线石猫眼是由纤维状紫苏辉石及部分金红石针状包体平行排列所造成的。

二、矽线石的产地与成因

矽线石作为变质矿物，在地壳中分布广泛，常见于火成岩（花岗岩）与富含铝质岩石的接触带及片岩、片麻岩发育的地区。缅甸、斯里兰卡、印度、美国等地均产出矽线石，但仅有缅甸及斯里兰卡产出宝石级矽线石，其中缅甸抹谷产出稀有的紫罗兰色矽线石，斯里兰卡产出灰绿色矽线石猫眼，中国产出大量黑色矽线石猫眼。

第十三节
鱼眼石

鱼眼石，簇拥而生，清新典雅，因解理面呈现珍珠光泽，如同鱼眼的反光色彩而得名。也有另一种说法，由于其晶体在岩石中呈杏仁体状或晶洞状产出，整体外形与鱼眼相似而得名。鱼眼石的英文名为 Apophyllite，源于希腊语，意为“剥落”，是因其在受热后失去结晶水会导致晶体部分剥落而得名。近年来，鱼眼石以其晶体形态多样、颜色淡雅、外观晶莹，成为矿物晶体观赏石收藏的特色品种，也可以将透明的鱼眼石切磨成刻面宝石设计制作成首饰。

一、鱼眼石的宝石学特征

（一）矿物名称

鱼眼石的矿物名称为鱼眼石（Apophyllite）。

（二）化学成分

鱼眼石是一种含有结晶水和结构水的层状硅酸盐矿物，属由四方环组成的特殊层状结构。其晶体化学式为 $KCa_4[Si_4O_{10}]_2(F, OH)\cdot 8H_2O$，含有钠、镁、铝等微量元素。

（三）晶族晶系

鱼眼石属中级晶族，四方晶系。

（四）晶体形态

鱼眼石晶体以柱状为主，亦见板状、粒状者，常见单形有四方柱 $a\{100\}$、复四方柱 $m\{210\}$、四方双锥 $p\{111\}$、平行双面 $c\{001\}$（图 11-76），柱面发育有平行于 c 轴的晶面纵纹（图 11-77）。

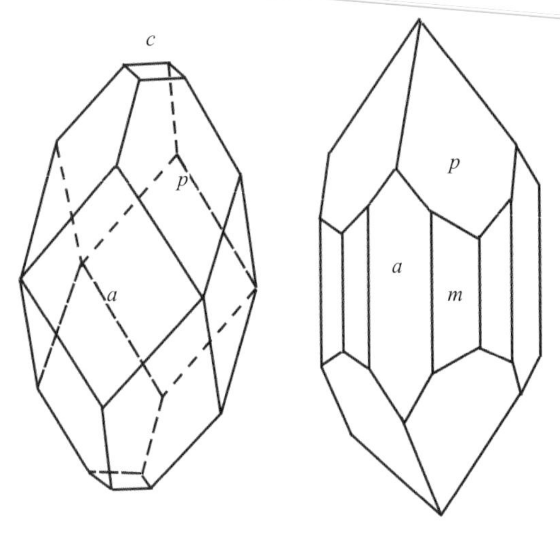

图 11-76　鱼眼石的晶体形态

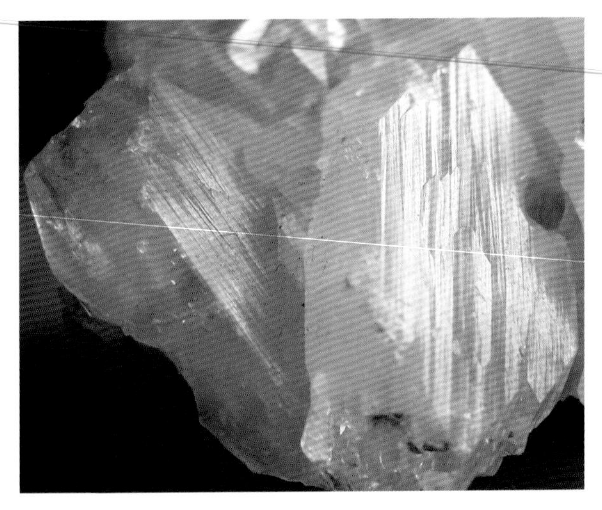

图 11-77　鱼眼石晶体的晶面纵纹
（图片来源：Manfred Mader，Wikimedia Commons，CC BY-SA 3.0 许可协议）

（五）光学性质

1. 颜色

鱼眼石可呈无色（图 11-78）、黄色（图 11-79）、绿色（图 11-80）、紫色和粉红色（图 11-81）。

2. 光泽

鱼眼石具有玻璃光泽，解理面呈现珍珠光泽。

图 11-78　无色鱼眼石戒面
（图片来源：Don Guennie，Wikimedia Commons，CC BY-SA 4.0 许可协议）

图 11-79　产自墨西哥圣马丁的橙黄色鱼眼石
（图片来源：Rob Lavinsky，iRocks.com，Wikimedia Commons，CC BY-SA 3.0 许可协议）

图 11-80　产自印度浦那的绿色鱼眼石
（图片来源：Rob Lavinsky，iRocks.com，Wikimedia Commons，CC BY-SA 3.0 许可协议）

图 11-81　产自墨西哥圣马丁的粉红色鱼眼石
（图片来源：Rob Lavinsky，iRocks.com，Wikimedia Commons，CC BY-SA 3.0 许可协议）

3. 透明度

鱼眼石呈透明至半透明。

4. 折射率与双折射率

鱼眼石的折射率为 1.535 ～ 1.537；双折射率为 0.002。

5. 光性

鱼眼石为一轴晶，负光性。

6. 吸收光谱

鱼眼石无特征吸收光谱。

7. 紫外荧光

鱼眼石在长波紫外灯下呈惰性，短波可见无至弱淡黄色荧光。

（六）力学性质

1. 摩氏硬度

鱼眼石的摩氏硬度为 4 ～ 5。

2. 密度

鱼眼石的密度为 2.30 ～ 2.50 克 / 厘米^3。

3. 解理

鱼眼石发育 {001} 一组完全解理。

（七）内含物

鱼眼石内部常见气液包体、矿物包体及生长纹。

二、鱼眼石的产地与成因

印度是世界上最著名的宝石级鱼眼石产地，在印度贾尔冈（图 11-82）、浦那（图 11-83）地区均有产出。印度产出的鱼眼石晶体以柱状为主，常呈无色、淡绿色、绿色，与沸石、石英等矿物共生。此外，墨西哥（图 11-79、图 11-81）、加拿大、德国、中国、巴西、日本、美国等国家也有宝石级鱼眼石产出，其中墨西哥萨卡特卡斯地区的鱼眼石多产于石英晶洞中，呈浅红色、黄色晶体；加拿大圣希莱山脉产出的鱼眼石晶体颗粒较大。中国的宝石级鱼眼石产于湖北黄石、江苏溧阳与青海海西等地区。

鱼眼石属热液矿物，在玄武岩、辉绿岩、玢岩等岩石中呈杏仁体状或晶洞状产出，与沸石（图 11-84）、方解石、水晶（图 11-85）、萤石、黄铁矿等矿物共生。

图 11-82　产自印度贾尔冈的无色透明鱼眼石
（图片来源：Rob Lavinsky，iRocks.com，Wikimedia Commons，CC BY-SA 3.0 许可协议）

图 11-83　产自印度浦那的浅绿色鱼眼石晶体
（图片来源：Rob Lavinsky，iRocks.com，Wikimedia Commons，CC BY-SA 3.0 许可协议）

图 11-84　产自印度贾尔冈的柱状鱼眼石（浅绿色）与簇状辉沸石（橙色）晶体
（图片来源：Rob Lavinsky，iRocks.com，Wikimedia Commons，CC BY-SA 3.0 许可协议）

图 11-85　产自印度贾尔冈的鱼眼石晶体（含有赤铁矿包裹体，周围为石英晶洞）
（图片来源：Rob Lavinsky，iRocks.com，Wikimedia Commons，CC BY-SA 3.0 许可协议）

第十四节

方柱石

方柱石，1913 年发现于缅甸的抹谷（Mogok）。方柱石的英文名称源于希腊文 **σκάπος**（scapos，意为“杆的”）和 **λίθος**（líthos，意为“石头”），二词合意为“似杆子的柱状石头”。

一、方柱石的宝石学特征

（一）矿物名称

方柱石的矿物名称为方柱石（Scapolite）。

（二）化学成分

方柱石属架状结构硅酸盐矿物，其晶体化学式为（Na，Ca）$_4$［Al（Al，Si）Si_2O_8］$_3$（Cl，F，OH，CO_3，SO_4）。方柱石为钠柱石 Na_4（$AlSi_3O_8$）$_3$（Cl，OH）和钙柱石 Ca_4（$Al_2Si_2O_8$）$_3$（CO_3，SO_4）完全类质同象的固溶体系列的中间成员。

（三）晶族晶系

方柱石属中级晶族，四方晶系。

（四）晶体形态

方柱石晶体常为柱状晶形，常见单形有四方柱 *a*{100}、*m*{110}、*h*{210}，四方双锥 *r*{111}、*z*{131}、*w*{331}，平行双面 *c*{001}（图 11-86），常呈四方柱和四方双锥的聚形，晶面常有发育不平

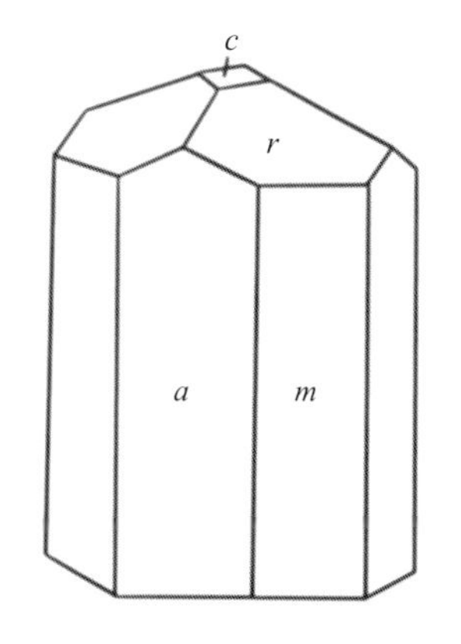

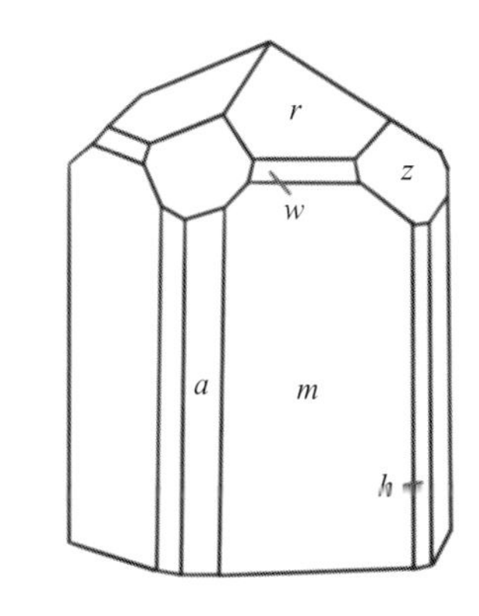

图 11-86　方柱石的晶体形态

坦的纵纹（图 11-87、图 11-88）。集合体呈粒状、不规则柱状或致密块状。

图 11-87　柱状方柱石晶体
（图片来源：Rob Lavinsky，iRocks.com，Wikimedia Commons，CC BY-SA 3.0 许可协议）

图 11-88　方柱石晶体
（图片来源：Rob Lavinsky，iRocks.com，Wikimedia Commons，CC BY-SA 3.0 许可协议）

（五）晶体结构

方柱石结构中，[SiO_4] 和 [（Si，Al）O_4] 四面体均构成四元环且有序分布，相互之间以角顶上下连接形成平行于 *c* 轴的柱状骨架，柱间再共角顶相连而形成三维骨架结构。骨架中较大的空隙位于四面体四元环和八元环中间，附加阴离子 Cl^- 和 SO_4^{2-} 位于 [SiO_4] 四面体组成的四元环空隙内，而大阳离子（Na^+，Ca^{2+}）则位于八元环构成的空隙。

（六）光学性质

1. 颜色

方柱石的颜色较为丰富，可见无色、粉色、紫色（图 11-88）、黄色（图 11-89）、橙色（图 11-87）、绿色、蓝色、紫红色、褐黑色等，其中海蓝色者被称为“海蓝柱石”。

2. 光泽

方柱石具有玻璃光泽。

3. 透明度

方柱石呈透明至半透明。

4. 折射率与双折射率

方柱石的折射率为 1.550 ~ 1.564；双折射率为 0.004 ~ 0.037。色散弱，色散值为 0.017。

5. 光性

方柱石为一轴晶，负光性。

6. 多色性

方柱石的多色性因颜色而异，粉红、紫红色、紫色者具中—强多色性，表现为蓝色/紫红色；黄色者具弱—中多色性，呈现不同的黄色色调。

7. 吸收光谱

部分粉红色方柱石在 663 纳米和 652 纳米有吸收线。

8. 紫外荧光

方柱石的紫外荧光与产地和颜色有关。长波紫外灯下可见不同程度的黄色荧光；短波紫外灯下，无色和黄色者可有粉色到橙色的荧光。

9. 特殊光学效应

方柱石可呈现猫眼效应（图 11-90）。

图 11-89　黄色方柱石戒面

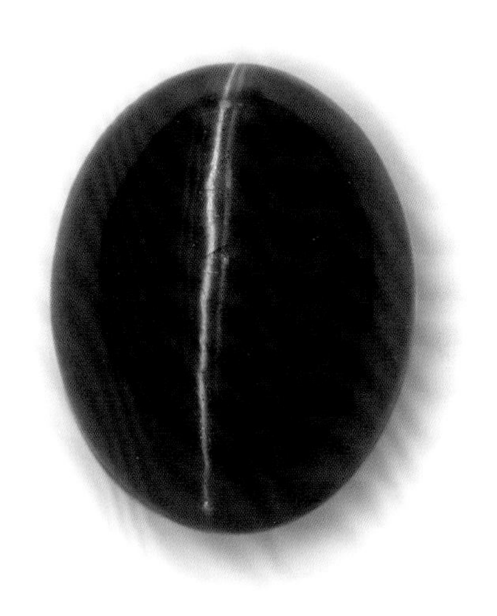

图 11-90　方柱石猫眼

（七）力学性质

1. 摩氏硬度

方柱石的摩氏硬度为 6 ~ 6.5。

2. 密度

方柱石的密度为 2.60 ~ 2.74 克/厘米^3，随成分中钙含量的增加而增大。

3. 解理

方柱石为 {100} 一组中等解理，{110} 一组不完全解理。

（八）内含物

常见平行 Z 轴的针管状包体，云母、辉石、电气石、针铁矿、石榴石、磷灰石、硅铍石、透辉石等矿物包体，还可见气液包体、负晶等。

二、方柱石的优化处理与相似品

（一）方柱石的优化处理及其鉴别

方柱石主要的优化处理是辐照处理，由无色或黄色方柱石辐照处理成紫色、紫红色，辐照后颜色不稳定，遇光会褪色，不易检测。

（二）方柱石的相似品及其鉴别

与方柱石相似的宝石品种主要有石英、绿柱石等，可以从折射率、光性、相对密度、显微特征等方面进行鉴别（见本书附表），方柱石最典型的鉴定特征是双折射率通常高于其相似宝石，且具有两组解理。

三、方柱石的产地与成因

宝石级方柱石的重要产地有阿富汗的巴达赫尚（图 11-91）、中国的新疆、缅甸的莫古克、巴基斯坦、斯里兰卡、塔吉克斯坦、肯尼亚、马达加斯加、莫桑比克、坦桑尼亚和巴西等。

阿富汗的方柱石大多为无色，折射率为 1.539 ~ 1.549，其紫外荧光和包体较为特征，长波紫外光下呈强黄色荧光，短波紫外光下呈中等黄色荧光。典型包体为蓝色的磷灰石。

图 11-91　产自阿富汗巴达赫尚省的方柱石晶体
（图片来源：Géry PARENT，Wikimedia Commons，CC BY-SA 4.0 许可协议）

马达加斯加的方柱石大多为黄色至浅绿色，折射率为 1.552 ~ 1.581，双折射率为 0.022 ~ 0.027，短波紫外光下呈浅黄色荧光，长波紫外光下呈强紫红色荧光。其中包体较少，有钙铁榴石、钙铝榴石、云母（图 11-92）、硅铍石和透辉石（图 11-93）。

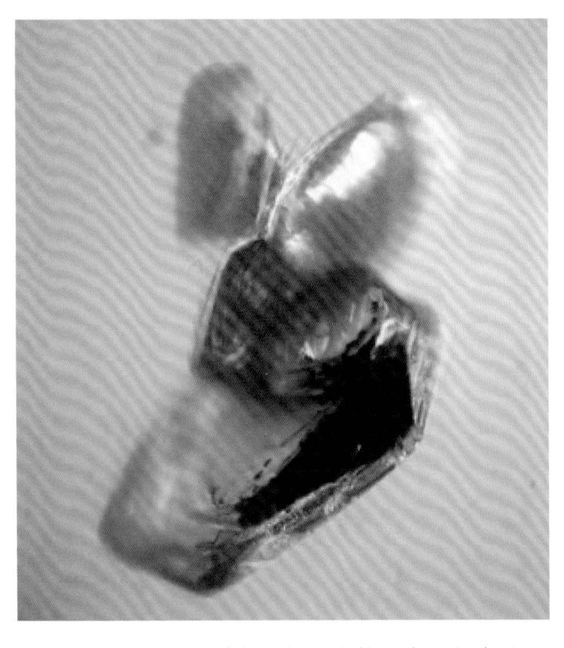

图 11-92　产自马达加斯加的方柱石中的六边形云母和棕橙色石榴石包裹体
（图片来源：Margherita Superchi，2010）

图 11-93　产自马达加斯加的方柱石中的浅绿色透辉石包裹体
（图片来源：Margherita Superchi，2010）

新疆的方柱石一般呈紫红色，透明度高，少见解理和裂隙，颗粒较大，该地的方柱石猫眼中可见丝状包体。

方柱石可产出于矽卡岩、气成热液岩石、区域变质岩和伟晶岩中。

第十五节
蓝方石

蓝方石于 1807 年在意大利维苏威火山熔岩中被布鲁恩（Brunn）和尼加德（Neergard）发现，为纪念法国矿物学家阿雨，发现者将该矿物命名为 Hauyne。宝石级蓝方石通常颗粒很小，成品在一克拉以上者实属罕见，但凭借浓艳的蓝色，深受宝石收藏家和设计师的青睐，常作为配石出现在高级定制珠宝首饰中，成为珠宝玉石的新贵品种。

一、蓝方石的宝石学特征

（一）矿物名称

蓝方石的矿物名称为蓝方石（Hauyne）。

（二）化学成分

蓝方石是一种含有硫酸根的架状硅酸盐矿物，其晶体化学式为 $Na_6Ca_2[AlSiO_4]_6(SO_4)_2$，含有钾（K）、铁（Fe）、铜（Cu）等微量元素及 Cl^-、OH^-。

（三）晶族晶系

蓝方石属高级晶族，等轴晶系。

（四）晶体形态

蓝方石单晶多呈菱形十二面体（图 11-94、图 11-95）或八面体，集合体常呈圆粒状产出。

图 11-94　产自德国埃菲尔山地区呈菱形十二面体的蓝方石晶体
（图片来源：Volker Betz，www.mindat.org）

图 11-95　产自德国埃菲尔山地区呈菱形十二面体的蓝方石晶簇
（图片来源：Volker Betz，www.mindat.org）

（五）光学性质

1. 颜色

蓝方石的颜色较丰富，有蓝色（图 11-96）、绿色、黄色、粉色、灰色，宝石级蓝方石通常为蓝色和黄绿色（图 11-97）。

2. 光泽

蓝方石具有玻璃光泽。

图 11-96　产自缅甸抹谷的蓝方石戒面（重 14.37 克拉）
（图片来源：David M. 等，2008）

图 11-97　产自坦桑尼亚的黄绿色蓝方石戒指
（图片来源：Anatoly N. Zaitsev 等，2009）

3. 透明度

蓝方石呈透明至半透明。

4. 折射率与双折射率

蓝方石的折射率为 1.500（−0.004，+0.005）；无双折射率。

5. 光性

蓝方石为光性均质体。

6. 吸收光谱

蓝色蓝方石在橙黄区 600 纳米处可见弱吸收带，蓝色越深，吸收带越明显。

7. 紫外荧光

蓝色蓝方石在长波紫外灯下可见不同程度橙红色荧光，荧光强度随体色的加深而减弱，短波可见弱橙红色荧光至惰性；黄绿色蓝方石长波可见浅橙色荧光，短波下呈惰性。

（六）力学性质

1. 摩氏硬度

蓝方石的摩氏硬度为 5.5 ~ 6。

2. 密度

蓝方石的密度为 2.42 ~ 2.50 克 / 厘米 ^{3}。

3. 解理及断口

蓝方石发育 {110} 中等解理，断口呈贝壳状。

（七）内含物

蓝方石内部常见气液包体和晶体包体（图 11-98），还可见生长纹、负晶、愈合裂

隙（图 11-99 ~ 图 11-101）等。

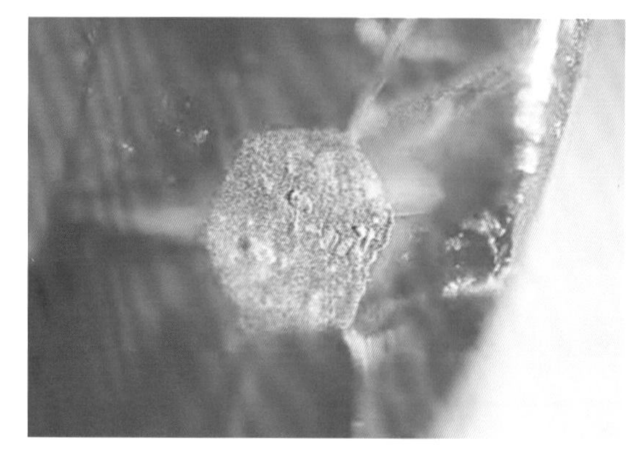

图 11-98　蓝方石中的六边形不透明晶体包裹体（50×）
（图片来源：Lore Kiefer，2000）

图 11-99　蓝方石中的负晶（右侧亮斑处）与指纹状部分愈合裂隙（左）（40×）
（图片来源：Lore Kiefer，2000）

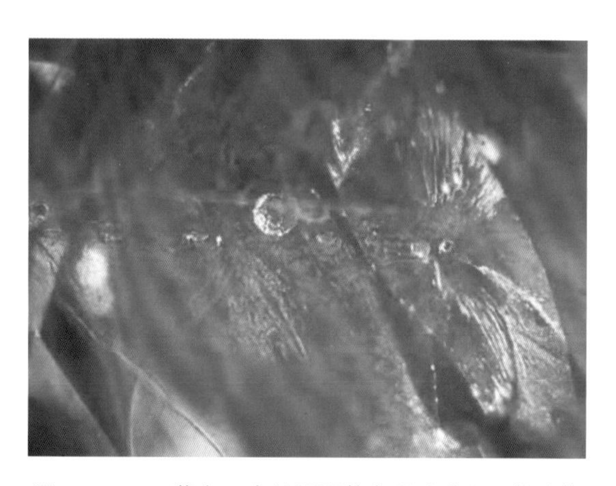

图 11-100　蓝方石中的浑圆状负晶（中）、莲叶状愈合裂隙和负晶（右）（40×）
（图片来源：Lore Kiefer，2000）

图 11-101　蓝方石中的气液包裹体和愈合裂隙（30×）
（图片来源：Lore Kiefer，2000）

二、蓝方石的产地与成因

宝石级蓝方石的主要产地有德国埃菲尔山（图 11-102）、意大利那不勒斯省的维苏威火山（图 11-103）、坦桑尼亚伦盖伊火山（图 11-97）、缅甸抹谷（图 11-96）、阿富汗巴达赫尚等地。其中，德国莱茵兰—普法尔茨州埃菲尔山地区是世界著名的蓝色蓝方石矿区，该矿区产出艳蓝色的宝石级蓝方石单晶体，但通常粒度很小。坦桑尼亚伦盖伊火山产出的蓝方石呈黄绿色至绿黄色、粒度较大。缅甸抹谷的蓝方石以块状集合体的形式产出，并伴有少量方钠石。

蓝方石多产于富碱贫硅的岩浆岩中，在熔岩和火山喷出的块体中，与白榴石、石榴石、黄长石等共生，在玄武岩中与白榴石、霞石和辉石等共生。

图 11–102　产自德国埃菲尔山的蓝方石晶体
（图片来源：Rob Lavinsky，Wikimedia Commons，CC BY-CA 3.0 许可协议）

图 11–103　产自意大利那不勒斯省的蓝方石晶体
（图片来源：Didier Descouens，Wikimedia Commons，CC BY-CA 3.0 许可协议）

第十六节 磷灰石

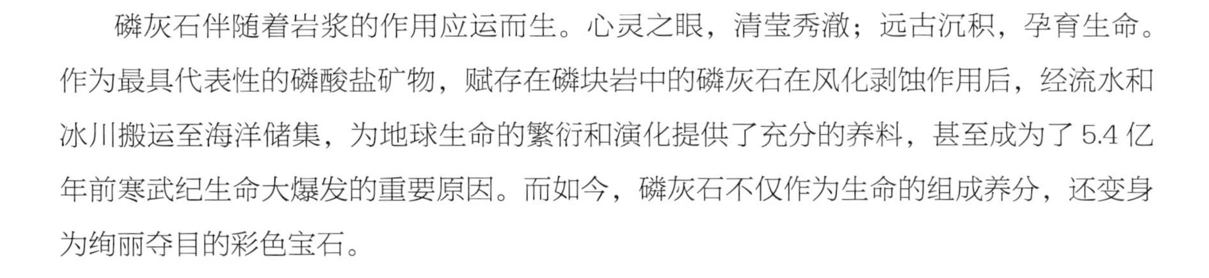

磷灰石伴随着岩浆的作用应运而生。心灵之眼，清莹秀澈；远古沉积，孕育生命。作为最具代表性的磷酸盐矿物，赋存在磷块岩中的磷灰石在风化剥蚀作用后，经流水和冰川搬运至海洋储集，为地球生命的繁衍和演化提供了充分的养料，甚至成为了 5.4 亿年前寒武纪生命大爆发的重要原因。而如今，磷灰石不仅作为生命的组成养分，还变身为绚丽夺目的彩色宝石。

一、磷灰石的历史与文化

磷灰石最早发现于 1786 年，矿物学英文名称为 Apatite，由德国矿物学家亚伯拉罕·戈特洛布·维尔纳（Abraham Gottlob Werner，1749—1817 年）首次命名。其英文名称来源于希腊语，因品种多样、颜色丰富，易与绿柱石等其他矿物宝石相混淆而得名为 Apatite，意为“迷惑的”，也有学者将磷灰石形象地称为“强大的伪装者”（the Great Pretender）。

二、磷灰石的宝石学特征

（一）矿物名称

磷灰石的矿物名称为磷灰石（Apatite）。

（二）化学成分

磷灰石属于磷酸盐矿物，其晶体化学式为 $Ca_5(PO_4)_3(F, OH, Cl)$，其中 Ca^{2+} 常被 Mg^{2+}、Fe^{2+}、Sr^{2+}、Mn^{2+} 取代，$(PO_4)^{3-}$ 阴离子团常被 $(CO_3)^{2-}$、$(SiO_4)^{4-}$、$(SO_4)^{2-}$ 等络阴离子团取代。磷灰石中还含有微量的稀土元素铈（Ce）、铀（U）、钍（Th）等。磷灰石中附加阴离子数量和种类亦常有变化，根据附加离子种类可以分为氟磷灰石 $[Ca_5(PO_4)_3F]$（Fluorapatite）（图 11-104a）、氯磷灰石 $[Ca_5(PO_4)_3Cl]$（Chlorapatite）（图 11-104b）、羟磷灰石 $[Ca_5(PO_4)_3(OH)]$（Hydroxyapatite）（图 11-104c），其中氟磷灰石在自然界中最常见，也是宝石级磷灰石的品种。

a 氟磷灰石晶体
（图片来源：Jason B.Smith，www.mindat.org）

b 氯磷灰石晶体
（图片来源：Gianfranco Ciccolini，www.mindat.org）

c 针状羟磷灰石晶体
（图片来源：Martin.Neitsov，Wikimedia Commons，CC BY-SA 4.0 许可协议）

图 11-104　不同品种的磷灰石晶体

（三）晶族晶系

磷灰石属中级晶族，六方晶系。

（四）晶体形态

磷灰石晶体常呈六方柱状或六方板状，有些晶体还可发育成完整的六方双锥状。磷灰石的主要单形有六方柱 $m\{10\bar{1}0\}$、$h\{11\bar{2}0\}$、六方双锥 $x\{10\bar{1}1\}$、$s\{11\bar{2}1\}$、$u\{21\bar{3}1\}$ 及平行双面 $c\{0001\}$（图 11–105），集合体呈粒状或致密块状。

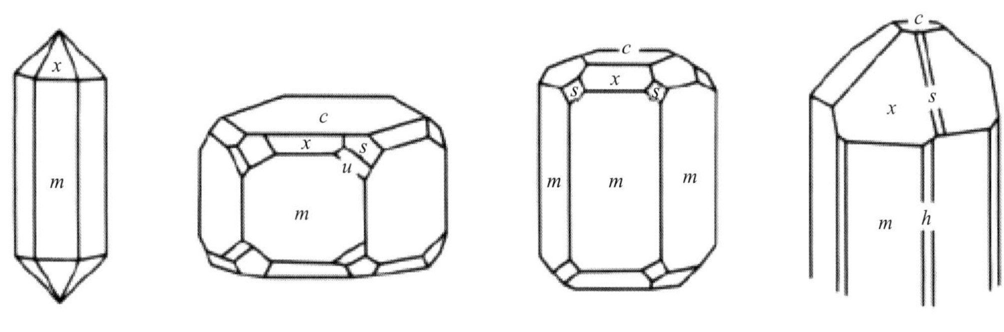

图 11–105　磷灰石的晶体形态

（五）晶体结构

磷灰石为岛状磷酸盐，钙（Ca）在晶体结构中有两种结构位置，$Ca_{Ⅰ}$配位数为 9，$Ca_{Ⅱ}$配位数为 7。$Ca_{Ⅰ}$位于上下两层六个［PO_4］四面体之间，与［PO_4］四面体中九个角顶的氧（O）共有，形成平行于 c 轴的六方孔道。$Ca_{Ⅱ}$与附加阴离子 F^-、Cl^-、OH^- 均充填于六方孔道中，$Ca_{Ⅱ}$与邻近的四个［PO_4］四面体中的六个角顶的 O^{2-} 共有，并与一个附加阴离子相连，形成七次配位（图 11–106）。

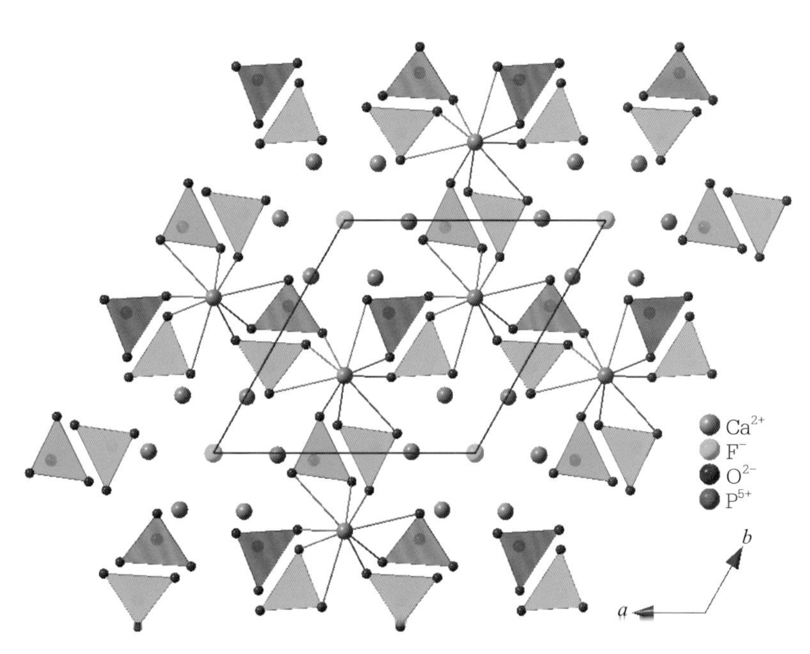

图 11–106　磷灰石的晶体结构示意图

（图片来源：秦善提供）

（六）光学性质

1. 颜色

磷灰石的颜色丰富，常见的有蓝色（图 11-107、图 11-108）、黄色（图 11-109）、绿色（图 11-110）、紫色（图 11-121）、粉红色、褐色、无色等，其颜色可能与其所含的稀土元素的种类及含量有关。其中，霓虹蓝色、蓝绿色的磷灰石与帕拉依巴碧玺的颜色相似。

图 11-107　霓虹蓝色刻面型磷灰石戒面

图 11-108　产自巴西的深蓝色刻面型磷灰石戒面
（图片来源：Didier Descouens，Wikimedia Commons，CC BY 3.0 许可协议）

图 11-109　黄色刻面型磷灰石戒面
（图片来源：www.palagems.com）

图 11-110　产自南非的蓝绿色刻面型磷灰石戒面
（图片来源：DonGuennie，Wikimedia Commons，CC BY 4.0 许可协议）

2. 光泽

磷灰石呈玻璃光泽，断口呈油脂光泽。

3. 透明度

磷灰石呈透明至半透明。

4. 折射率与双折射率

磷灰石的折射率为 1.634 ~ 1.638（+0.062，−0.006）；双折射率为 0.002 ~ 0.008，多数为 0.003，因双折射率很小，在进行折射率测试时常出现假均质体的现象。其折射率因成分不同具有一定的变化，富镁者折射率较低，富铁者折射率偏高。

5. 光性

磷灰石为一轴晶，负光性。

6. 多色性

蓝色磷灰石具有强二色性，表现为蓝色 / 黄色至无色；其他颜色的磷灰石多色性弱至极弱。

7. 吸收光谱

黄色、无色及具猫眼效应的磷灰石见有特征的 580 纳米双线（图 11–111）；蓝色和绿色磷灰石显示稀土元素的混合吸收谱，主要为 464 纳米、491 纳米、512 纳米处的吸收带。

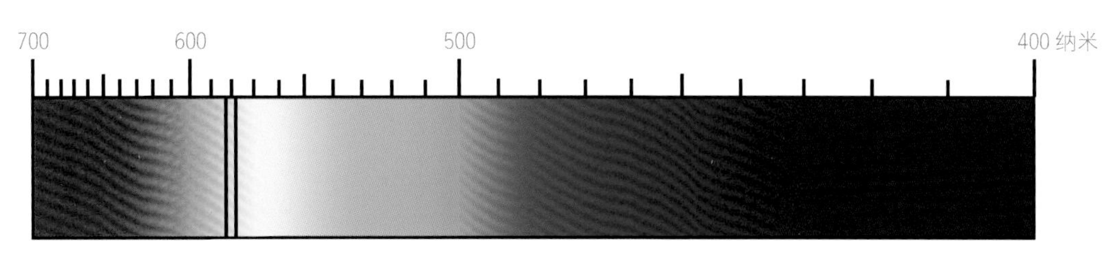

图 11–111 磷灰石的吸收光谱

8. 紫外荧光

磷灰石在紫外荧光下的颜色因体色不同而存在差异。

蓝色磷灰石：蓝—浅蓝色，长波强于短波。

黄色磷灰石：紫粉红色。

绿色磷灰石：带绿色调的深黄色。

紫色磷灰石：长波紫外灯下可见绿黄色，短波可见淡紫红色。

如果磷灰石含有微量的稀土元素，部分品种在加热后可产生磷光。

9. 特殊光学效应

磷灰石可具有猫眼效应。

（七）力学性质

1. 摩氏硬度

磷灰石是摩氏硬度值 5 的标准矿物，在佩戴时应避免被刻划。

2. 密度

磷灰石的密度在 3.13 ~ 3.23 克 / 厘米^{3}变化，变化值与其成分中的类质同象离子有关。

3. 解理及断口

磷灰石的解理不发育，具有{0001}、{10$\bar{1}$0}不完全解理，断口常呈不平坦状，也可见贝壳状。

4. 脆性

磷灰石脆性较大，在镶嵌和佩戴时应避免挤压和撞击。

（八）内含物

宝石级磷灰石中含有丰富的包体，如电气石、云母、针铁矿、赤铁矿、锰氧化物矿物（图 11-112）、磁黄铁矿、阳起石（图 11-113）等矿物包体以及气液包体（图 11-114）、负晶、针管状包体（图 11-115）及生长结构。

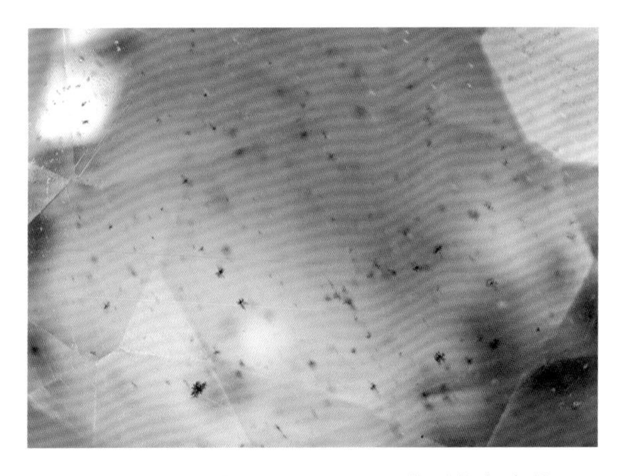

图 11-112　磷灰石中的锰氧化物矿物包裹体
（图片来源：Egor Gavrilenko，Gem-inclusions.com）

图 11-113　磷灰石中的针状阳起石包裹体
（图片来源：Egor Gavrilenko，Gem-inclusions.com）

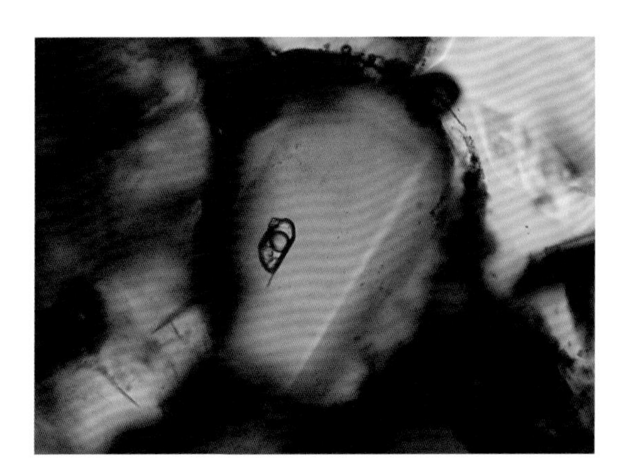

图 11-114　磷灰石中的气液包裹体

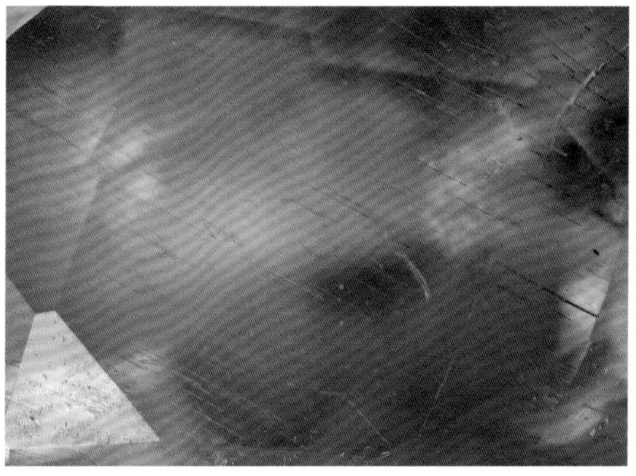

图 11-115　磷灰石中的针管状包裹体
（图片来源：Egor Gavrilenko，Gem-inclusions.com）

其中，墨西哥产的黄绿色磷灰石常见深绿色针状电气石包体，巴西的深蓝色磷灰石中可见圆形气泡群，美国缅因州产的紫色磷灰石常见纤维状生长管道，坦桑尼亚的黄绿色磷灰石可有密集的定向裂隙，定向裂隙可产生猫眼效应。

（九）特殊品种

当磷灰石内具有定向排列的纤维状包体可使其产生猫眼效应。磷灰石猫眼多为褐黄色（图 11–116）、绿色、蓝绿色（图 11–117），深蓝色磷灰石猫眼（图 11–118）十分罕见（深蓝色产生于 MnO_4^{3-} 对 PO_4^{3-} 的替代）。

图 11–116　褐黄色磷灰石猫眼

图 11–117　蓝绿色磷灰石猫眼

图 11–118　产自巴西重 12.50 克拉的深蓝色磷灰石猫眼（图片来源：Tao Hsu，2013）

三、磷灰石的相似品及其鉴别

与磷灰石相似的宝石品种主要有绿柱石、碧玺、托帕石、赛黄晶等，可以从折射率、多色性、吸收光谱、相对密度、显微特征等方面进行鉴别（见本书附表）。磷灰石最典型的鉴定特征是其吸收谱线以及因其硬度不太高，在宝石表面会出现划痕和刻面棱线磨损的现象。

四、磷灰石的质量评价

宝石级磷灰石的颜色十分丰富，其中最受欢迎的是与帕拉伊巴碧玺相似的明亮霓虹蓝色（图 11–107）以及罕见的浓艳深蓝色（图 11–108），蓝绿色（图 11–110）、金黄色（图 11–109）、粉紫色次之。磷灰石中颜色均匀纯正、透明度高、无杂质包体、颗粒大者为佳，当含有定向排列的包体而产生猫眼效应时，亦可增加其价值。

五、磷灰石的产地与成因

磷灰石的产地有巴西、墨西哥（图 11-119）、马达加斯加、缅甸、加拿大、捷克、德国、印度、莫桑比克、南非、西班牙、斯里兰卡、巴基斯坦（图 11-120）和美国（图 11-121），其中亮丽的霓虹蓝色、蓝绿色磷灰石主要产自马达加斯加、巴西、斯里兰卡，而墨西哥、印度多产黄绿色、绿色磷灰石。

图 11-119　产自墨西哥杜兰戈的金黄色磷灰石晶体

（图片来源：Rob Lavinsky，iRocks.com，Wikimedia Commons，CC BY-SA-3.0 许可协议）

图 11-120　产自巴基斯坦巴尔蒂斯坦的六方板状褐红色磷灰石晶体

（图片来源：Rob Lavinsky，iRocks.com，Wikimedia Commons，CC BY-SA-3.0 许可协议）

图 11-121　产自美国缅因州的紫色磷灰石晶体

（图片来源：Rob Lavinsky，iRocks.com，Wikimedia Commons，CC BY-SA-3.0 许可协议）

磷灰石是多成因矿物，在岩浆岩、伟晶岩、沉积岩、变质岩等中均可产出。宝石级磷灰石主要产于伟晶岩及各种岩浆岩中，在变质岩和沉积岩中也可有少量的宝石级磷灰石产出。

参考文献

[1] 艾昊，陈涛，张丽娟，等. 黑龙江穆棱地区宝石级锆石成因探讨［J］. 岩石矿物学杂志，2011，30（2）：313-324.

[2] 布雷肯·布兰斯特拉托尔，蒋子清. 被低估的董青石正处于缓慢上升期［N］. 中国黄金报，2015-12-18（00B）.

[3] 才文博，赵以辛. 长石——造岩矿物中最常见的宝石矿物［J］. 吉林地质，1989（2）：84-88.

[4] 曹越. 内蒙古自治区固阳县长石及其颜色改善研究［D］. 北京：中国地质大学（北京），2006.

[5] 曾冲盛，滕元成，齐晓，等. 合成榍石的研究现状［J］. 中国粉体技术，2008（4）：51-54.

[6] 常洪述，吕士英，陈平. 宝玉石矿床地质［M］. 北京：中国大地出版社，2009.

[7] 沈宝琳. 中国的优势宝玉石资源——橄榄石［J］. 中国宝玉石，1991（4）：14-15.

[8] 沈才卿. 中国常见放射线辐照处理的有色宝石［A］. 中国珠宝首饰学术交流会论文集，2009.

[9] 陈开运，袁洪林，包志安，等. 人工合成锆石 Lu-Hf 同位素标样方法研究［J］. 岩石矿物学杂志，2012，31（2）：279-288.

[10] 陈科生. 我国首次发现宝石级榍石及其鉴定特征［J］. 珠宝科技，1993（3）：47.

[11] 陈美华，狄敬如. 方柱石的宝石学特征与相似宝石的区分［J］. 珠宝科技，1997，9（4）：32-33.

[12] 陈涛. 新疆电气石矿物性质及应用研究［D］. 武汉：中国地质大学（武汉），2007.

[13] 陈钟惠. 宝石学证书课程（英国宝石协会和宝石检测实验室）［M］. 武汉：中国地质大学出版社，2004.

[14] 邓谦，曹建武，韩文，等. 钛覆膜坦桑石的鉴定特征［A］. 珠宝与科技——中国珠宝首饰学术交流会论文集，2015.

[15] 董俊卿，千福熹，李青会，等. 我国古代两种珍稀宝玉石文物分析［J］. 宝石和宝石学杂志，2011，13（3）：46-52.

[16] 董心之，亓利剑，钟增球. 内蒙固阳中长石的宝石学特征及成因初探［J］. 宝石和宝石学杂志，2009，11（1）：20-24.

[17] 范建良，郭守国，史凌云，等. 合成镁橄榄石的矿物学研究［J］. 人工晶体学报，2007（6）：1431-1434.

[18] 高孔，黄斌，邢莹莹. 锆石热处理工艺与原理［J］. 超硬材料工程，2013，25（3）：51-56.

[19] 郜玉杰. 刚玉中金红石包裹体的结晶学取向研究［D］. 北京：中国地质大学（北京），2015.

[20] 国家珠宝玉石质量监督检验中心. 珠宝玉石鉴定：GB/T16553-2017［S］. 2017.

[21] 何明跃，王春利. 钻石［M］. 北京：中国科学技术出版社，2016.

[22] 何明跃，王春利. 红宝石　蓝宝石 [M]. 北京：中国科学技术出版社，2016.
[23] 何明跃，王春利. 翡翠 [M]. 北京：中国科学技术出版社，2018.
[24] 何明跃，王春利. 祖母绿　海蓝宝石　绿柱石族其他宝石 [M]. 北京：中国科学技术出版社，2020.
[25] 黄作良. 宝石学 [M]. 天津：天津大学出版社，2010.
[26] 姜岚，狄敬如，陈偲偲. 湖北黄石与印度浦那鱼眼石的宝石学特征对比研究 [J]. 宝石和宝石学杂志，2010，12（1）：26-28，3.
[27] 金敬方，金晖. 湖北黄石鱼眼石宝石及其共生组合矿物 [J]. 宝石和宝石学杂志，2000（2）：33-35，66.
[28] 兰延，陈春，陆太进，等. "西藏红色长石"的围岩和表面残留物特征 [J]. 宝石和宝石学杂志，2011，13（2）：1-5.
[29] 雷婷，余悠，姜琴. 德国宝石级蓝方石的鉴定与谱学特征 [J]. 宝石和宝石学杂志，2014，16（2）：32-37.
[30] 李建军，刘晓伟，李桂华. 注胶晕长石的鉴定方法 [J]. 宝石和宝石学杂志，2011，13（4）：43-46.
[31] 李胜荣. 结晶学与矿物学 [M]. 北京：地质出版社，2008.
[32] 李娅莉，薛秦芳，李立平，等. 宝石学教程 [M]. 北京：地质出版社，2006.
[33] 李娅莉. 美满和谐之石——橄榄石 [M]. 武汉：中国地质大学出版社，1997.
[34] 李娅莉，薛秦芳，李立平，等. 宝石学教程 [M]. 第 2 版，武汉：中国地质大学出版社，2011.
[35] 李阳. 色带电气石的成分特征及谱学特征研究 [D]. 北京：中国地质大学（北京），2016.
[36] 梁婷，周义，谢星. 陕西商洛绿帘石的基本特征研究 [J]. 宝石和宝石学杂志，2003（2）：30-32.
[37] 林彬荫，等. 蓝晶石　红柱石　硅线石 [M]. 北京：冶金工业出版社，2011.
[38] 林善园，蔡克勤，蔡秀华，等. 电气石族矿物学研究的新进展 [J]. 中国非金属矿工业导刊，2005（1）：21-24.
[39] 林善园. 宝石级电气石的研究 [J]. 地学前缘，1999（2）：350.
[40] 刘晋华，白峰，罗书琼，等. 山东昌乐锆石的宝石学特征及化学成分研究 [J]. 宝石和宝石学杂志，2012，14（1）：32-37.
[41] 刘严. 刻面有色宝石的颜色分级 [A]. 中国珠宝首饰学术交流会论文集，2011.
[42] 刘玉山，张桂兰. 宝石锆石改色改性的实验研究 [J]. 岩石矿物学杂志，1992，11（3）：272-276.
[43] 龙西法，刘之萍，周亶. 月光石的基本特征及月光效应机理研究 [J]. 矿产与地质，2002（1）：37-39.
[44] 吕林素. 河北张家口橄榄石宝石 [J]. 地球，1989（6）：13-14.
[45] 罗红宇，彭明生，廖尚宜，等. 金绿宝石和变石的呈色机理 [J]. 现代地质，2005（3）：355-360.
[46] 罗红宇，彭明生，黄宇营，等. 金绿宝石和变石中的微量元素研究 [J]. 矿物学报，2006（1）：77-83.
[47] 罗泽敏，陈美华，赵曦. 新疆可可托海碧玺热处理工艺探索及谱学特征 [J]. 宝石和宝石学杂志，2008，10（1）：42-45.
[48] 马丽，徐志，郑昊，等. 绿帘花岗岩：一种红绿相间玉石的鉴定 [J]. 宝石和宝石学杂志，2015（2）：38-41.
[49] 马维平，程晓哲，杜剑桥，等. 国内外金红石生产现状及需求分析 [J]. 材料导报，2014，28（S2）：

150-152，178.
[50] 孟国强，陈美华，王雅玫. 莫桑比克天河石的宝石学特征 [J]. 宝石和宝石学杂志，2016，18 (4) : 28-32.
[51] 南京大学地质系岩矿教研室. 结晶学与矿物学 [M]. 北京：地质出版社，1978.
[52] 倪文，陈娜娜. 堇青石的矿物学特性及其应用 [J]. 地质论评，1995，41 (4) : 341-348.
[53] 帕拉提・阿布都卡迪尔. 新疆新产出的宝石级榍石的宝石学特征 [J]. 现代地质，1995 (3) : 359-361.
[54] 潘兆橹. 结晶学及矿物学 [M]. 第 3 版，北京：地质出版社，1993.
[55] 裴景成，谢浩，孙春林. 红色长石的宝石学特征研究 [J]. 宝石和宝石学杂志，2009，11 (3) : 11-14，57.
[56] 亓利剑. 扩散处理黄玉振动谱学特征及呈色机理 [J]. 宝石和宝石学杂志，2000 (1) : 1-6.
[57] 秦善. 结构矿物学 [M]. 北京：北京大学出版社，2011.
[58] 丘志力，陈秉恒. 广东台山托帕石宝石的基本特征 [J]. 矿床地质，1996，15 (S1) : 74-75.
[59] 丘志力. 中国东部新生代碱性玄武岩有关锆石巨晶地球化学和Hf同位素：成因及其与大陆岩石圈壳—幔作用研究 [D]. 杭州：浙江大学，2009.
[60] 丘志力. 宝石中的包裹体——宝石鉴定的关键 [M]. 北京：冶金工业出版社，1995.
[61] 瞿珊珊. 铝系列石榴石成分对颜色的影响 [D]. 北京：中国地质大学 (北京)，2013.
[62] 邵晓蕾，狄敬如，丁莉. 铅玻璃充填碧玺初探 [J]. 宝石和宝石学杂志，2011，13 (3) : 42-45.
[63] 孙丽华，王时麒. 玉石新品种——绿帘石透闪石玉 [J]. 宝石和宝石学杂志，2010 (1) : 23-25，42.
[64] 孙麟，杨明星，吴改，等. 近期市场出现的铬碧玺宝石学性质及谱学特征 [J]. 宝石和宝石学杂志，2015，17 (1) : 31-37.
[65] 汤惠民. 行家这样买碧玺 [M]. 北京：北京联合出版公司，2013.
[66] 汤云晖. 电气石的表面吸附与电极反应研究 [D]. 北京：中国地质大学 (北京)，2003.
[67] 田亮光，黄文慧，刘化峰，等. 星光尖晶石的研究 [J]. 宝石和宝石学杂志，2004 (2) : 1-3，49.
[68] 汪立今. 新疆某地宝石级方柱石的初步研究 [J]. 新疆工学院学报，1994，15 (2) : 150-154.
[69] 汪立今，柴凤梅，王德强. 新疆某地宝石级透辉石拉曼光谱及基本特征初探 [J]. 新疆大学学报 (自然科学版)，2002 (3) : 341-343.
[70] 王濮. 系统矿物学 [M]. 北京：地质出版社，1984.
[71] 魏振环. 珠宝首饰图鉴：珠宝首饰鉴赏与选购 [M]. 北京：化学工业出版社，2012.
[72] 吴瑞华，林善园. 辐照处理对碧玺物理性质的影响 [J]. 岩石矿物学杂志，1998，17 (4) : 371-377.
[73] 吴瑞华，王春生，袁晓江. 天然宝石的改善及鉴定方法 [M]. 北京：地质出版社，1994.
[74] 肖秀梅，肖旭. 碧玺图鉴 [M]. 北京：化学工业出版社，2013.
[75] 徐海江，毛骞，田玉香. 中国华北某地宝石级磷灰石研究 [J]. 铀矿地质，1995 (3) : 188-189.
[76] 徐礼新. 电气石电学特性机理及影响因素研究 [D]. 上海：同济大学，2003.
[77] 徐万臣，郭涛，付宇. 浅谈生辰宝石及其文化意义 [J]. 科技创新导报，2011 (1) : 249-250.
[78] 薛又铭. 水晶中金红石的宝石学特征研究 [D]. 北京：中国地质大学 (北京)，2015.
[79] 余红军，沈锡田. 天河石的颜色成因探讨 [J]. 宝石和宝石学杂志，2018，20 (2) : 38-46.

[80] 余晓艳. 有色宝石学教程 [M]. 北京：地质出版社，2015.
[81] 俞瑾玎，卢韧. 坦桑石的变色及多色性 [A]. 珠宝与科技——中国珠宝首饰学术交流会论文集，2015.
[82] 袁心强，宋鹰，陆永庆. 应用阴极发光鉴定蓝色托帕石 [J]. 宝石和宝石学杂志，2006 (2)：1-3，51.
[83] 张蓓莉，Dietmar Schwarz，陆太进. 世界主要彩色宝石产地研究 [M]. 北京：地质出版社，2012.
[84] 张蓓莉，陈华，孙凤民. 珠宝首饰评估 [M]. 第2版，北京：地质出版社，2018.
[85] 张蓓莉. 系统宝石学 [M]. 第2版，北京：中国地质出版社，2010.
[86] 张丹. 铁对电气石结构、固有电偶极矩及热释电性能的影响 [D]. 北京：中国地质大学 (北京)，2007.
[87] 张海萍，李福堂，李津. 山东省昌乐宝石级锆石的研究 [J]. 宝石和宝石学杂志，2001 (4)：30-32.
[88] 张良钜. 广西、云南、内蒙等地的电气石特征及质量评价 [J]. 超硬材料工程，1997 (1)：55-57.
[89] 张敏，蒋小平，戴慧，等. 碧玺的充填处理 [J]. 安徽地质，2015，25 (3)：179-181.
[90] 钟华邦. 新疆的宝石级方柱石 [J]. 宝石和宝石学杂志，2003，5 (3)：35-36.
[91] 钟华邦，王关华. 江苏溧阳鱼眼石宝石矿物的研究 [J]. 宝石和宝石学杂志，1999 (3)：21-26.
[92] 周佩玲. 广西某矿区托帕石的宝石学特征 [J]. 桂林理工大学学报，1991 (S1)：43-49.
[93] 朱静然，余晓艳. 缅甸尖晶石的包裹体成分 [J]. 宝石和宝石学杂志，2018，20 (S1)：18-23.
[94] 朱琳. 红色—黄色系列石榴石的宝石学特征研究 [D]. 北京：中国地质大学 (北京)，2015.
[95] 邹天人. 中国的金绿宝石 [J]. 矿床地质，1996，15 (S1)：53-54.
[96] Abduriyim A, Kitawaki H, Furuya M, et al. "Paraíba"-Type Copper-Bearing Tourmaline from Brazil, Nigeria, and Mozambique: Chemical Fingerprinting by LA-ICP-MS [J]. Gems & Gemology, 2006,42 (1): 4-21.
[97] Abduriyim A, Kitawaki H. Cu- and Mn-bearing Tourmaline: More production from Mozambique [J]. Gems & Gemology,2005.
[98] Adolf Peretti, WillyBieri, MatthiasAlessandri, et al. New Generation of Pulled Synthetic Spinel from Russia Imitating Natural "Lavender" -Colored And Natural "Cobalt" -Spinle from Vietnam [R]. Contributions to Gemology, 2012: 285-297.
[99] Anatoly N Zaitsev, et al. Gem-Quality Yellow-Green Haüyne from Oldoinyo Lengai Volcano, Northern Tanzania [J]. Gems & Gemology, 2009,45 (3): 200-203.
[100] Anderson B W, Payne C J, Claringbull G F. Taaffeite, a new beryllium mineral, found as a cut gemstone [J]. Mineralogical Magazine 1951,29: 765-772.
[101] Andrew, Sutherland, et al. New Danburite Locality Discovered in the Town of Macomb, St.Lawrence County, New York [J]. Rocks & Minerals, 2017,92 (2): 180-187.
[102] Andy H. Shen Scapolite From Afghanistan [J]. Gems & Gemology, 2011,47 (1): 65-66.
[103] Anglo Swiss Resources. First Iolite Gemstones Cut [J]. Business Wire, 1999 (3): 10.
[104] Arem J E. Color encyclopedia of gemstones [M]. New York: Van Nostrand Reinhold Co.,1987.
[105] Barot N, Boehm E. Gem-quality green zoisite [J]. Gems & Gemology, 1992,28 (1): 4-15.
[106] Bob Jones. Sphalerite-A Valuable Zinc Ore and Facetable Gem [J]. Rock and Gem,

2012,42（12）：34–37.

[107] Boris Chauviré, Benjamin Rondeau, et al. Blue spinel from the Luc Yen district of Vietnam [J]. Gem & Gemology, 2015（Spring）：3–16.

[108] Bowersox G W. A Status Report on Gemstones from Afghanistan [J]. Gems & Gemology, 1985,21（4）：192–204.

[109] Brendan M Laurs, et al. Benitoite from the New Idria District, San Benito County, California [J]. Gem & Gemology, 1997,33（3）：73.

[110] Brendan M Laurs, JC Zwaan, Christopher M. Breeding, et al. Copper–bearing（Paraíba–type）Tourmaline from Mozambique [J]. Gems & Gemology, 2008,44（1）：4–30.

[111] Cally Oldershaw. Gems of the World [M]. Richmond Hill：Firefly Books Ltd, 2009.

[112] Castaman. Yellow Scapolite From Ihosy, Madagascar [J]. Gem & Gemology, 2010,46（4）：274–279.

[113] Chadwick K M, Rossman G R. Orange kyanite from Tanzania [J]. Gems & Gemology, 2009,45（2）：146–147.

[114] Chadwick K M, Laurs B M. Yellow danburite from Tanzania [J]. Gems & Gemology, 2008, 44（2）：169–171.

[115] Johnston C L, Gunter M E, Knowles C R. Sunstone Labradorite from the Ponderosa Mine, Oregon [J]. Gems & Gemology, 1991,27（4）：220–233.

[116] Clarke DB Dorais. Occurrence and Origin of Andalusite in Peraluminous Felsic [J]. Igneous Rocks Journal of Petrology, 2005,46（3）：441–472.

[117] Daryl A Scherkenbach, Frederick J Sawkins, William E Seyfried. Fluid Inclusion, and Geochemical Studies of the Mineralized Breccias at Cumobabi, Sonora, Mexico [J]. Economic Geology, 1985（80）：1566–1592.

[118] David M Kondo, et al. Gem–quality afghanite and haüyne from Afghanistan [J]. Gems & Gemology 2008,44（1）：79–80.

[119] Dirlam D M, et al. Gem Wealth of Tanzania [J]. Gems&Gemology,1992,28（2）：80–102.

[120] William B Simmons, Dona Mary Dirlam, Brendan M Laurs, et al. Liddicoatite Tourmaline From Anjanabonoina, Madagascar [J]. Gems & Gemology, 2002,38（1）：28–53.

[121] Dorian A H Hanaor, Mohammed H N Assadi, Scan Li, et al. Ab Initio Study of Phase Stability in Doped TiO_2 [J]. Physics, 2012：243–257.

[122] Dudley Blauwet. Spinel from northern Vietnam, including a new mine at Lang Chap [J]. Gem & Gemology, 2011（Spring）：60–61.

[123] D'Ippolito, V'Andreozzi G B, Halenius U, et al. Color mechanisms in spinels：cobalt and iron interplay for the blue color [J]. Phys. Chem. Minerals, 2015（42）：431–439.

[124] Eduard J Gübelin. John I Koivula. Bildatlas der Einschlüsse in Edelsteinen [J]. Opinio, 1986.

[125] Edward Gübelin. Zabargad：The Ancient Peridot Island in the Red Sea [J]. Gems & Gemology, Spring 1981：2–8.

[126] Elise A. Skalwold, William Bassett. A Halo in a Sri Lankan Taaffeite [J]. Gems & Gemology,

2016,52 (1): 80–81.

[127] Fathi Habashi. Olivine in the Ancient World [J]. De Re Metallica, 2016: 81–84.

[128] Faye G H. The optical absorption spectrum of tetrahedrally bonded Fe (super 3+) in orthoclase [J]. Research, 1969.

[129] Fernandes G Choudhary. Gem–Quality Andalusite from Brazil [J]. Gems & Gemology, 2009,45 (2) .

[130] Florence Megemont. The Metaphysical Book of Gems and Crystals [M]. Rochester, VT: HealingArts Press, 2008.

[131] Fritsch E, Shigley J E, Rossman G R, et al. Gem–Quality Cuprian–Elbaite Tourmalines From São José Da Batalha, Paraíba, Brazil [J]. Gems & Gemology, 1990, 26 (3): 189–205.

[132] G Bosshart, E Frank, H A Hanni, et al. Blue–colour–changing kyanite from East Africa [J]. Journal of Gemmology, 18 (3) ,205–212.

[133] G D Louderback. Benitoite: California State Gemstone [J]. Department of Geological Sciences Bulletin, 1907,5 (9): 149–153.

[134] George Frederick Kunz. The Curious Lore of Precious Stones [M]. New York: Dover Publications, 1971.

[135] GIA. Iolite History and Lore [J/OL]. https://www.gia.edu/iolite–history–lore.

[136] GIA.Moonstone History andLore [J/OL]. https://www.gia.edu/moonstone–history–lore.

[137] GIA.Sunstone History andLore [J/OL]. https://www.gia.edu/sunstone–history–lore.

[138] Grobon C, Thomas H. Massive haüyne–sodalite from Myanmar [J]. Gems & Gemology, 2006,42 (1): 64–65.

[139] Gunawardene M. Inclusions in Taaffeites from Sri Lanka [J]. Gems&Gemology, 1984, 20(3): 159–162.

[140] Hainschwang T, Notari F, Anckar B. Trapiche Tourmaline From Zambia [J]. Gems & Gemology, 2007,43 (1): 36–46.

[141] Halenius U. A spectroscopic investigation of manganian andalusite [J]. Can. Min., 1978,(16): 567–575.

[142] Helen Ashton. Dictionary of Gems and Gemology [J]. Reference Reviews, 2006.

[143] Henry D J, Novák M, Hawthorne F C, et al. Erratum: Nomenclature of the tourmaline–supergroup minerals [J]. American Mineralogist, 2011 (96): 895–913.

[144] Hughes J M, Ertl A, Dyar M D, et al. Tetrahedrally coordinated boron in a tourmaline: boron–rich olenite from Stoffhutte, Koralpe, Austria [J]. Canadian Mineralogist, 2000,38 (4): 861–868.

[145] Hughes J M, Rakovan J F. Structurally robust, chemically diverse: apatite and apatite supergroup minerals [J]. Elements, 2015,11: 165–170.

[146] Ismail Ibrahim, Md Muzayin Alimon. The Recovery of Fine Cassiterite from Metasedimentary Rock [J]. Journal of Geological Resource and Engineering, 2015 (3): 134–142.

[147] Jennifer Stone–Sundberg. Distinguishing Between Natural and Synthetic Green Chrysoberyl [J]. Gems & Gemology, Spring 2014,50 (1) .

[148] Jennifer Stone-Sundberg. Titanium-Bearing Synthetic Alexandrite and Chrysoberyl [J]. Gems & Gemology, Winter 2013,49 (4) .

[149] Jim Perkiri. Iolite, aka Water Sapphire [J]. Rock and Gem 2011, 41 (10): 56.

[150] John I Koivula. Molybdenite in Topaz [J]. Gems & Gemology, 2015,51 (3): 330.

[151] John I Koivula. Quarterly Crystal: Triplite in Topaz [J]. Gems & Gemology, 2016,52 (2): 205.

[152] John I Koivula, Robert C Kammerling. Color-change cobalt spinel [J]. Gem & Gemology, Winter 1990: 305-306.

[153] John Rakovan, et al. Apatite: The Great Pretender [J]. Gem & Gemology, 2013,49 (1) .

[154] Jonathan Muyal,Ziyin Sun, Nathan Renfro, et al. Sphalerite in Topaz [J]. Gems & Gemology, 2016,52 (3): 314.

[155] Kampf A R. Taaffeite crystals [J]. Mineralogical Record, 1991 (22): 343-347.

[156] Keith Proctor. Chrysoberyl and alexandrite from the pegmatite districts of minas gerais, brazil [J]. Gems & Gemology, Spring 1988, 24 (1) .

[157] Keller P C, Wang F. A Survey of the Gemstone Resources of China [J]. Gems & Gemology, 1986,22 (1): 3-13.

[158] Keller P C. The Capão topaz deposit, Ouro Preto, Minas Gerais, Brazil [J]. Gems & Gemology, 1983,19 (1): 12-20.

[159] Kiefert L. Unusual Danburite pair [J]. Gems & Gemology, 2007,43 (2): 167-168.

[160] KS.Large cat's-eye topaz from Ukraine [J]. Gems & Gemology, 2004,40 (4): 346.

[161] L M FALCON, Pr Eng. The gravity recovery of cassiterite [J]. Journal Of The South African Institute Of Mining And Metallurgy, 1982 (4): 112-117.

[162] Labradorite GemstoneInformation [J/OL]. https://www.gemselect.com/gem-info/labradorite/labradorite-info.php.

[163] Labradorite [J/OL]. http://labradoritesandgems.com/History_and_Fun_Facts.html.

[164] Laurs B M, Simmons W B, Anckar B, et al. Yellow Mn-rich elbaite from the Canary mining area, Zambia [J]. Gems & Gemology, 2007,43 (4): 314-331.

[165] Leelawatanasuk T, Atichat W, Sun T T, et al. Some Characteristics of Taaffeite from Myanmar [J]. Journal of Gemmology, 2014 (2): 144-148.

[166] Lore Kiefer, H A Hänni. Gem-quality hauyne from the eifel district, germany [J]. Gems & Gemology, 2000,36 (3): 246-253.

[167] M Gaft R Reisfello, G Panczer. The nature of blue luminescence from natural benitoite $BaTiSi_3O_9$ [J]. Physics and Chemistry of Minerals, 2004,31 (6): 365-573.

[168] M R Belsare. A Chemical Study of Apophyllite from Poona [J]. Mineralogical Magazine, 1969,37 (6): 288-289.

[169] Margarita. Labradorite history and beliefs [J/OL]. http://handmadeineurope.com/bluemargarita/labradorite-history-and-beliefs/.

[170] McClure S F, Shen A H. Coated tanzanite [J]. Gems& Gemology, 2008,44 (2): 142-147.

[171] Menzies M A. The mineralogy, geology and occurrence of topaz [J]. Mineralogical

Record, 1995,26 (1): 5–53.
[172] Merkel P B, Breeding C M. Spectral Differentiation Between Copper and Iron Colorants in Gem Tourmalines [J]. Gems & Gemology, 2009,45 (2): 112–119.
[173] Michael Gray. Benitoite, neptunite and associated minerals from the Benitoite Gem mine, San Benito County, California [J]. The Mineralogical Record, 2008,39 (3): 186.
[174] O C Farrington. The Chemical Composition of Iolite [J]. American Journalof the Sciences, 1892,3 (43): 13–16.
[175] P D Johnson, J S Prener, J D Kingsley. Apatite: Origin of blue color [J]. Science,1963,141 (3586): 1179–1180.
[176] Pasero M, Anthony R Kampf. Nomenclature of the apatite supergroup minerals [J]. European Journal of Mineralogy, 2010,22: 163–179.
[177] Pradat T, Choudhary G. Gem–quality Cr–rich kyanite from India [J]. Gems & Gemology, 2014,50 (1): 87–88.
[178] Proctor K. Gem Pegmatites of Minas Gerais, Brazil: Exploration, Occurrence, and Aquamarine Deposits [J]. Gems & Gemology, 1984,20 (2): 78–100.
[179] Richards R P, White J S, Leavens P B. A Re–discovered Twin Law in Kyanite from Africa [J]. Rocks & Minerals, 2012,87 (2): 162–167.
[180] Robert E Kane. Inamori Synthetic Cat's–Eye Alexandrite [J]. Gems & Gemology, Fall 1987,23.
[181] Robert M Hazen. High–pressure crystal chemistry of chrysoberyl, Al_2BeO_4 : Insights on the origin of olivine elastic anisotropy [J]. Physics and Chemistry of Minerals,1987: 13–16.
[182] Sam Muhlmeister, John I.Koivula, RobertC.Kammerling, Flux–grown synthetic red and blue spinels from Russia [J]. Gems & Gemology, 1993: 81–98.
[183] Schmetzer K, Kiefert L, Bernhardt H J. Purple to Purplish Red Chromium–Bearing Taaffeites [J]. Gems & Gemology, 2000,36 (1): 50–58.
[184] Schmetzer K. Gem–quality taaffeites and musgravites from Africa [J]. Journal of Gemmology, 2007,30 (7): 367–382.
[185] Shabaga B M, Fayek M, Hawthorne F C. Boron and lithium isotopic compositions as provenance indicators of Cu–bearing tourmalines [J]. Mineralogical Magazine, 2010,74 (2): 241–255.
[186] Shigley J E, Laurs B M, Janse A J A, et al. Gem Localities of the 2000s [J]. Gems & Gemology, 2010,46 (3): 188–216.
[187] Simmons W, Laurs B M, Falster A U, et al. Mt. Mica: A renaissance in maincs gem tourmaline production [J]. Gems & Gemology, 2005,41 (2): 150–163.
[188] Smith Jr, Claude D Pressler. A 1946 find of gem sphalerite crystals at the Balmat Zinc Mine, St.Lawrence County, New York [J]. Rocks and Minerals, 1998,73 (6): 404–407.
[189] Smithsonian National Museum of Natural History. Geogallery [DB/OL]. http://geogallery.si.edu/index.php/10025989/unusual–gems.
[190] Steven C Chamberlain, Marian V Lupulescu, David G Bailey. The Classic Danburite

Occurrence Near Russell, St.Lawrence County, New York [J]. Rocks and Minerals, 2015, 90 (3): 212–223.

[191] Steven Dutch. Titanite (Sphene) Structure [J]. Natural and Applied Sciences, University of Wisconsin, 1997.

[192] Sturman N. Purplish Pink SPINEL from Tajikistan–Before and After Cutting [J]. Gem & Gemology, 2009,45 (1): 57–58.

[193] Superchi M, Pezzotta F, Gambini E. Gemological Investigation of Multicolored Tourmalines from New Localities in Madagascar [J]. Gems & Gemology, 2006.

[194] Tao Hsu. Lab Notes: Blue Cat's–Eye Apatite [J]. Gem & Gemology, 2013,49 (1) .

[195] Tatje R. Study Helps Identify Nepalese Kyanite [J]. Gems & Gemology, 2013,49 (3).

[196] The Mineral Titanite [J/OL]. http://www.minerals.net/mineral/titanite.aspx.

[197] Thomas Zack, Ellen Kooijman. Petrology and Geochronology of Rutile [J]. Reviews in Mineralogy and Geochemistry, 2017,83 (1): 443–467.

[198] Titanite [J/OL]. https://en.wikipedia.org/wiki/Titanite.

[199] Tom Baikie, Martin K Schreyer, Chui Ling Wong, et al. A multi–domain gem–grade Brazilian apatite [J]. American Mineralogist, 2012,97: 1574–1581.

[200] Topaz History and Lore [EB/OL]. https://www.gia.edu/topaz–history–lore.

[201] Utah State GemTopaz [EB/OL]. http://onlinelibrary.utah.gov/research/utah_symbols/gem.html.

[202] Vincent Pardieu. Hunting for"Jedi"spinelsinMogok [J]. Gem & Gemology, Spring 2014: 46–57.

[203] Vincent Pardieu, Pham Van Long. Ruby, sapphire, and spinel mining in Vietman: An update [J]. Gem & Gemology, Summer 2010: 151–152.

[204] Wilde S A, Valley J W, Peck W H, et al. Evidence from detrital zircons for the existence of continental crust and oceans on the Earth 4.4 Gyr ago [J]. Nature, 2001,409 (6817): 175–178.

[205] Zircon Description [EB/OL]. http://www.gia.edu/zircon–description.

[206] Zircon History and Lore [EB/OL]. https://www.gia.edu/zircon–history–lore.

附　表

宝石的综合鉴定特征

宝石名称	晶体化学式	晶系	常见颜色	折射率（RI）	双折射率（DR）	光性	解理	相对密度（d）	摩氏硬度（H_M）	内外部特征	其他特征
钻石 Diamond	C	等轴晶系	近无色—浅黄、浅褐、浅灰，浅至深的黄、橙、红、粉红、蓝、绿、紫、黑色	2.417	无	均质体	四组中等	3.52±	10	石墨、石榴石等包体，点状物、云状物、生长纹、解理纹、羽状纹、色带，可见原始晶面	色散强（0.044），良好热导性，无至强荧光，有些可见磷光
红宝石 Ruby	Al_2O_3	三方晶系	红、紫红、橙红、褐红、玫红、粉红色	1.762 ~ 1.770	0.008 ~ 0.010	U −	无解理，常发育裂理	4.00±	9	丰富的固态、气－液两相包体及特征生长结构	强二色性，可见星光效应
蓝宝石 Sapphire			无色、蓝、蓝绿、绿、橙、黄、粉紫、灰、黑色								强二色性，可见星光效应和变色效应

宝石名称	晶体化学式	晶系	常见颜色	折射率（RI）	双折射率（DR）	光性	解理	相对密度（d）	摩氏硬度（H_M）	内外部特征	其他特征
祖母绿 Emerald			浅至深的翠绿色，黄绿、蓝绿色							矿物包体、负晶或空洞中的两相或三相包体、愈合或部分愈合裂隙、色带、生长纹	中等至强二色性，可见猫眼效应、星光效应（稀少）和达碧兹现象
海蓝宝石 Aquamarine	$Be_3Al_2(Si_2O_6)_3$	六方晶系	浅蓝、绿蓝—蓝绿色，色调较浅	1.577 ~ 1.583	0.005 ~ 0.009	U −	不完全	2.67 ~ 2.90，通常为 2.72	7.5 ~ 8	液相、气－液两相或三相包体、平行管状包体，有时呈“雨丝状”	弱至中等二色性，可见猫眼效应
绿柱石 Beryl			无色、绿、黄、粉、红、蓝、棕、黑色							矿物包体、气－液两相包体、管状包体	多色性随颜色各异，可见猫眼效应、星光效应（稀少）
金绿宝石 Chrysoberyl	$BeAl_2O_4$	斜方晶系	浅至中等黄绿，灰绿、黄、褐—黄褐、浅蓝色（稀少）	1.746 ~ 1.755	0.008 ~ 0.010	B +	一组中等，不完全	3.73 ±	8 ~ 8.5	指纹状、栅栏状、丝状包体、负晶、平直色带、两相或三相包体，透明者可见阶梯状滑移面或双晶纹	弱至中等三色性
猫眼 Cat's eye			浅至中等黄、黄绿、绿黄、褐—黄褐、灰绿色							大量平行排列的丝状金红石和管状包体	可见猫眼效应
变石 Alexandrite			日光灯下蓝绿—黄绿色，白炽灯下紫—紫红色							指纹状气液和丝状包体	强三色性，变色效应

续表

宝石名称		晶体化学式	晶系	常见颜色	折射率（RI）	双折射率（DR）	光性	解理	相对密度（d）	摩氏硬度（H_M）	内外部特征	其他特征
碧玺 Tourmaline		$(Na,K,Ca)(Al,Fe,Li,Mg,Mn)_3(Al,Cr,Fe,V)_6(BO_3)_3(Si_6O_{18})(OH,F)_4$	三方晶系	各种颜色，可见双色、多色	1.624 ~ 1.644	0.018 ~ 0.040	U －	无解理	3.06 ±	7 ~ 8	不规则线状、管状包体，后刻面棱重影	中至强二色性
石榴石 Garnet	镁铝榴石 Pyrope	$Mg_3Al_2(SiO_4)_3$	等轴晶系	紫红、深红、褐红、橙红色	1.714 ~ 1.742，常见 1.740	无	均质体	无解理	3.65 ~ 3.87	7 ~ 8	常含有两组呈 90 度相交的金红石针状包体	
	铁铝榴石 Almandine	$Fe_3Al_2(SiO_4)_3$		紫红、橙红、褐红、粉红、深红色	1.760 ~ 1.820，常见 1.790	无			3.93 ~ 4.30		金红石针状包体、“锆石晕圈”、晶形完好的晶质矿物包体	可见星光效应
	锰铝榴石 Spessartite	$Mn_3Al_2(SiO_4)_3$		橙黄、黄、褐红、褐—黄褐色	1.790 ~ 1.810	无			4.12 ~ 4.20		由液滴组成的“扯碎状”波浪形羽状物，不规则状、浑圆状矿物包体	
	钙铝榴石 Grossular	$Ca_3Al_2(SiO_4)_3$		绿、黄绿、黄、褐红、乳白色	1.730 ~ 1.760	无			3.57 ~ 3.73		“热浪效应”、短柱状或浑圆状矿物包体、晶形良好的矿物包体	
	钙铁榴石 Andradite	$Ca_3Fe_2(SiO_4)_3$		绿、黄、褐、黑色	1.855 ~ 1.895	无			3.81 ~ 3.87		“马尾状”包体	部分翠榴石具变色效应
	钙铬榴石 Uvarovite	$Ca_3Cr_2(SiO_4)_3$		鲜艳绿色、蓝绿色	1.820 ~ 1.880	无			3.75			颗粒小，很难达到单晶宝石，查尔斯滤色镜下呈红色

续表

宝石名称		晶体化学式	晶系	常见颜色	折射率（RI）	双折射率（DR）	光性	解理	相对密度（d）	摩氏硬度（H_M）	内外部特征	其他特征
尖晶石 Spinel		$MgAl_2O_4$	等轴晶系	无色、红、橙红、粉红、紫红、黄、橙黄、褐、蓝、绿、紫色	1.718±	无	均质体	不完全	3.60±	8	呈指纹状分布的八面体负晶，磷灰石、方解石矿物包体	可见星光效应、变色效应
橄榄石 Peridot		$(Mg,Fe)_2[SiO_4]$	斜方晶系	黄绿（橄榄绿）、绿黄、绿、褐绿色	1.654 ~ 1.690	0.035 ~ 0.038	B±	一组中等，不完全	3.34±	6.5 ~ 7	透辉石、尖晶石等矿物包体，负晶、“睡莲叶状”包体，后刻面棱重影	
长石族 Feldspar	月光石 Moonstone	$NaAlSi_3O_8$ − $CaAl_2Si_2O_8$	单斜晶系	无—白色（蓝、黄、白色晕彩）	1.520 ~ 1.525	0.005 ~ 0.008	B −	两组完全	2.55 ~ 2.61	6	针状、指纹状包体，“蜈蚣”状包体	LW：蓝色、SW：橙色，可见月光效应、猫眼效应、星光效应
	日光石 Sunstone	$NaAlSi_3O_8$ − $CaAl_2Si_2O_8$	三斜晶系	金黄、黄、橙红、棕色	1.537 ~ 1.547	0.007 ~ 0.010	B±	两组完全	2.65	6 ~ 6.5	片状赤铁矿、针铁矿包体定向排列、解理纹、双晶纹	可见砂金效应
	拉长石 Labradorite	$NaAlSi_3O_8$ − $CaAl_2Si_2O_8$	三斜晶系	淡黄—黄色，晕彩拉长石：灰、灰黄、橙、棕、蓝色	1.559 ~ 1.568	0.009	B +	两组完全	2.7	6	针状包体，聚片双晶纹、解理纹	可见晕彩效应、砂金效应、猫眼效应
	天河石 Amazonite	$KNaAlSi_3O_8$	三斜晶系	蓝—绿、白色斜长石条纹	1.522 ~ 1.530	0.008	B −	两组完全	2.56	6.5	格子双晶出溶白色斜长石	
	正长石 Orthoclase	$NaAlSi_3O_8$ − $CaAl_2Si_2O_8$	单斜晶系	浅黄、金黄色	1.520 ~ 1.530	0.006 ~ 0.007	B −	两组完全	2.57	6	气液包体，双晶纹、解理纹	可见猫眼效应、砂金效应、星光效应

续表

宝石名称		晶体化学式	晶系	常见颜色	折射率（RI）	双折射率（DR）	光性	解理	相对密度（d）	摩氏硬度（H_M）	内外部特征	其他特征
坦桑石 Tanzanite		$Ca_2Al_3[Si_2O_7][SiO_4]O(OH)$	斜方晶系	带褐色调的绿蓝、蓝—蓝紫、黄、粉红、褐色	1.691 ~ 1.700	0.008 ~ 0.013	B +	一组完全	3.35 ±	6 ~ 7	两相或三相包体、指纹状流体、针管状包体，阳起石、十字石等矿物包体	强三色性
托帕石 Topaz		$Al_2SiO_4(F,OH)_2$	斜方晶系	无色、棕，各种色调和饱和度的蓝、绿、黄、橙、红、粉、紫色	1.619 ~ 1.627	0.008 ~ 0.010	B +	一组完全	3.5 ±	8	气－液两相包体、两种或两种以上不混溶的流体包体、平行 *c* 轴的管状包体、负晶及矿物包体	极少数蓝色和黄橙色者具猫眼效应
辉石 Pyroxene	锂辉石 Spodumene	$LiAlSi_2O_6$	单斜晶系	粉红—蓝紫红、绿、黄—黄绿、无色、灰白、蓝色等，通常色调较浅	1.660 ~ 1.676	0.014 ~ 0.016	B +		3.18 ±	6.5 ~ 7		
	透辉石 Diopside	$CaMg[Si_2O_6]$	单斜晶系	蓝绿—黄绿、褐、黑、紫、无色—白色	1.675 ~ 1.701	0.024 ~ 0.030	B +	两组完全	3.29 ±	5 ~ 6	气液包体，管状、纤维状包体，也可见固态包体	
	顽火辉石 Enstatite	$(Mg,Fe)_2Si_2O_6$	斜方晶系	暗红褐—褐绿、黄绿色，偶见灰或无色	1.663 ~ 1.673	0.008 ~ 0.011	B +		3.25 ±	5 ~ 6		
	普通辉石 Augite	$(Ca,Mg,Fe)_2(Si,Al)_2O_6$	单斜晶系	灰褐、褐、紫褐、绿黑色	1.670 ~ 1.772	0.018 ~ 0.033	B +		3.23 ~ 3.52	5 ~ 6		

续表

宝石名称		晶体化学式	晶系	常见颜色	折射率（RI）	双折射率（DR）	光性	解理	相对密度（d）	摩氏硬度（H_M）	内外部特征	其他特征
锆石 Zircon	低型锆石	$ZrSiO_4$	四方晶系	无色、蓝、绿、黄、橙红、褐、紫色	1.810 ~ 1.815	无至很小	接近于非晶态	无解理	3.90 ~ 4.10	6 ~ 7.5	气－液两相、三相包体、愈合裂隙、平行状或角状生长色带、矿物包体、平行的生长管道，后刻面棱重影	
	中型锆石				1.875 ~ 1905	0.010 ~ 0.040	U +		4.10 ~ 4.60			
	高型锆石				1.925 ~ 1.984	0.040 ~ 0.0603	U +		4.60 ~ 4.80			
水晶 Crystal		SiO_2	三方晶系	无色、紫、黄、褐、黑、绿、粉红色	1.544 ~ 1.553	0.009	U +	无解理	2.66 ±	7	气－液两相、气－液固三相包体、色带、负晶、针状金红石、电气石等矿物包体	“牛眼”干涉图，可见猫眼效应、星光效应（芙蓉石）
闪锌矿 Sphalerite		ZnS	等轴晶系	无色、黄、绿、橙、红、褐—黑色，随其成分中铁含量的增多而变深	2.37	无	均质体	六组完全	3.9 ~ 4.2	3 ~ 4.5	流体、固态包体，双晶纹和色带	色散强（0.156）
金红石 Rutile		TiO_2	四方晶系	暗红、褐红、棕黄、黄色，铁含量高者为黑色	2.605 ~ 2.901	0.287	U +	一组完全，一组中等	4.2 ~ 4.3	6 ~ 6.5		为水晶、红宝石和蓝宝石中常见的包体
锡石 Cassiterite		SnO_2	四方晶系	黑、棕、黄、红、绿以及灰色	1.997 ~ 2.098	0.096 ~ 0.098	U +	不完全	6.8 ~ 7.1	6 ~ 7		

续表

宝石名称	晶体化学式	晶系	常见颜色	折射率（RI）	双折射率（DR）	光性	解理	相对密度（d）	摩氏硬度（H_M）	内外部特征	其他特征
塔菲石 Taaffeite	$MgBeAl_4O_8$	六方晶系	无色、粉—红、紫、紫红、棕、灰蓝色	1.719 ~ 1.723	0.004 ~ 0.005	U −	无解理	3.60 ~ 3.61	8 ~ 9	磷灰石、尖晶石等矿物包体，气液包体、负晶和愈合裂隙。产自斯里兰卡的塔菲石中多见锆石晕	LW 无至弱绿色或白色荧光，SW 呈惰性
红柱石 Andalusite	$Al[AlSiO_4]O$	斜方晶系	黄绿、黄褐、粉、褐、绿、紫色（少见）等	1.634 ~ 1.643	0.007 ~ 0.013	B −	一组中等	3.17 ±	7 ~ 7.5	气液包体、双晶纹、解理纹、色带等生长结构，磷灰石、金红石、白云母、石墨、黏土矿物等矿物包体	近无色者RI较低；绿色者RI较高；锰红柱石的RI可达1.629 ~ 1.660，DR也高于普通红柱石，常为0.029
榍石 Sphene	$CaTi[SiO_4]O$	单斜晶系	蜜黄、橙、绿、棕、褐、无色、红色等	1.900 ~ 2.034	0.100 ~ 0.135	B +	一组中等	3.52 ±	5 ~ 5.5	金红石等矿物包体、指纹状气液包体、双晶纹等	色散强（0.051）
蓝晶石 Kyanite	Al_2SiO_5	三斜晶系	浅蓝—深蓝、绿、黄绿、橙、无色等	1.716 ~ 1.731	0.012 ~ 0.017	B −	一组完全，一组中等	3.56 ~ 3.69	//c 轴为 4 ~ 5，⊥ c 轴为 6 ~ 7	固体包体、平行于c轴的针管状包体、愈合裂隙、色带、解理纹等	蓝色蓝晶石在查尔斯滤色镜下呈粉红色
赛黄晶 Danburite	$CaB_2[SiO_4]_2$	斜方晶系	无色、浅黄、褐、粉红色	1.630 ~ 1.636	0.006	B + / −	不完全	2.97 ~ 3.03	7		LW 可见浅蓝至蓝绿色荧光，强度从无到强，SW 可见浅蓝至蓝绿色荧光，强度较弱

续表

宝石名称	晶体化学式	晶系	常见颜色	折射率（RI）	双折射率（DR）	光性	解理	相对密度（d）	摩氏硬度（H_M）	内外部特征	其他特征
绿帘石 Epidote	$Ca_2(Fe,Al)_3(Si_2O_7)(SiO_4)O(OH)$	单斜晶系	浅—深绿、棕褐、黄和黑色	1.729 ~ 1.768	0.019 ~ 0.045	B −	一组完全	3.40 ±	6 ~ 7	液相或气 − 液两相包体、矿物包体、定向排列的管状包体	遇热盐酸部分溶解，遇氢氟酸则快速溶解
堇青石 Cordierite	$(Mg,Fe)_2Al_2Si[Al_2Si_4O_{18}]$	斜方晶系	蓝、蓝紫、无色、浅黄、绿、黄棕、灰色	1.542 ~ 1.551	0.008 ~ 0.012	B +	一组完全，不完全	2.61 ±	7 ~ 7.5	赤铁矿等矿物包体、气液包体及色带、双晶纹和解理纹	可见砂金效应
蓝锥矿 Benitoite	$BaTi[Si_3O_9]$	六方晶系	蓝、紫蓝、浅蓝色	1.757 ~ 1.804	0.047	U +	无解理	3.61 ~ 3.69	6 ~ 7	透闪石、辉石等矿物包体，气 − 液两相包体、生长纹及色带	蓝色者 SW 可见强蓝白色荧光；无色—浅蓝色者 LW 可见弱暗红色荧光，SW 可见强蓝白色荧光
矽线石 Sillimanite	Al_2SiO_5	斜方晶系	白—灰、黑、褐、绿、紫蓝—灰蓝色	1.659 ~ 1.680	0.015 ~ 0.021	B +	一组完全	3.25 ±	6 ~ 7.5	金红石、尖晶石、黑云母等矿物包体，气 − 液两相包体	蓝色者 LW 可见弱红色荧光，可出现猫眼效应
鱼眼石 Apophyllite	$KCa_4[Si_4O_{10}]_2(F,OH)\cdot 8H_2O$	四方晶系	无色、黄、绿、紫、粉红色	1.535 ~ 1.537	0.002	U −	一组完全	2.30 ~ 2.50	4 ~ 5	气液包体、矿物包体、生长纹	SW 可见无至弱淡黄色荧光
方柱石 Scapolite	$(Na,Ca)_4[Al(Al,Si)Si_2O_8]_3(Cl,F,OH,CO_3,SO_4)$	四方晶系	无色、粉、紫、黄、橙、绿、蓝、紫红、褐黑色等	1.550 ~ 1.564	0.004 ~ 0.037	U −	一组中等	2.60 ~ 2.74	6 ~ 6.5	针管状包体、云母、辉石、电气石等矿物包体，气液包体、负晶等	LW 见不同程度的黄色荧光，无色黄色者 SW 见粉色到橙色的荧光

续表

宝石名称	晶体化学式	晶系	常见颜色	折射率（RI）	双折射率（DR）	光性	解理	相对密度（d）	摩氏硬度（H_M）	内外部特征	其他特征
蓝方石 Hauyne	$Na_6Ca_2[AlSiO_4]_6(SO_4)_2$	等轴晶系	蓝、绿、黄、粉、灰色	1.500(－0.004，＋0.005）	无	均质体	一组中等	2.42 ~ 2.50	5.5 ~ 6	气液包体、晶体包体、生长纹、负晶、愈合裂隙等	蓝色者LW可见橙红色荧光，强度随体色的加深而减弱，SW可见弱橙红色荧光至惰性；黄绿色LW可见浅橙色荧光，SW呈惰性
磷灰石 Apatite	$Ca_5(PO_4)_3(F,OH,Cl)$	六方晶系	蓝、黄、绿、紫、粉红、褐、无色等	1.634 ~ 1.638	0.002 ~ 0.008	U－	无解理	3.13 ~ 3.23	5	电气石、云母等矿物包体，气液包体、负晶、针管状包体及生长结构	可见猫眼效应
硼铝镁石 Sinhalite	$MgAlBO_4$	斜方晶系	黄—深褐、浅绿—褐色	1.668 ~ 1.707	0.036 ~ 0.039	B－	不完全	3.48±	6 ~ 7	可具各种包体	中等多色性
合成立方氧化锆 Synthetic cubic zirconia	ZrO_2	等轴晶系	无色、粉、红、黄、橙、蓝、黑色	2.15±	无	均质体	无解理	5.80 ~ 6.00	8.5	通常洁净，可含有未熔氧化锆残余（有时呈面包渣状）、气泡	亚金刚光泽，色散强（0.060）
合成碳硅石 Synthetic cubic zirconia	SiC	六方晶系	无色，略带浅黄、浅绿色调	2.648 ~ 2.691	0.043±	U＋	无解理	3.22±	9.25	可有点状、丝状包体，后刻面棱重影明显	亚金刚光泽，色散强（0.104），导热性强
合成金红石 Synthetic rutile	TiO_2	四方晶系	浅黄色，可有蓝、蓝绿、橙色	2.616 ~ 2.903	0.287±	U＋	不完全	4.26±	6 ~ 7	一般洁净，偶见气泡强，后刻面棱重影	色散强（0.330）

续表

宝石名称	晶体化学式	晶系	常见颜色	折射率（RI）	双折射率（DR）	光性	解理	相对密度（d）	摩氏硬度（H_M）	内外部特征	其他特征
人造钇铝榴石 Yttrium aluminum garnet (YAG)	$Y_3Al_5O_{12}$	等轴晶系	无色、绿、蓝、粉红、红、橙、黄、紫红色	1.833 ±	无	均质体	无解理	4.50 ~ 4.60	8	洁净，偶见气泡或旋涡结构	玻璃—亚金刚光泽，可见变色效应；黄绿色者具强黄色荧光，可有磷光；绿色者LW强荧光，呈红色，SW弱红色荧光
人造钆镓榴石 Gadolinium gallium garnet (GGG)	$Gd_3Ga_5O_{12}$	等轴晶系	无色—浅褐、黄色	1.970 ±	无	均质体	无解理	7.05 ±	6 ~ 7	气泡、三角形板状金属包体、气液包体	玻璃—亚金刚光泽，色散强（0.045）
人造钛酸锶 Strontium titanate	$SrTiO_3$	等轴晶系	无色、绿色	2.409 ±	无	均质体	无解理	5.13 ±	5 ~ 6	气泡（少见），抛光差（硬度很低）	玻璃—亚金刚光泽，色散强（0.190）